Konsumsoziologie und Massenkultur

Reihe herausgegeben von

Kai-Uwe Hellmann, Technische Universität Berlin, Berlin, Deutschland

Dominik Schrage, TU Dresden, Dresden, Deutschland

In der Reihe ‚Konsumsoziologie und Massenkultur' erscheinen Sammelbände und Monografien, die sich dem in der deutschen Soziologie bislang vernachlässigten Forschungsgebiet der Konsumsoziologie widmen. Der Akzent liegt auf Beiträgen, die den Bereich der Konsumsoziologie mit Blick auf gesellschafts- und kulturtheoretische Fragestellungen erschließen und den modernen Konsum als Herausforderung für die soziologische Theoriebildung begreifen. Das Konzept der Massenkultur verweist vor allem auf die gesellschaftsdiagnostische Komponente konsumsoziologischer Forschung. „Massenkultur" kann als die übergreifende Kultur der gegenwärtigen Gesellschaft verstanden werden, die kulturelle Gehalte und Bedeutungen auf vielfältige Art und Weise für die Gesamtheit der Bevölkerung verfügbar macht. Massenkultur leistet die wichtigste Orientierung in der modernen, durch Technisierung, Ökonomisierung, Ästhetisierung und Demokratisierung geprägten Wirklichkeit, indem sie all jene Wahrnehmungs- und Handlungsmuster bereitstellt, die in ihrer Gesamtheit für jeden Einzelnen ein Universum von Selbstverständlichkeiten ausmachen. Deren Geltung ist dabei keine primär normative, sondern abhängig von der am Markt, in den Medien und durch den Konsum manifestierten Akzeptanz eines Massenpublikums. Durch die Verbindung von Konsumsoziologie und Massenkultur können die in den einzelnen Beiträgen erforschten Konsumphänomene auf die Frage nach der gesellschaftlichen Funktion des Konsums in modernen Gesellschaften bezogen werden.

Thomas Kühn · Kay-Volker Koschel

Qualitative Markt- und Konsumforschung

Einführung und Praxis-Handbuch

 Springer VS

Thomas Kühn
Berlin, Deutschland

Kay-Volker Koschel
Hamburg, Deutschland

ISSN 2627-2121   ISSN 2627-213X (electronic)
Konsumsoziologie und Massenkultur
ISBN 978-3-531-19429-5   ISBN 978-3-531-19430-1 (eBook)
https://doi.org/10.1007/978-3-531-19430-1

Die Deutsche Nationalbibliothek verzeichnet diese Publikation in der Deutschen Nationalbibliografie; detaillierte bibliografische Daten sind im Internet über http://dnb.d-nb.de abrufbar.

Planung/Lektorat: Katrin Emmerich
Springer VS ist ein Imprint der eingetragenen Gesellschaft Springer Fachmedien Wiesbaden GmbH und ist ein Teil von Springer Nature.
Die Anschrift der Gesellschaft ist: Abraham-Lincoln-Str. 46, 65189 Wiesbaden, Germany

„Man sollte sein Geld also nicht für eine große Sache ausgeben, für ein teures Auto, eine Villa, sondern es in viele kleine Dinge investieren, die einen froh machen: Fahr' in den Urlaub, verschenke Blumen, feiere Partys!"

*Daniel Kahneman
(Süddeutsche Zeitung – „Glück durch Geld ist eine Illusion" 2015)*

„Unsere Konsum- und Marktwirtschaft beruht auf der Idee, daß man Glück kaufen kann, wie man alles kaufen kann. Und wenn man kein Geld bezahlen muß für etwas, dann kann es einen auch nicht glücklich machen."
„Daß Glück aber etwas ganz anderes ist, was nur aus der eigenen Anstrengung, aus dem Innern kommt und überhaupt

kein Geld kostet, daß Glück das Billigste ist, was es auf der Welt gibt, das ist den Menschen noch nicht aufgegangen."

Erich Fromm
(Der Stern – „Ich habe die Hoffnung, dass die Menschen ihr Leiden erkennen: den Mangel an Liebe" 1980)

„Glück ist, wenn du ein superbequemes Sofabett, ein paar Beistelltische und eine gute Wi-Fi-Verbindung hast."

Ikea-Katalog 2015

Geleitwort

Dieses Buch in dieser Zeit?
Die Markt- und Sozialforschungsbranche unterliegt Veränderungen wie nie. Manche nennen es „nur" Transformation, andere Disruption. Es gibt eine nie dagewesene Weiterentwicklung im methodischen Bereich in Richtungen wie technisch – apparativer Verfahren, Biometrie, Analysen unstrukturierter Daten wie Text (Social Media!) oder Bild und Ton, in Richtung der wiederentdeckten (teilnehmenden) Beobachtung bis hin zur Digitalisierung von Verfahren im quantitativen wie qualitativen Bereich. Daneben erblickt fast täglich ein auf Data Science oder KI basierendes Angebot das Licht der Angebotswelt. Noch nie gab es so viele Start-ups mit Angeboten in Richtung Markt- und Sozialforschung wie heute.

Auf Nachfragerseite werden aus Marktforschungsabteilungen Business Insight- oder Business Intelligence – Abteilungen. Andere Bezeichnung, oft erweiterte Aufgaben und am Ende werden an immer mehr Stellen im Unternehmen immer mehr entscheidungsunterstützende Daten benötigt – und dies oft schnell oder gar real-time.

Auf Anbieterseite gibt es ganz neue Geschäftsmodelle wie die stark plattformorientierten Modelle einiger großer Institute nach ihren Transformationen, wie die jetzt immer stärker beratungsorientierten Modelle der eher klassischen Full-Service Institute, wie die vielen Do-It-Yourself Angebote von Paneldienstleistern und Startups (oft als SaaS). Letzteres ist nicht zuletzt getrieben durch neue Möglichkeiten der Datenanalyse bis hin zu wirklicher Data Science, wirklicher KI, wirklichem Machine Learning.

Dies ist zunächst einmal eine attraktive Entwicklung, weil sie der Markt – und Sozialforschung durch gesteigerte Nachfrage hier und attraktivere Angebotspalette dort einen Bedeutungsgewinn verspricht. Bedenkenswert ist allerdings, wie selten bei all den neuen Entwicklungen das Thema der Qualität, das Thema der methodischen Relevanz und Angemessenheit, das Thema der Erkenntnismöglichkeit und -tiefe, Themen wie Validität etc. angesprochen werden.

Umso überraschender wie auch erfreulicher, dass in Zeiten, wo alle über KI, Data Science und DIY sprechen, nun dieses Buch von Thomas Kühn und Kay Koschel erscheint. Die Freude betrifft zwei Aspekte: einmal die Konzentration auf die qualitative Marktforschung – zweifelsohne ein Gewinner der oben dargestellten Entwicklungen. Die Freude betrifft zum zweiten die Tatsache, dass hier eine umfassende Einführung, ein die Qualität förderndes Praxishandbuch entstanden ist.

Warum ist die qualitative Forschung ein Gewinner der Entwicklungen? Zunächst erscheint es doch so, dass mit den immer mehr automatisch anfallenden Verhaltensdaten und deren oft automatischer Analyse „auf Knopfdruck" die Fragen nach dem „wer", dem „was", dem „wo" und „wann" so gut beantwortet werden, dass die Frage nach dem „warum" manchen mittlerweile obsolet erscheint. Die Entwicklung der letzten Monate zeigt, dass dies Gott sei Dank ein Trugschluss zu sein scheint.

Immer häufiger wird deutlich gemacht, wie sehr all die neuen Entwicklungen die Notwendigkeit sogar erhöhen, dass gemessene Verhalten nun tatsächlich auch zu verstehen. Dies umfasst das Verstehen ganz granularer Ergebnisse wie auch übergeordneter Erkenntnisse. Die „Warum – Frage" erlebt zumindest bei einem signifikant großen Teil der Nachfrager wie der Anbieter eine Renaissance. Hilfe bei der Beantwortung dieser Frage ist die Stärke gut gemachter qualitativer Markt- und Sozialforschung. Mit ihr ist nach wie vor tiefes Eintauchen in Verstehensprozesse möglich.

Und dann hat Corona mit all seinen Einschränkungen dazu geführt, dass der Transformationsprozess von klassischen Präsenzverfahren hin zu digitalisierten Onlineverfahren beschleunigt wurde und schneller als erwartet eine neue Angebotsvielfalt auch im Bereich qualitativer Forschung entstanden ist.

Es wird an der qualitativen Forschung liegen, die so geweckten Erwartungen beziehungsweise dieses von ihr aufgestellte Versprechen auch zu erfüllen. Sie muss zeigen, dass das Verstehen von Verhalten und Einstellungen, dass die Beantwortung der Warum-Frage essenziell für erfolgreiches Marketing, für erfolgreiche Markenführung, auch für richtige und gute Politikentscheidungen sind. Dies wird sie nur tun können mit qualitativ hochwertigen Methoden, mit der richtigen Anwendung und Umsetzung dieser Methoden und – ganz wichtig – mit dem Mut zu klaren Erkenntnissen und Empfehlungen, zu auf guter qualitativer Forschung aufbauender Beratungsleistung.

Die Zeichen stehen also gut für die qualitative Markt – und Sozialforschung. Umso wichtiger ist es, diese Chance zukunftsfähig zu nutzen. Dazu gehört, die attraktiv breite Methodenvielfalt verantwortungsvoll und qualitativ anspruchsvoll eingesetzt wird. Die Nutzung dieser Chance wird aber auch nur dann möglich sein, wenn andere Trends in der Markt- und Sozialforschung ebenso in der qualitativen Forschung beachtet und bedient werden. Da ist zum einen die Notwendigkeit, nicht nur Methodenberatung, sondern auch Anwendungsberatung, Umsetzungsberatung bis hin zur Implementierung der Ergebnisse zu liefern. Da ist zum weiteren die Notwendigkeit, schnell zu sein und wo immer möglich technische Analysesysteme, künstliche Intelligenz, ja auch Standardisierung einzusetzen. Der Wunsch nach Schnelligkeit darf natürlich nicht zulasten von Qualität gehen. Es muss aber auch akzeptiert werden, dass immer mehr Nachfrager Informationen schnell benötigen und damit Schnelligkeit durchaus ein Qualitätskriterium auch von qualitativer Forschung sein kann.

Für wenige Forschungsbereiche dürfte so sehr die berühmte Aussage „Zukunft braucht Herkunft" gelten wie für die qualitative Forschung. Herkunft allein reicht jedoch nicht und muss um die neuen Herausforderungen und deren Lösung ergänzt werden. Der Blick auf die Entwicklung der letzten Jahre lässt mehr als hoffen.

Auch wenn manche die folgende Aussage als gestrig und konservativ einstufen mögen, so sollte sie trotzdem weiterhin Leitlinie in der Markt- und Sozialforschung sein: es handelt sich hier um eine angewandte *wissenschaftliche* Forschung. Und wissenschaftliche Forschung verlangt zuallererst Wissen und Können.

Das vorliegende Buch von Thomas Kühn und Kay Koschel kann und wird einen Beitrag dazu leisten, diese Basis für eine auch zukünftig erfolgreiche, weil wertschöpfende, qualitative Forschung zu legen.

Also – auch wenn es zunächst anders schien – das richtige Buch zur richtigen Zeit.

Bielefeld   Hartmut Scheffler
im November 2021

Hartmut Scheffler ist seit 1980 in der Marktforschung tätig und war von 1990 bis 2020 Geschäftsführer des Emnid Institutes Bielefeld, später TNS Emnid, TNS Infratest, Kantar TNS, Kantar Deutschland. Er war und ist Mitglied in verschiedenen Beiräten und Branchenverbänden, unter anderem dem BVM (Berufsverband Deutscher Markt- und Sozialforscher e. V.), wo er im Jahr 2009 als Forscherpersönlichkeit des Jahres geehrt wurde. Von 2005–2017 war er Vorstandsvorsitzender des ADM (Arbeitskreis Deutscher Markt- und Sozialforschungsinstitute e. V.). Heute ist er freiberuflicher Berater für Marktforschung und Markenführung.

Vorwort

Mit diesem Buch laden wir Sie zu einer Reise in das facettenreiche Gebiet der qualitativen Markt- und Konsumforschung ein. Für viele, die darin nicht beheimatet sind, ist dieser Landstrich wenig bekannt – und wenn häufig nur ausschnittsweise oder schemenhaft. Gerade dies war ein Anstoß für uns, dieses Buch zu schreiben.

Das Bild der Reise ist auch sehr gut geeignet, um unseren eigenen Bezug zur qualitativen Markt- und Konsumforschung auf den Punkt zu bringen. Wir sind beide nun seit über 20 Jahren Reisende in diesem Gebiet und nutzen das vorliegende Buch dafür, unsere bisherigen Reiserfahrungen zu reflektieren und im Sinne einer Einführung und eines Praxis-Handbuchs zu bündeln, damit auch andere davon profitieren können.

Für keinen von uns hat die Reise mit einem Studium qualitativer Markt- und Konsumforschung begonnen – und dies ist durchaus typisch für diesen Bereich, in dem sich Angehörige verschiedener Studienrichtungen und Berufe tummeln und begegnen. Da wir glauben, dass ein kurzer Rückblick auf unsere eigenen Reiseverläufe und eine Reflexion unserer gegenwärtigen Position den Leserinnen und Lesern helfen wird, die folgenden Darstellungen richtig einordnen und verstehen zu können, wollen wir einzelne Stationen an dieser Stelle noch einmal Revue passieren lassen.

Ich, Thomas Kühn, fand meinen Einstieg in die Marktforschung nicht nur metaphorisch, sondern tatsächlich über eine Reise durch Ostfriesland. Zu dieser Zeit war ich als Doktorand auf einer halben Stelle in einem sozialwissenschaftlichen Sonderforschungsbereich an der Universität Bremen beschäftigt und erfuhr zufällig von der Möglichkeit eines Nebenverdiensts in der qualitativen Marktforschung, von der ich vorher noch nie etwas gehört hatte. In meinem ersten Projekt fuhr ich mit dem Auto durch die Dörfer und Städtchen Ostfrieslands, von Haus zu Haus, und führte Gespräche darüber, wie die Bewohner zu Versicherungen sowie zu Gefahren wie Hochwasser, Sturm und Brand standen. Der Hintergrund der Studie war ein in Ostfriesland vom Rest der Republik abweichendes Verhalten bezüglich Elementarversicherungen. Was auf den ersten Blick sehr trocken klingen mag, war der Beginn einer bis heute nicht abgeschlossenen Faszination. In den Gesprächen ging es nicht nur um ein kulturell gewachsenes Verständnis von Naturgewalten, sondern tatsächlich, auch wenn es pathetisch klingen mag, um einen eigenen Bezug zur Welt. An das Zitat „das liegt ja 20 Kilometer hinter Aurich" einer Interviewpartnerin, das für mich so klang, als wolle die Befragte das Ende der Welt beschreiben, kann ich mich noch heute lebhaft erinnern. Seitdem ließ mein Interesse an der qualitativen Markt- und Konsumforschung nicht mehr nach, beruflich war ich ihr mal näher, mal ferner. Zwei Jahre lang arbeitete ich als Angestellter in dem Bereich qualitativer Marktforschung bei Emnid in Bielefeld – damals als deutscher Repräsentant der internationalen TNS Gruppe, die heute zu Kantar gehört. Mehrere Jahre lang war ich freiberuflich als Berater und Moderator tätig und habe in dieser Zeit eine besonders intensive Zusammenarbeit mit den Kolleg*innen von Ipsos entwickelt. Seit einigen Jahren bin ich beruflich wieder stärker in der akademischen Welt verankert, zunächst als Senior Researcher an der Uni Bremen und seit gut fünf Jahren als Professor für Arbeits- und Organisationspsychologie und Leiter des Erich Fromm Study Centers an der International Psychoanalytic University (IPU) Berlin. Gerade aus dieser Perspektive habe ich noch mal einen anderen Bezug zur Markt- und Konsumforschung entwickelt, die ich mit einer sozialpsychologischen und soziologischen Perspektive in Verbindung bringe.

Ich, Kay Koschel, begann meine Mafo-Reise schon als freier Interviewer in den 1980er Jahren während meines Studiums der Sozialwissenschaften. Aber es waren vielmehr die Begegnungen und Freundschaften mit Menschen, die meine Reise und mein forscherisches Denken am meisten beeinflusst haben. So begegnete ich in einem Seminar an der Uni Essen dem Werbeguru und Professor für Kommunikationsdesign *Vilim Vasata,* der mir die Gelegenheit gab, die internationale Agentur TEAM/BBDO, Düsseldorf, kennenzulernen. Ich sah mich damals zwar eher als kreativer Kopf, landete aber schwerpunktmäßig in der strategischen Planung. Ich überlegte: Wollte ich als kritischer Geist wirklich in die „böse" Werbung? Nach einigen spannenden Monaten in der schönen, bunten Werbewelt bewarb ich mich bei ENMID in Bielefeld und mein späterer Chef *Hartmut Scheffler* überzeugte mich in die Marktforschung einzusteigen.

Nach den ersten Lehrjahren und einigen Zwischenstationen spezialisierte ich mich auf qualitative Methoden. Balkendiagramme und Statistiken fand ich zwar wertvoll und interessant, aber das persönliche Kennenlernen von Menschen war für mich das wirkliche, echte Forschungsabenteuer. Irgendwann lernte ich den Konsumsoziologen *Kai-Uwe Hellmann* kennen, der damals auf der Suche nach einem Habilitationsthema war. Durch gemeinsame Projekte und viele Gespräche weckte er meine Lust auf eine stärkere theoretische Fundierung der Themen Markt und Konsum. Ein Bedürfnis, das bis heute anhält.

Einige Jahre später als frischer Abteilungsleiter der qualitativen Forschung bei Ipsos bewarb sich eines Tages – gerade eben braungebrannt und von Rio´s Copacabana kommend – der junge *Thomas Kühn* bei mir als Freelancer. Die Chemie stimmte auf Anhieb. Aus der kurzen Begegnung resultierten in der Folge eine fast zwanzigjährige fruchtbare und freundschaftliche Zusammenarbeit und dutzende von gemeinsamen Fachartikeln und nunmehr drei Fachbücher.

Zu guter Letzt sei noch der CALTech-Absolvent und Neuropsychologe *Christian Scheier* erwähnt, den ich Anfang der 2000er Jahre kennenlernte. Bei Feierabendwein und Pokerrunden diskutierten wir häufig gemeinsam Möglichkeiten, wie Forschende das neurowissenschaftliche Denken, bildgebende Verfahren und die künstliche Intelligenz in der Marktforschung und darüber hinaus anwenden könnten.

Heutzutage versuche ich als Dozent und Lehrbeauftragter jungen Forschenden die Sinnhaftigkeit und den Spaß an qualitativer Markt- und Konsumforschung zu vermitteln.

Zusammen haben wir vor gut zehn Jahren ein erstes gemeinsames Buch veröffentlicht, das inzwischen in der zweiten Auflage erschienen ist. Wie bei dem hier vorliegenden Buch ging es uns darum, unsere Erfahrungen im Sinne eines Praxis-Handbuchs zu bündeln. Im Fokus standen Gruppendiskussionen als einer zentralen Methode qualitativer Forschung.

Angeregt von der positiven Resonanz, die unser Buch ausgelöst hat, entschlossen wir uns, dieses Buch zur qualitativen Markt- und Konsumforschung zu schreiben.

Um ehrlich zu sein, war die Reise bis zur nun fertiggestellten Veröffentlichung mühsamer als beim Vorgängerbuch und voller Hindernisse und Stolpersteine. Dies hat dazu geführt, dass wir deutlich länger an dem Manuskript gearbeitet haben als wir es ursprünglich eingeplant hatten. Woran mag es gelegen haben? Drei Aspekte scheinen es uns wert zu sein, hervorgehoben und mit den Leserinnen und Lesern geteilt zu werden.

Erstens haben wir beim Verfassen des Manuskripts noch einmal erfahren, wie facettenreich und komplex die qualitative Markt- und Konsumforschung ist. Wenn man jede Methode, jedes Einsatzgebiet ausführlich würdigen, sich darüber hinaus noch mit verschiedenen theoretischen Konzepten von Markt und Konsum beschäftigen würde, bräuchte man eine mindestens zweistellige Anzahl von

Bänden. Eine komprimierte Einführung zu schreiben, die nicht oberflächlich ist, sondern eine begründete Auswahl trifft, war zeitaufwendig und bedurfte eines nicht zu unterschätzenden Abstimmungsaufwands neben unserer beider beruflichen Tätigkeit. Wohl oder übel mussten wir Schwerpunkte setzen, die durchaus bei einigen Leserinnen und Lesern dazu führen könnten, dass sie sich zu der einen oder anderen Methode oder der einen oder anderen Studie noch mehr Informationen gewünscht hätten. Wir bitten diesbezüglich um Milde und Verständnis, schätzen gleichwohl aber auch kritisches Feedback, das wir für eine mögliche Überarbeitung oder weitere Veröffentlichungen nutzen können.

Zweitens haben wir am eigenen Leibe erfahren, wie dynamisch sich der Bereich qualitativer Markt- und Konsumforschung in den letzten Jahren entwickelt hat und weiterhin entwickelt. Mit dieser Dynamik sind neue Methoden entstanden, die nur angesichts gewachsener technologischer Möglichkeiten überhaupt das Licht der Welt erblicken konnten. Auch Nutzungsgewohnheiten haben sich rapide gewandelt. Dies nachzuvollziehen und gleichzeitig nicht den Blick fürs weiterhin fortbestehende Wesentliche qualitativer Forschung zu verlieren, war uns ein Anspruch, von dem wir hoffen, dass wir ihn zumindest einigermaßen eingelöst haben.

Drittens spiegelt sich in diesem Buch auch unser eigenes Ringen um das Verständnis eines Bereichs wider, der in der Praxis durchaus nicht einheitlich und nicht ohne innere Widersprüche ist. Die Spannweite zwischen qualitativer Markt- und Konsumforschung als Teil des Marketings und als gesellschaftskritische Disziplin ist sehr weit und keineswegs eindeutig linear im Sinne eines Kontinuums. Markt- und Konsumforschung lässt sich nicht losgelöst von ethischen Fragen und einer eigenen damit verbundenen Selbst-Positionierung verstehen. Uns hat das Schreiben dieses Buches dazu verholfen, unsere eigene Stellung dazu zunehmend auf den Punkt zu bringen – und dabei durchaus bestehende Konflikte, etwa zwischen der Perspektive der Institutsmarktforschung und einer kritischen Sozialpsychologie, nicht totzuschweigen, sondern offen anzusprechen. Wir glauben, damit auch in der Marktforschung Tätigen Inspiration und Anstoß zu geben, über die eigene Rolle und die damit verbundenen Möglichkeiten weiter nachzudenken. Und wenn es uns gelingt, Menschen, die bisher kaum Kontakt mit der qualitativen Markt- und Konsumforschung hatten, für diesen Bereich zu interessieren, freuen wir uns.

Am Ende dieses Vorworts möchten wir uns zumindest bei einigen der vielen Menschen, die unsere Reise durch die qualitative Markt- und Konsumforschung begleitet haben, noch einmal explizit bedanken.

Bei mir, Thomas Kühn, sind das *Dirk Weller,* der mich über psychonomics mit der qualitativen Markt- und Konsumforschung in Kontakt gebracht hat, *Hille Cramer, Joana Brockmann und Kathrin Werner* als ehemalige Kolleginnen von TNS Emnid, *Eva Balzer* als Antreiberin und Inspirierende nicht nur in Verbindung mit verschiedenen Aktivitäten beim BVM, *Ina Hildebrandt, Hans-Jürgen Frieß und Edvin Babic,* meine Freunde, mit denen ich viele spannende gemeinsame Projekte durchführen durfte, und *Christian Schmidt,* dessen Perspektive als Organisationsentwickler auf den Bereich der Markt- und Konsumforschung sehr anregend war. Bei Ipsos gilt für langjährige Zusammenarbeit mein Dank außerdem *Janet van Rossem.* Bei *Carolin Cyranski* möchte ich mich für die wiederholte Durchsicht des Manuskripts und die damit verbundenen Anregungen und Korrekturvorschläge bedanken. Und zu guter Letzt gilt mein Dank meiner Ehefrau *Fabiana Kühn* für die jahrelange Begleitung meiner Reise durch die Markt- und Konsumforschung, insbesondere für die damit verbundene Unterstützung und Geduld, aber auch für das liebevolle Antreiben sowie die Einblicke und anregenden Diskussionen zur Bedeutung sozialer Medien, durch ich die viel zur Bedeutung von Markt und Konsum gelernt habe.

Ich, Kay Koschel, bedanke mich bei den vielen, langjährigen Wegbegleiterinnen und -begleitern, die immer wieder mit ihrem wachen Feedback halfen eigene Forschungsideen zu diskutieren, zu verbessern und Erkenntnisse zu vertiefen. Mein ganz besonderer Dank und Gruß geht dabei insbesondere *an Britta Dahl, Jens Barczewski, Martin Heins, Maik Kuhlmann, Hannes Matthiessen, Andre Schünemann, Alexander Steiner* und *Dolf de Vries* um nur einige Wenige zu nennen.

Ganz besonders herzlich möchte ich mich aber bei meiner Lebens- und Liebesgefährtin, der Pianistin *Ivone Bambirra* (amor da minha vida!), bedanken. Nicht nur für ihre Geduld und ihre stete Motivation während des langwierigen Entstehungsprozess dieses Buches, sondern auch für die praktische „Weltreichweitenvergrößerung" (Hartmut Rosa), vermittelt durch ihren unwiderstehlichen Esprit, ihre atemberaubende Kunst und Musik und ihrem bezaubernden kulturellen Hintergrund.

Beide möchten wir uns bei *Katrin Emmerich* vom Springer Verlag für ihr Vertrauen in uns und ihr Verständnis für unsere wiederholten Bitten um Aufschub bedanken.

Hartmut Scheffler haben wir nicht nur beide in unterschiedlichen Lebenslagen als Vorgesetzten erlebt, sondern immer als eine weitsichtige Orientierungsfigur der Markt- und Konsumforschung geschätzt. Umso mehr freuen wir uns, dass er sich bereit erklärt hat, das Geleitwort zu diesem Buch zu schreiben, für das wir uns ebenfalls herzlich bedanken.

Berlin   Thomas Kühn
Hamburg   Kay-Volker Koschel
März 2022

Inhaltsverzeichnis

Abbildungsverzeichnis

Tabellenverzeichnis

Teil I
Theoretische Grundlagen

Einführung

1

1.1 Markt- und Konsumforschung als Schlüssel zum Verständnis zeitgenössischer Gesellschaften

Was würden Sie uns erzählen, wenn wir Sie danach fragen, wer Sie sind? Obwohl wir Ihre persönliche Lebensgeschichte nicht kennen, sind wir uns sicher, dass Sie gar nicht darum herumkämen, konsumbezogene Themen in Ihre Selbstbeschreibung einzuweben. Gab es vielleicht ein besonderes Urlaubserlebnis, das Sie geprägt hat? Sind Sie als Kind mit Ihren Eltern an einen Ort gefahren, mit dem Sie eine ganz spezielle Atmosphäre verbinden? Oder erinnern Sie sich vielleicht noch an Besuche bei Ihren Großeltern, wo die Wohnung oder das Haus ganz anders aussahen als bei Ihnen, wo es eigenartig roch und ungewohnte Speisen serviert wurden? Wie war es, als Sie Ihr erstes „eigenes Geld" verdient haben? Was haben Sie damit gemacht? Gab es eine Musik oder Band, mit der Sie sich identifiziert haben? Wohin sind Sie mit Ihrer ersten Liebe ausgegangen? Wie haben Sie Ihren letzten großen Erfolg gefeiert? Und inwiefern ist es Ihnen wichtig, durch Ihre Erwerbstätigkeit „auf eigenen Beinen" zu stehen und „finanziell abgesichert" zu sein?

Dies ist nur eine kleine Auswahl an Fragen, mit denen wir Ihre Lebensgeschichte ergründen können und uns unweigerlich mit Ihrem Konsumverhalten auseinandersetzen. Vielleicht werden Sie jetzt ein bisschen nachdenklich, weil Sie derartige Fragen spontan eher mit Ihrer Arbeit und Ihrem Privatleben in Verbindung bringen, das heißt mit dem, was Ihnen wichtig ist – und Sie dies gerne klar und deutlich von weniger wichtigen Fragen des Alltagslebens abgrenzen würden, etwa der, ob Sie sich mal wieder ein neues Paar Schuhe kaufen sollten.

T. Kühn und K.-V. Koschel, *Qualitative Markt- und Konsumforschung,* Konsumsoziologie und Massenkultur, https://doi.org/10.1007/978-3-531-19430-1_1

In der qualitativen Markt- und Konsumforschung stehen Konsumgeschichten im Mittelpunkt des Interesses: Geschichten, die wir mit bestimmten Dingen verbinden, Geschichten über uns, wer wir sind und wer wir sein wollen, und Geschichten über die Welt, in der wir leben. Auch über den Konsum als solchen werden unterschiedliche Geschichten erzählt, die es zu ergründen und zu verstehen gilt. In vielen Geschichten wird dem Konsum die Rolle des Schurken oder Bösewichts zugeschrieben. Weit verbreitet sind etwa Geschichten, in denen der Konsum mit einer Scheinwelt verbunden ist, die jener der wahren Werte gegenübersteht: der schöne Schein und nichts dahinter. Wer würde schon gern von seinem Partner oder seiner Partnerin hören: „Du bist immer so materiell!" „Du bist so tiefgründig und nicht so oberflächlich wie all die Anderen, die immer nur ans Konsumieren denken", klingt dagegen gleich vielversprechender in unseren Ohren.

In bestimmten Versionen derartiger Schurkengeschichten geht am Konsum sogar die Welt zugrunde. Weil wir alle immer mehr darauf aus seien, mehr zu haben als andere Zeitgenossen und unsere Vorfahren, hätten wir keine Zeit mehr für die Anliegen unserer Mitmenschen, schauten immer mehr auf unseren persönlichen Vorteil und zerstörten gleichzeitig die Grundlage unseres Planeten, indem wir natürliche Ressourcen ohne Rücksicht auf Verluste aufbrauchten, alles auf Jahrhunderte hinaus verschmutzten und gleichzeitig noch dafür sorgten, dass sich das Klima verändere und dadurch alles aus dem Ruder laufe. Der Konsum mache uns blind für unsere wahren Bedürfnisse, fördere Missgunst, Ungleichheit und Ungerechtigkeit oder stehe sinnbildlich für menschliche Unzulänglichkeit und Künstlichkeit im Gegensatz zur ausgewogenen Natur.

Und schon sind wir wieder mittendrin in aktuellen Fragen der Konsumforschung. Denn so auf die Spitze getrieben diese Schurkengeschichten in ihrer Kurzform erscheinen mögen, begleiten sie uns doch nicht ganz zu Unrecht auf Schritt und Tritt in unserem Alltag:

> *„Jeder T-Shirt Kauf ist eine potenzielle Sünde, jede Tasse Kaffee eine potenzielle Ausbeutung, jede Kilowattstunde Strom ein potenzielles Klimavergehen. Bei jedem Einkauf droht irgendeine Schweinerei"* (Der Spiegel 2015: 70).

Dieses Zitat stammt aus einer Titel-Geschichte des Spiegel-Magazins. Es bringt ein zeitgenössisches Dilemma auf den Punkt: Wir alle kommen nicht darum herum, tagtäglich Konsumentscheidungen zu treffen und tun dies doch wiederholt mit dem ungutem Gefühl, selbst zu einem Protagonisten in einer Schurkengeschichte zu werden. Zu suspekt ist uns das Konsumieren und zu wenig wissen wir bei vielen Produkten und Angeboten unseres komplexen zeitgenössischen

Alltags über deren Entstehungsgeschichte. Wo wurden notwendige Näharbeiten für unsere Schuhe durchgeführt? Wo kommt die Baumwolle für unser T-Shirt her? Wie wurde das Korn für unser Brot angebaut? Unter welchen Bedingungen haben die Hühner die Eier gelegt, die in unserem Kuchen sind?

Die Titel-Geschichte des Spiegel trägt die Überschrift: *„Kaufen, um die Welt zu retten?"*. Plötzlich begegnet uns der Konsum nicht mehr als Bösewicht, sondern als Held in Form des sogenannten „ethischen" Konsums. Es gibt also auch andere Geschichten, die mit dem Konsum verbunden sein können, etwa die von einer immer größer werdenden Gruppe von Menschen, die durch ethisch reflektierte Entscheidungen dazu beiträgt, dass die Welt Stück für Stück etwas besser wird. Derartige Geschichten zu rekonstruieren, zu verstehen und in ihrer Bedeutung für unser Handeln zu erfassen, ist eine wichtige Aufgabe der Konsum- und Marktforschung.

Marktforschung als unsichtbare Auftragsforschung

Wie treten wir aber als Konsum- und Marktforschende in Erscheinung? Wie gehen wir mit derartigen Konsumgeschichten um? Wann kommen sie überhaupt in unser Blickfeld? Was machen wir daraus und wer hat überhaupt etwas davon? Um diese Fragen zu beantworten, würden wir gern zunächst eine Gegenfrage einbringen: Wie kommt es eigentlich, dass diese Fragen für viele Menschen spontan schwer zu beantworten sind, obwohl der Konsum wie oben angedeutet so bedeutungsvoll für unsere zeitgenössische Welt ist?

Konsum- und Marktforschung hat nicht die Sichtbarkeit in der Gesellschaft, die sie haben könnte und sollte. Denn heutzutage ist sie häufig *Auftragsforschung*. Eine typische Studie läuft folgendermaßen ab: Ein Unternehmen beauftragt ein Marktforschungsinstitut damit, zu einer Fragestellung eine Untersuchung durchzuführen. Zu diesem Zweck erhält das Institut Geld, das für das Unternehmen eine Ausgabe darstellt, die dazu führen soll, sich einen Wettbewerbsvorteil gegenüber anderen Unternehmen zu sichern. Dafür ist es aber wichtig, dass die Konkurrenten nicht von den Erkenntnissen der Studie profitieren. Deshalb wird die Markt- und Konsumforschung *„vertraulich"* durchgeführt. Anders als etwas im akademisch-wissenschaftlichen Bereich geht es den Forschenden in der Folge nicht darum, ihre Ergebnisse einer möglichst breiten Fachöffentlichkeit kundzutun, sondern im Gegenteil, sich gegenüber den Auftraggebenden als verschwiegen zu erweisen und Anderen gegenüber möglichst wenig über das Projekt zu sprechen. Das bedeutet, dass zahlreiche Markt- und Konsumforschungsprojekte durchgeführt werden, die in der Öffentlichkeit nicht wahrgenommen werden. In

der Gesamtheit führt das dazu, dass die Bedeutung von Markt- und Konsumforschung unterschätzt wird und der gesamte Bereich unsichtbarer ist als er sein
könnte.

Dadurch wird nicht nur Transparenz behindert, sondern auch Misstrauen
gegenüber der Markt- und Konsumforschung geweckt, sodass nicht nur der
Bereich des Konsums, sondern auch der der Markt- und Konsumforschung
in Schurkengeschichten eingewoben wird. Bereits im Jahr 1957 veröffentlichte
der US-amerikanische Autor Vance Packard (1914–1996) ein vieldiskutiertes
Buch, das ein Jahr später auch in Deutschland unter dem Titel *„Die geheimen
Verführer"* erschien (Packard 1958). Darin vertrat er die These, dass Marktforschung und Werbung (und die in diesen Branchen tätigen Menschen!) der
Manipulation von Konsumentinnen und Konsumenten dienten (Koschel 2008:
35). Diese kritische Distanz begegnet Marktforschenden noch heute: Denn ist
es nicht gerade die Aufgabe eben dieser Markt- und Konsumforschung, Leitbilder des Konsumieren-Müssens fest in der Bevölkerung zu verankern, um die von
Unternehmen angebotenen Produkte bestmöglich an den Mann oder die Frau zu
bringen? Wird die Forschung nicht dazu genutzt, die Verbraucher auszuhorchen,
um Schwachstellen zu finden, an denen das Marketing mit ausgefeilten Techniken
ansetzen kann, um Dinge zu verkaufen, die eigentlich niemand braucht, die aber
aufseiten der Bevölkerung zu Phänomenen von Überschuldung ebenso führen
können wie zu einer generellen Oberflächlichkeit im Umgang mit dem eigenen
Leben? Man könnte dieser Geschichte den Titel „Markt- und Konsumforschung
als Wegbereiter des Bösen" geben.

Daneben gibt es aufseiten akademisch Tätiger auch Misstrauen an der Sorgfalt und Tiefenschärfe in der Marktforschung (vgl. kritisch dazu z. B. Kritzmöller
2004; Kühn 2004b), die man unter dem Titel *„Marktforschende als Schaumschlä-
ger"* zusammenfassen könnte. Denn während für die Durchführung akademischer
Projekte, die etwa von Forschungsinstitutionen wie der Deutschen Forschungsge-
meinschaft finanziert werden, in der Regel mehrere Jahre zur Verfügung stehen,
werden viele von Unternehmen beauftragte Markt- und Konsumforschungsprojekte innerhalb weniger Wochen abgeschlossen. Dies führt zu Vorbehalten, dass
Marktforschung oberflächlicher als Sozialforschung und durch fehlenden wissenschaftlichen Anspruch gekennzeichnet sei sowie Auswertungen durch Unschärfen
geprägt seien.

*Der Markt- und Konsumforschung fehlt es an Aufmerksamkeit, Anerkennung und
Wertschätzung*
Für qualitativ Forschende besteht eine wichtige Aufgabe darin, darauf zu achten,
was in bestimmten Geschichten unsichtbar bleibt und nicht erzählt wird, sodass es

zu blinden Flecken kommt. In vielen akademischen Veröffentlichungen, in denen es um Märkte, Konsum oder qualitative Methoden geht, findet die Markt- und Konsumforschung keine oder nur eine Distanz ausdrückende randständige Notiz. Diese fehlende Aufmerksamkeit für die Marktforschung kann man als Ergebnis ihrer fehlenden Sichtbarkeit begreifen, aber im Zuge fehlender Aufmerksamkeit auch mit fehlender Anerkennung und Wertschätzung in Verbindung bringen (vgl. Honneth 1992; Keupp et al. 2002).

Weil wir der Auffassung sind, dass Markt- und Konsumforschung insgesamt und qualitative Ansätze insbesondere sichtbarer sein sollten und ihre Rolle differenzierter reflektiert werden muss, haben wir dieses Buch geschrieben. Zum einen sollte eine Gesellschaft einen so zentralen Bereich wie den der Markt- und Konsumforschung nicht einfach ignorieren und im Verborgenen walten und schalten lassen. Zum anderen bietet die Markt- und Konsumforschung gerade für die Sozialwissenschaften ein hohes Erkenntnispotenzial, das immer noch zu wenig genutzt wird (vgl. Kühn 2004b; Marlovits et al. 2004).

Wichtig ist dafür, die Markt- und Konsumforschung nicht als einen Erfüllungsgehilfen des Marketings zu begreifen, indem ihr Nutzen vor allem in der Umsatzsteigerung von Unternehmen gesehen wird. Wir gehen in diesem Buch nicht von einem auf Verwertungszusammenhänge eingeengten Verständnis von Konsum- und Marktforschung aus, sondern von einem offeneren Ansatz, der ihrer gesellschaftlichen Bedeutung gerecht wird.

Markt- und Konsumforschung als ein Schlüssel zum Verständnis zeitgenössischer Gesellschaften
Wir wollen mit diesem Buch Leserinnen und Leser aus verschiedenen Bereichen anregen, sich mit der Markt- und Konsumforschung auseinanderzusetzen, und diese als eine Möglichkeit zu begreifen, den zeitgenössischen Alltag und damit verbundene Schlüsselfragen besser zu verstehen. Für die Markt- und Konsumforschung heißt das zum einen, dass es darum geht, mehr Transparenz zu schaffen und auch durchgeführte Auftragsstudien jenseits des vertraulichen Kerns hinsichtlich damit verbundener Methoden und Erkenntnisse für gesellschaftliche Fragen zu reflektieren. Zum anderen ist die Markt- und Konsumforschung zu wichtig, um sie nur der Auftragsforschung zu überlassen. Sie sollte auch im akademischen Feld noch stärker in Forschungsprojekte und universitäre Curricula eingebunden werden.

Markt- und Konsumforschung kann wichtige Anknüpfungspunkte für Unternehmen bieten, etwa wenn es um Entscheidungsfindung und die Planung, Entwicklung und Verbreitung von Angeboten geht. Sie kann aber ebenso im Sinne einer kritischen Sozialpsychologie des modernen Alltags (Kühn 2015a)

durchgeführt werden und dadurch Teil einer Auseinandersetzung mit Ausbeu-
tung, Ungerechtigkeit sowie sozialen Ungleichheiten und damit verbundenen
Machtverhältnissen in zeitgenössischen Gesellschaften werden.

Um Markt- und Konsumforschung zu betreiben, bedarf es zunächst eines
Grundverständnisses von Konsum und Märkten. In verschiedenen Gesellschaften
gibt es unterschiedliche Konsumgewohnheiten und verschiedene Bedeutungen,
die mit Konsum verbunden werden. Durch die darauf bezogene Analyse lassen sich daher ebenso Rückschlüsse auf die Beschaffenheit von Gesellschaften
ziehen, wie umgekehrt umfangreiches Hintergrundwissen über den Zustand der
Gesellschaft die Praxis des Konsums verständlicher macht.

1.2 Ziele und Aufbau des Buches

Wenn Markt- und Konsumforschung als ein Schlüssel zum Verständnis zeitgenössischer Gesellschaften verstanden werden kann, kann man im Umkehrschluss
ableiten, dass es unmöglich ist, in einem einzigen Einführungsbuch den Facettenreichtum dieses Forschungsansatzes auch nur halbwegs abzubilden. Dafür
gibt es zu viele Themen, Einsatzbereiche und Methoden. Unser Ziel ist ein
anderes: Wir wollen dazu beitragen, einer bisher weitverzweigten und eher
zersplitterten Disziplin durch ein bündelndes Werk die Sichtbarkeit zu verleihen, die sie verdient. Deshalb geht es uns darum, den Kern qualitativer
Markt- und Konsumforschung herauszuarbeiten und damit verbundene Anknüpfungspunkte aufzuzeigen, indem wir sozusagen aus dem Vollen schöpfen. Dazu
widmen wir uns einigen Methoden und Themen stellvertretend für die anderen
ausführlicher und geben Verweise auf weiterführende Literatur. Zumindest im
deutschsprachigen Raum gibt es bisher zwar mehrere Sammelbände, in denen
sich verschiedene Autoren aus unterschiedlichen Perspektiven mit qualitativer
Markt- und Konsumforschung auseinandersetzen (insbesondere Naderer/Balzer
2011; Buber/Holzmüller 2007 Kühn/Marlovits/Mruck 2004), aber noch kein

zusammengehöriges Einführungswerk aus einem Guss[1]. Diese Lücke wollen wir schließen.

Mit dem vorliegenden Buch wollen wir verschiedene Zielgruppen ansprechen. Die qualitative Markt- und Konsumforschung ist ein Gebiet, das nicht nur einer Fachrichtung zuzuordnen ist, sondern ein Ansatz, den man in einer projektiven Übung gut mit einer Brücke symbolisieren könnte: Denn qualitative Markt- und Konsumforschung verbindet verschiedene Disziplinen wie Psychologie, Soziologie, Wirtschafts-, Kultur-, Politik- und Sprachwissenschaften. In diesem Sinne richten wir uns an Studierende all dieser Fachrichtungen und wollen ihnen unsererseits eine Brücke bilden, die einen Zugang schaffen soll, in die faszinierende Welt der Markt- und Konsumforschung einzutreten und sich einen ersten Eindruck der dort vorhandenen Flora und Fauna zu verschaffen, der hoffentlich den Wunsch erweckt, nicht nur eine Tagesreise anzutreten, sondern dort länger zu verweilen und eigene Projekte zu beginnen. Um im Bild zu bleiben: Auch diejenigen, die ihre Zelte schon in anderen Gefilden wie etwa der sozialen Ungleichheitsforschung oder der Auseinandersetzung mit sozialen Wandlungsprozessen aufgeschlagen haben, sind herzlich zu einer Reise eingeladen, um sich später des Gebiets der Markt- und Konsumforschung zu erinnern, wenn sie zurück auf ihrem eigenen Terrain sind. Aber auch für die, welche die Brücke in die Welt qualitativer Markt- und Konsumforschung schon längst überschritten haben, und sich etwa in Instituten oder Unternehmen professionell der Markt- und Konsumforschung widmen, haben wir dieses Buch geschrieben. Zwar wird ihnen vieles bekannt vorkommen, gerade aber in der Art und Weise, wie wir Verknüpfungen schaffen und zum Nachdenken über Bekanntes anregen, wollen wir hier zu noch mehr Achtsamkeit beitragen sowie das Selbstbewusstsein und die damit verbundene Identität als qualitative Markt- und Konsumforschende stärken.

Und schließlich gibt es die, welche bisher immer nur von außen neugierig auf das Land der qualitativen Markt- und Konsumforschung geblickt haben – zum Beispiel aus der Perspektive eher quantitativ ausgerichteter Marktforschender oder aus der Perspektive eines Vertreters oder einer Vertreterin eines auftraggebenden Unternehmens. Wir freuen uns über Ihr Interesse und laden Sie zu einer

---

[1] Gaby Kepper (1996/2013) hat sich in einer verdienstvollen und wegweisenden Doktorarbeit mit Methoden, Einsatzmöglichkeiten und Beurteilungskriterien qualitativer Marktforschung auseinandergesetzt, allerdings ist diese Arbeit bereits vor über 20 Jahren entstanden und spiegelt daher nicht mehr die seitdem entstandene Entwicklung wider. Adrienne Steffen und Susanne Doppler (2019) geben aus Perspektive der betrieblichen Marktforschung eine kurze komprimierte Darstellung, die aber nicht das Ziel einer umfassenden Einführung hat, sondern „Praktiker" dazu ermutigen soll, „kleinere qualitative Forschungs- und Marktforschungsprojekte eigenständig zu planen und durchzuführen" (a.a.O.: Klappentext).

spannenden Forschungsexpedition ein, bei der wir auf Sie Acht geben werden und Sie inspirierend begleiten möchten.

Nicht zuletzt möchten wir uns an Expertinnen und Experten richten, die eine solche Expedition in die Welt der qualitativen Markt- und Konsumforschung selbst leiten könnten und sich in der Landschaft so gut auskennen, dass sie bei unserer Reiseführung etwas vermissen. Das liegt zum einen natürlich leider in der Natur der Sache – denn die Welt der qualitativen Marktforschung ist zu vielfältig, um ihr in einem Band gerecht zu werden, und kann trotz ihrer insgesamt zu beklagenden fehlenden Sichtbarkeit und unzureichenden Präsenz in öffentlichen Diskursen keineswegs als unerforscht gelten. In zahlreichen Zeitschriften etwa finden sich Aufsätze zu den verschiedensten Themen und Methoden, im englischsprachigen Raum gibt es sogar eigene Zeitschriften, die sich exklusiv oder schwerpunktmäßig der qualitativen Markt- und Konsumforschung widmen (z. B.: „Qualitative Market Research: An International Journal"). Uns geht es deshalb um Zusammenführung und die pointierte Bündelung, nicht um vollständiges Zusammentragen und Katalogisieren. Zum anderen möchten wir Sie aber herzlich einladen, sich mit konstruktiver Kritik und Ergänzungsvorschlägen an uns zu wenden, da die Markt- und Konsumforschung von der Diskussion um Methoden, Themen und Aspekte, die als zentral für ein Einführungswerk gelten können, nur profitieren kann.

Im Sinne eines Praxis-Handbuchs, das zugleich zur Einführung, zum Überblick und Nachschlagen geeignet sein soll, muss man nicht das gesamte Werk in der Reihenfolge der einzelnen Abschnitte lesen, sondern kann auch gezielt einzelne Abschnitte anschauen. Gleichwohl empfehlen wir auch dem Lesenden, der gezielt nach einer Methode oder einem Thema Ausschau hält, den Blick nicht allzu sehr darauf zu verengen, sondern auch über den Tellerrand zu schauen, der durch das eigene konkrete Anliegen gebildet wird. In der Regel versteht man das Potenzial einer Vorgehensweise umso mehr, wenn man sie mit anderen möglichen kontrastieren und sie auch in den Kontext von Markt- und Konsumforschung einordnen kann.

Was Leserinnen und Leser erwartet
Als ersten Überblick möchten wir an dieser Stelle kurz vorstellen, was Leserinnen und Leser erwartet und wie das Buch aufgebaut ist.

Im zweiten und dritten Abschnitt geht es zunächst um das theoretische Fundament qualitativer Markt- und Konsumforschung. Dafür beschäftigen wir uns zunächst mit *den Begriffen des Markts und des Konsums* und zeigen auf, wie zentral die Auseinandersetzung damit für das Verständnis zeitgenössischer Gesellschaften ist und angesichts laufender Transformationsprozesse weiter an Bedeutung gewinnt (Kap. 2). Im Anschluss werfen wir einen vertiefenden Blick auf die Möglichkeiten qualitativer Forschung und ihr Potenzial für markt- und konsumbezogene Fragestellungen (Kap. 3). Dies veranschaulichen wir anhand von Fallbeispielen.

Die folgenden drei Kapitel widmen sich der Praxis qualitativer Markt- und Konsumforschung.

Veranschaulicht an zahlreichen Praxis-Beispielen setzen wir uns im vierten Abschnitt vergleichend mit den Grundzügen und Möglichkeiten verschiedener Methoden auseinander. Dabei berücksichtigen wir sowohl eher klassische Verfahren wie face-to-face Interviews oder Gruppendiskussionen als auch Ansätze, die in den letzten Jahren angesichts neuer digitaler Möglichkeits-, Erfahrungs- und Ausdrucksräume entstanden sind – wie z. B. online gestützte, *„virtuelle" Live-Befragungen*. Leserinnen und Leser sollen dadurch in ihrer Kompetenz unterstützt werden, die Eignung bestimmter Forschungsmethoden im Rahmen konkreter Projekte zu beurteilen und auch Ansatzpunkte entwickeln zu können, wie diese korrekt angewandt werden. Dieser Abschnitt ist nicht nur für diejenigen von zentraler Bedeutung, die sich bisher nicht oder nur kaum mit den Grundlagen qualitativer Forschung auseinandergesetzt haben, er bietet vielmehr auch eine kompakte Zusammenfassung und eine Argumentationshilfe für diejenigen, welche in diesem Bereich bereits Erfahrungen gesammelt haben. Wir zeigen, dass es zwar verschiedene Perspektiven gibt, aus denen man sich einer Fragestellung nähern kann, dass die Offenheit qualitativer Forschung aber keinesfalls mit Beliebigkeit verwechselt werden darf. Im fünften Abschnitt geben wir einen Überblick über verschiedene empirische Methoden der qualitativen Markt- und Konsumforschung. Unser Augenmerk liegt dabei besonders darauf, die Vielfalt möglicher Zugänge darzustellen und mögliche Einsatzgebiete aufzuzeigen. Dazu flechten wir immer wieder Beispiele aus der Praxis und Tipps für die praktische Anwendung mit ein. Gleichwohl ist die Darstellung bewusst knappgehalten, um die Übersichtlichkeit zu wahren. Schließlich widmen wir uns im sechsten Abschnitt der Koordination und dem Ablauf eines Projekts mit den verschiedenen Schritten von der Festlegung eines Studiendesigns bis zur Präsentation der Ergebnisse und möglichen nächsten Schritten. Damit soll die Koordination und Planung von qualitativen Markt- und Konsumforschungsprojekten ermöglicht und in ihrer Qualität transparent gemacht werden. Erneut erfolgt diese Darstellung anhand von veranschaulichenden Praxis-Beispielen.

Im abschließenden siebten Kapitel zeigen wir auf, wie qualitative Markt- und Konsumforschung mit verschiedenen theoretischen Perspektiven, wie z. B. der Identitätsforschung verknüpft werden kann. Im Mittelpunkt steht die Auseinandersetzung mit der Rolle qualitativer Markt- und Konsumforschung als Stimme der Konsumkritik und Antreiber gesellschaftlicher Wandlungsprozesse. Damit schließen wir den Kreis, der mit der Schurkengeschichte des Konsums in diesem Einleitungskapitel begonnen haben, auch wenn wir an dieser Stelle noch kein Happy End versprechen können.

Grundlagen qualitativer Markt- und Konsumforschung

2

In diesem Abschnitt beschäftigen wir uns mit Grundlagen der Markt- und Konsumforschung. Uns allen sind die Begriffe Markt und Konsum geläufig, aber was wird darunter gefasst und welche Rolle spielt damit verbundene Forschung? Welche Bedeutung haben gesellschaftliche Entwicklungen für Markt- und Konsumforschung?

Zunächst widmen wir uns im Abschn. 2.1 dem *Grundbegriff des Marktes*. Dabei zeigen wir auf, dass eine Auseinandersetzung mit der Rahmung von Handeln durch Märkte von zentraler Bedeutung ist, um unsere Entscheidungsspielräume in zeitgenössischen Gesellschaften verstehen zu können. Im Abschn. 2.2 reflektieren wir daran anknüpfend, was mit *Konsum* verbunden wird und inwiefern zeitgenössische Gesellschaften als *Konsumgesellschaften* zu verstehen sind. Wir begründen, dass das Verständnis von Handeln aus der Perspektive von Konsumforschung wichtige Erkenntnisse zum sozialen Miteinander von verschiedenen Gruppen und zum Selbstverständnis Einzelner beisteuern kann.

Den Abschluss dieses Kapitels bildet eine *Zustandsbestimmung der Markt- und Konsumforschung* vor dem Hintergrund eines beschleunigt verlaufenden sozialen Wandels (Abschn. 2.3). Dieser führt nicht nur dazu, dass die Markt- und Konsumforschung selbst im Wandel begriffen ist, sondern auch dazu, dass diese wichtiger wird, um angesichts von *digitaler Transformation* und omnipräsenten Diskussionen um Nachhaltigkeit Schlüsselbeiträge zur Beantwortung der Frage zu liefern, wie wir in Zukunft miteinander leben wollen und dafür notwendige gesellschaftliche Strukturen schaffen können. Im letzten Kapitel dieses Buches werden wir daran noch einmal anknüpfen und uns damit beschäftigen, inwiefern gerade die Markt- und Konsumforschung auch als eine kritische Stimme bei der Auseinandersetzung mit gesellschaftlichen Strukturen und damit verbundenen Möglichkeiten des Wandels verstanden werden kann (Kap. 7).

T. Kühn und K.-V. Koschel, *Qualitative Markt- und Konsumforschung*, Konsumsoziologie und Massenkultur, https://doi.org/10.1007/978-3-531-19430-1_2

2.1   Märkte und Marktforschung

„Heute ist Markttag." Als Kind mit der Mutter oder Großmutter auf den Wochenmarkt gehen zu dürfen, war etwas ganz Besonderes. Dies war nicht immer möglich, sondern nur an besonderen Wochentagen. Und wer kennt nicht das Erlebnis, im Urlaub in fremden Regionen mit Wonne und Neugierde auf lokalen Märkten zu stöbern, Gerüche der Fremde einzuatmen und aufmerksam darauf zu achten, wie einheimische Händlerinnen und Händler sich möglichen Kundinnen und Kunden zuwenden? Aus der Perspektive eines Kindes heißt das: Märkte machen Spaß und sind aufregend.

Derartige Erlebnisse können als Wurzeln der Markt- und Konsumforschung aufgefasst werden, denn auch ihr geht es um das Begreifen des Marktgeschehens. In dem Bild des *Besuchs eines Wochenmarkts* steckt im Großen und Ganzen alles, was auch für die Tätigkeit professioneller Marktforschender gilt oder gelten sollte. Da ist zunächst einmal die Faszination: Als Besucherin oder Besucher eines Wochenmarkts erleben wir das von uns Beobachtete nicht als trockenes Ins-Verhältnis-Setzen von Angebot und Nachfrage, sondern als einen spannenden Prozess mit häufig ungewissem Ausgang, den wir mit Gespür für Details verfolgen. Eine ähnliche Grundhaltung macht erfolgreich Marktforschende aus, die auch nach vielen Jahren professioneller Tätigkeit noch ins Staunen angesichts unvermuteter Beobachtungen und ungeahnter Wendungen auf Märkten geraten können und gleichzeitig kritisch infrage stellen, was gerade um sie herum geschieht.

Was sind Märkte und warum Markt nicht gleich Markt ist
Auf den Wochenmärkten sehen wir mehrere Verkäuferinnen und Verkäufer, die ihre Angebote anpreisen. Es gibt viele Stände und unterschiedliche Produkte: Äpfel, Birnen, Kirschen, Käse, Honig, Fisch und Feigen. Menschen schlendern, gehen oder hetzen durch die Gänge, schauen, reden, handeln. Manchmal entscheiden sie sich, weiterzugehen, manchmal bekommen sie das von ihnen Gewünschte gegen das Tauschmedium Geld. In diesem Sinne sind Märkte „Orte des Tauschs von Gütern und Dienstleistungen, an denen sich durch den Gebrauch von Geld im Spiel von Angebot und Nachfrage Preise bilden" (Herzog 2014: 14). Wie das Bild des Wochenmarkts zeigt, haben Märkte aber noch eine weitergehende Bedeutung, zum Beispiel sind sie mit einem Mischmasch aus Gerüchen und anderen Sinneseindrücken verbunden und eröffnen einen Raum, um Schnäppchen zu machen und sich als erfolgreich Handelnde oder als selbstwirksame Verkäuferinnen oder Verkäufer zu begreifen. Für Letztere gibt es bessere und schlechtere Markttage,

und im Vergleich zu anderen Anbietenden erleben sie sich mal als erfolgrei-
cher oder weniger erfolgreich. Märkte sind also aus der Sicht der für Details
sensiblen Marktforschenden komplexer und facettenreicher als es auf den ersten
Blick erscheint. Deshalb ist es von Wert, Märkte noch genauer und differenzierter in den Blick zu nehmen, ehe wir uns mit dem Aufgabenbereich qualitativer
Marktforschung näher auseinandersetzen.

Ein sonniger Markttag schafft sowohl für Händlerinnen und Händler als auch
für Kundinnen und Kunden eine Situation, die man im zeitgenössischen Sprach-
gebrauch als „win–win" bezeichnen kann. Die Verkäuferinnen und Verkäufer
haben erfolgreich ihre Birnen und Feigen angepriesen sowie genügend einge-
nommen, um ihrerseits Einkäufe tätigen zu können. Die Käuferinnen und Käufer
haben nicht nur frische Früchte erworben, mit denen sie einen leckeren Kuchen
backen können, sondern auch noch einen schönen Tag an der frischen Luft verbracht. Die Verkäuferinnen und Verkäufer kommen nach Hause und fühlen sich
für ihre Arbeit wertgeschätzt. Das Hegen und Pflegen der Pflanzen, die Früchte
getragen haben, hat sich gelohnt. Und die Käuferinnen und Käufer freuen sich,
dass die Birnen so schön saftig sind und sie eine richtige Entscheidung getroffen
haben, auf den Markt zu gehen.

Dies ist nur ein anschauliches Beispiel für den Sinn der sozialen Institution
eines Marktes und seiner wirtschaftswissenschaftlichen sowie sozialtheoretischen
Legitimation, mit welcher sich insbesondere Lisa Herzog und Axel Honneth
(2014a) rekonstruktiv auseinandergesetzt haben. *Adam Smith* (1723–1790) als
einem der Begründer der modernen Ökonomie zufolge führen Märkte zu mehr
Wohlstand, Freiheit und Gerechtigkeit. Indem individuelle Bedürfnisse in ihrer
Unterschiedlichkeit ernst genommen würden und nicht jeder das Gleiche wünschen und nutzen müsse, stehe der Markt für Wahlfreiheit und sorge gleichzeitig
für eine effektive Arbeitsteilung und damit verbundene Produktivitätssteigerun-
gen, die allen zugutekomme (vgl. z. B. Herzog 2014: 16). Aus dieser Perspektive
ist die Institution Markt deshalb wichtig zur Steigerung des Gemeinwohls.

Mit dem Bild des Wochenmarkts lässt sich veranschaulichen, dass Markt
nicht gleich Markt ist. Ein Wochenmarkt läuft in Flensburg anders ab als in
Rio de Janeiro. Obwohl es auf beiden Märkten darum geht, Güter gegen Geld zu
tauschen, gibt es doch ganz unterschiedliche Regeln und Gepflogenheiten, wie
Waren angeboten werden, wie Anbietende und Interessierte miteinander kommunizieren und handeln, ganz abgesehen davon, dass sich natürlich auch die Waren
und das Geld als Tauschmedium unterscheiden. So banal und selbstverständlich
dies auf den ersten Blick erscheinen mag, so wichtig ist es doch, sich diese
kulturell-normative Rahmung von Märkten zu vergegenwärtigen. Denn wenn es
in manchen ökonomischen oder im Alltag imaginierten Modellen nur darum

geht, dass Akteure nutzenmaximierend auftreten, wird dieses Verhältnis von Markt und Gesellschaft häufig vergessen oder unsichtbar gemacht. Bereits *Karl Polanyi* (1886–1964) hat darauf hingewiesen, dass Märkte im Zusammenhang mit unterschiedlich gestalteter „Sittlichkeit" betrachtet werden müssen (Honneth 2014: 168). Jens Beckert, Direktor des Max-Planck-Instituts für Gesellschaftsordnung, knüpft daran an (Beckert 2012) und unterscheidet marktermöglichende Sittlichkeit (Sicherstellung von Redlichkeit und Zuverlässigkeit von Tauschpartnern), marktbegrenzende Sittlichkeit (Einschränkung oder Außerkraftsetzung der Regeln des Marktes) und marktbegleitende Sittlichkeit (Präferenzen werden so beeinflusst, dass Konsum- und Investitionsentscheidungen an sittliche Maßstäbe angepasst werden). Wenn wir also auf den Wochenmarkt gehen, müssen wir den Anbietenden auch vertrauen können und erwarten von den Organisatorinnen und Organisatoren eines Marktes, dass etwa Scharlatane oder unredliche Anbieter verdorbener Waren als Anbietende am besten gar nicht erst zugelassen oder aber zügig ausgeschlossen werden. Auch alles, was auf einem Markt angeboten und von uns als angemessen erachtet wird, steht in Verbindung mit Sittlichkeit.

Niemand würde es etwa dulden, wenn auf einem Markt in Deutschland Hundefleisch angeboten würde. Was und wo wir auf dem Markt kaufen, steht auch nicht immer nur damit in Verbindung, wo wir den größten (geldwerten) Nutzen für uns erwarten. So kann es durchaus sein, dass wir die Birnen an einem Stand erwerben, wo sie zwar etwas teurer sind als nebenan, aber uns der Verkäufer oder die Verkäuferin besonders sympathisch erscheint oder wir das uns bekannte besondere Engagement beim nachhaltigen Anbau der Früchte unterstützen möchten. Kaufentscheidungen stehen also mit Werten in Verbindung und sind keineswegs immer nur am Preis ausgerichtet. Mit Beckert ist zu berücksichtigen, dass an.

> *„vielen Stellen die Entscheidungen auf dem Markt auch zugunsten der Verfolgung von moralischen Prinzipien getroffen werden können, so dass hier nicht automatisch Gesichtspunkte der individuellen Nutzenmaximierung dominieren müssen"* (Herzog/Honneth 2014b: 373).

Für den Marktforschenden führt das zu der Anforderung, sich nicht nur formal vergleichend damit auseinander zu setzen, welches Angebot den größten individuellen Nutzen für mögliche Kundinnen und Kunden bringen könnte, sondern wie Menschen Märkte vor dem Hintergrund ihrer jeweiligen Lebensgeschichte und damit verbundenen Werthaltungen wahrnehmen. Dies ist insbesondere wichtig, um Phänomene wie ethischen Konsum und die Bedeutung des Konsums im

Streben um eine gerechtere Welt zu begreifen. Es ist gleichzeitig ein bedeuten-
der Grund, warum qualitative Marktforschung so wichtig ist. Denn im sozialen
Wandel von Gesellschaften kommt es in der Bevölkerung auch zu Änderungen
der Werthaltungen sowie damit verbundener Ansprüche an Angebote, die es mit
Hilfe von Forschung nachzuvollziehen gilt.

Was ist Marktforschung?
An diese grundsätzlichen Überlegungen zu Märkten und Erforschung von Märkten anknüpfend, möchten wir uns mit der Bedeutung von Marktforschung
beschäftigen. In der Fachliteratur kann man eine Vielzahl von unterschiedlichen
Definitionen und Abgrenzungen der Marktforschung finden. Bei tiefergehen-
der Analyse fällt jedoch ein wesentlicher Unterschied besonders ins Auge
(vgl. auch Koschel 2008: 32 f.). Aus der Perspektive von Unternehmen kann
Marktforschung als Teil des Marketings angesehen werden. Diese Sichtweise
spiegelt sich exemplarisch in der Definition von Pepels (1997: 161) wider, der
Marktforschung als „die systematische Sammlung, Aufbereitung, Analyse und
Interpretation von Daten über Märkte und Marktbeeinflussungsmöglichkeiten
zum Zweck der Informationsgewinnung für Marketing-Entscheidungen" definiert.
Im Selbstverständnis von Marketers (d. h. aus der Rolle von mit Marketing-
Aufgaben betrauten Mitarbeiterinnen und Mitarbeitern eines Unternehmens) wird
Marktforschung folglich als ein *Instrument des Marketings* betrachtet. Eine
sich davon unterscheidende Grundhaltung vermittelt die berufsständische Defi-
nition des Bundesverbands Deutscher Markt- und Sozialforscher (BVM), welche
Marktforschung als *„eine freie, zweckgerichtete Tätigkeit, die mit angemessenen,
wissenschaftlich gesicherten und überprüfbaren Methoden und Verfahrensweisen durchgeführt wird"*, definiert, die das Ziel verfolge, *„Informationen über
Märkte und Bevölkerungsgruppen, d. h. über wirtschaftliche, soziale und sozialpsychologische Tatbestände, Zusammenhänge und Entwicklungen zu gewinnen"*
(BVM 2022). Marktforschung ist diesem Verständnis gemäß nicht notwendigerweise an Verwertungszusammenhänge und Fragen des Marketings gebunden.
Wir verstehen Marktforschung aus der letztgenannten Perspektive, weil nur
dadurch die Komplexität von Märkten und ihre Bedeutung für die Gesellschaft
angemessen erfasst werden kann[1].

---

[1] Selbstverständlich bedeutet eine derartige Definition gleichzeitig für alle Marktforschende,
dass rechtliche Vorschriften, wie sie zum Beispiel durch das Bundesdatenschutzgesetz
(BDSG) gegeben sind, ohne jede Einschränkung einzuhalten sind.

Zwei Gesichter von Märkten

Märkte ermöglichen nicht nur den Tausch von Gütern oder den Tausch von Gütern gegen Geld, sondern bilden auch einen Orientierungsrahmen für unser Handeln. Dass Märkte in diesem Sinne zwei verschiedene Gesichter haben können, hat der analytische Sozialpsychologe *Erich Fromm* (1900–1980) besonders deutlich herausgearbeitet. Ihm zufolge stehen Märkte auf der einen Seite für *Freiheit und Wahlmöglichkeiten.* Sie schaffen Raum für die Entfaltung von menschlichem Entwicklungspotenzial. Auf der anderen Seite bilden Märkte eine *„anonyme Autorität"* die im Kontrast zu einer direkt ausgeübten Macht und Kontrolle steht. Eine anonyme Autorität hat nach außen „den Anschein von Toleranz und Nachgiebigkeit" (Fromm 1958/1999: 322), und doch kann man die mit der Autorität verbundenen Ansprüche nicht ignorieren. Dies könne, so Fromm, drastische Folgen haben: Dadurch, dass man sich in seinem Handeln zum einen am Markt und sich daraus ergebenden Anforderungen orientiere, und zum anderen die eigenen Entscheidungen als selbst gewählt erlebe, könne es zur Selbstausbeutung kommen: Man benutze sich selbst zu Zwecken, die außerhalb seiner selbst liegen und werde wie eine Maschine letztendlich instrumentalisiert.

Um Fromms Gedankengang zu veranschaulichen, konstruieren wir ein Beispiel aus der Wissenschaft. Wenn es um die Besetzung von freien Stellen geht, zählen im Wettstreit der Bewerberinnen und Bewerber vor allem Artikel, die in Fachzeitschriften mit einer vergleichsweise hohen Breitenwirkung (gemessen am sogenannten „Impact-Faktor") publiziert wurden. Das kann dazu führen, dass etwa Sozialforschende sich mit Themenstellungen nicht vornehmlich aufgrund ihrer gesellschaftlichen Relevanz auseinandersetzen, sondern die Wahl von Forschungsmethode und Forschungsgegenstand von vornherein von einer Abwägung der Chancen abhängig machen, damit eine Grundlage für eine Publikation in einer angesehenen Fachzeitschrift zu schaffen. Sie richten sich in ihren Aktivitäten und letztendlich auch in ihrer Identität als Forschende an ihrer Einschätzung von Marktgegebenheiten aus und instrumentalisieren sich im Sinne der kritischen Perspektive von Fromm damit selbst. Mathias Binswanger (2010) spricht in diesem Zusammenhang von sinnlosen Wettbewerben.

Wie weitreichend die Orientierung an Märkten für unseren Alltag ist, zeigt sich daran, wie omnipräsent Märkte und damit verbundene Grundbegriffe in unserer Alltagssprache sind. Bereits im ersten Abschnitt haben wir auf *die Bedeutung von Geschichten für die Konstruktion unserer alltäglichen Wirklichkeit* hingewiesen. In zeitgenössischen Geschichten kommt es immer wieder vor, dass in Gewinner und Verlierer, Gewinnerinnen und Verliererinnen unterteilt wird, Durchsetzungsstärke und Dominanz bewundert sowie bessere und schlechtere

Alternativen herausgearbeitet werden, um erfolgsorientiert zu agieren. Der Markt-begriff ist nicht auf die Konsumsphäre beschränkt, stattdessen sprechen wir auch vom „Arbeitsmarkt" und „Heiratsmarkt". Bei Dating-Apps wie Tinder werden Profilfotos wie Angebote feilgeboten, aus denen man wählen kann. Auch Universitäten, Städte und Nationen konkurrieren mit ihren sorgfältig gepflegten Profilen miteinander vor dem Hintergrund einer implizit geteilten Akzeptanz einer Marktlogik. Spätestens hier wird deutlich, dass unser Bild vom Wochenmarkt nicht prototypisch für alle Märkte gelten kann. Denn wenn wir hier von mehreren eher kleinen Anbietenden ausgegangen sind, die um die Gunst der Kundschaft werben, ergibt sich etwa beim Wettstreit zwischen Nationen ein ganz anderes Bild, wenn vergleichsweise reiche und arme Nationen miteinander konkurrieren. Mit Herzog und Honneth (2014b: 380) ist deshalb darauf hinzuweisen, dass sich über den nationalen Rahmen hinaus „auch Fragen nach der weltweiten Ungleichheit und ihren Zusammenhängen mit den weltweiten Märkten" stellen (vgl. Kap. 7).

Die zentrale Bedeutung von Marken
In diesem Zusammenhang ist die Auseinandersetzung mit Marken von zentraler Bedeutung. Mit dem Bedeutungsgewinn von Märkten als Leitbild kann in Anschluss an den Konsumsoziologen Kai-Uwe Hellmann (2011) von einer *„Ausweitung der Markenzone"* gesprochen werden:

> *„Alle Welt spricht von Marke, Marke erscheint gleichsam als Zauberwort, das kund-zutun in den Besitz heißbegehrter Schätze bringt, gewissermaßen ein postmodernes >Sesam öffne dich!<"* (Hellmann 2011: 9).

Marken dienen dazu, die Herkunft von Angeboten zu verdeutlichen und deren Qualität zu verbürgen. Bedeutsam sind sie insbesondere in Märkten, die durch ein großes und größer werdendes Angebot gekennzeichnet werden können, um Orientierung zu geben. In diesem Sinne helfen Marken der Komplexitätsreduktion und Vertrauensbildung (Hellmann 2011).

Die von Hellmann beschriebene wachsende Bedeutung von Marken bleibt dabei nicht auf den Bereich der Wirtschaft im engeren beschränkt, sondern umfasst heute alle Bereiche gesellschaftlichen Lebens[2]. Dies betrifft beispielsweise kulturelle Veranstaltungen wie die Salzburger Festspiele, einzelne Personen wie Michael ‚Air' Jordan oder Gerhard Schröder, der sich selbst als Marke

---

[2] Diese Entwicklung verlief laut Hellmann in verschiedenen Phasen: „Die Einführung der Markenidee nahm im Konsumgütermarkt ihren Anfang, sprang dann auf verschiedene Dienstleistungs- und Investitionsgütermärkte über und eroberte schließlich auch außerwirtschaftliche Bereiche." (Hellmann 2011: 10).

bezeichnet hat, Institutionen wie politische Parteien oder Universitäten, vielbe-
suchte Touristenorte wie St. Moritz oder selbst ganze Nationen (Hellmann 2011:
9 f.). Dabei werden in der Regel aus dem Marketing entlehnte Techniken des
Markenaufbaus und der Markenführung übernommen und für das jeweilige Leis-
tungsangebot entsprechend angepasst (Hellmann 2011: 10). Dies kann drastische
Konsequenzen haben, wie zum Beispiel die Schließung ganzer Studiengänge an
Universitäten, die für das Markenprofil von nachrangiger Bedeutung erscheinen.

Der Bedeutung vom Markt als orientierungsstiftendem Symbol, der sittlichen
Rahmung und den zwei verschiedenen Gesichtern des Marktes als anonyme
Autorität und Garant von Freiheit sollte man sich auch als Marktforschende*r
bewusst sein, wenn man das Marktgeschehen beobachtet und analysiert. Um
Märkte in ihrer Komplexität, Vielschichtigkeit und unterschiedlichen Wirkung
auf die Gesellschaft ernst zu nehmen, sollte man sich vergegenwärtigen, dass das
menschliche Handeln nicht nur in den Begriffen von Nutzenorientierung und persönlicher Bereicherung verstanden werden kann. In diesem Sinne kann auch das
Fazit von Herzog und Honneth (2014b: 380) verstanden werden, dass es *„eine
der großen offenen Forschungsfragen der Gegenwart"* sei, wie Marktwirtschaften
Formen des Wachstums entwickeln könnten, die mit einer endlichen Erde verein-
bar seien. Märkte seien in diesem Sinne gerade nicht als *„eine quasinatürliche,
unabänderliche Institution"* anzusehen, *„die man entweder als Ganzes begrüßen
oder als Ganzes verwerfen"* (Herzog/Honneth 2014b: 378) müsse.

2.2   Konsum und Konsumforschung

Vor einigen Jahren baten wir Brasilianerinnen und Brasilianer, die in Deutschland
lebten, in einer Gruppe eines sozialen Netzwerkes[3] darum, zu kommentieren,
welche Unterschiede es bezüglich des *Glücklichseins* („Felicidade") in Brasilien
und Deutschland gebe. Wir erhielten eine Menge von Aussagen, von denen wir
im Folgenden exemplarisch zwei Übersetzungen wiedergeben möchten:

> *„Hier in Deutschland glücklich zu sein, ist zu sagen, dass man nach Spanien gefahren
> ist, die Möglichkeit, für die Zukunft zu sparen, wenn nicht einmal die Kinder dich mehr
> besuchen und du nicht einmal mehr die Kraft hast, Geld auszugeben. Es bedeutet zu
> sagen, dass man alles allein macht und immer seine Ruhe haben zu wollen. Glücklich
> in Brasilien zu sein heißt: Kaufen, um zeigen, was man nicht hat, und nicht denken,*

---

[3] Es handelte sich um das damals in Brasilien sehr beliebte Netzwerk Orkut, das zu Google
(heute Alphabet) gehörte. Die Diskussion fand im Jahr 2007 statt.

wie man dafür bezahlen wird. Es heißt, ein Sklave der Mode zu sein, ein Sklave der Meinung der anderen zu sein. Und nie an morgen denken." (Zitat Flávia).

„‚Felicidade' für die Deutschen ist gleich: Arbeit, Geld, Versicherungen, Ikea, Ebay, Bier, ein neues Auto, Urlaub in den Nachbarländern (nicht so weit weg, insbesondere dort, wo man Spanisch oder Italienisch spricht), sogar beim Sex sparen, früh schlafen, Ruhe, Ruhe, Ruhe und noch mehr Ruhe! Lass ihn in Ruhe, und er wird dich nichts fragen. Und so leben alle froh beim Psychiater. ‚Felicidade' für die Brasilianer ist gleich: nicht arbeiten, Snobismus, Geld und mehr Geld, um sich zu zeigen (weil es für sich selbst keinen Spaß macht), keine Versicherungen, so was passiert nur den Anderen, ein altes Auto, sich zusammenklucken, Geld ausgeben in den Ferien, was man nicht hat und dafür den Rest des Lebens bezahlen, viel Sex und Liebe, mehr sprechen als der Mund hergibt, Freundschaften sogar mit dem Türsteher schließen, tanzen und bei Wahlen für Ganoven und Betrüger stimmen, sonst hat man kein Gesprächsstoff für den Rest des Jahres, und Telenovelas." (Zitat Eduardo).

Diese beiden Zitate sind vom Inhalt her keineswegs repräsentativ für die Diskussion um das Glücklichsein in Deutschland und Brasilien. Sie sollen auch nicht zu einer künstlichen und unseres Erachtens falschen Polarisierung zwischen einer brasilianischen und deutschen Mentalität führen. Wir haben sie ausgewählt, um zu veranschaulichen, *wie wichtig die Sphäre des Konsums für unseren zeitgenössischen Alltag* ist und wie immer wieder auf bestimmte Konsumgewohnheiten verwiesen wird, um spezifische Arten und Weisen der Einbindung in die Gesellschaft zu beschreiben und zu verstehen. Im Beispiel geht es um die Frage nach dem Glücklichsein. Um sie zu beantworten, verweisen beide Befragte auf unterschiedliche Konsumobjekte und unterschiedliche Mentalitäten bezüglich des Konsums. Aus der Perspektive der beiden brasilianischen Befragten stehen Glücksmomente für Deutsche in Verbindung mit Konsum, mit Urlauben in Spanien, mit Einkäufen in bestimmten Umgebungen wie Ikea oder eBay und dem Bedürfnis, sich abzusichern (etwa durch den Abschluss von Versicherungen). Dagegen habe Konsum in Brasilien eine stärker ostentativere Funktion: Indem man für Andere sichtbar werde, dass man es sich leisten könne, Dinge zu kaufen, gewänne man an Status.

Wie würden Sie die Frage beantworten, wann Sie glücklich sind? Ist Ihre Antwort frei von Bezügen zu Angeboten der weiten Welt des Konsums? Auf jeden Fall ist es uns wichtig festzuhalten, dass die Auseinandersetzung mit Konsum keineswegs als banal oder trivial abgestempelt werden darf, sondern als ein *Schlüssel zum Verständnis unserer zeitgenössischen Welt* verstanden werden sollte. In diesem Sinne stellte bereits in den 1950er Jahr den Gründer der Gesellschaft für Konsumforschung (GfK), *Wilhelm Vershofen (1878–1960),* die These auf, dass „die Konsumgesellschaft zu einem wichtigen Motor für die Erforschung des Menschen geworden war, und die Marktforschung *„die neue Version der Anthropologie"* ist (vgl. Ullrich 2006: 121)" (Koschel 2008: 35).

Konsum als eine Schlüsselfrage der Gesellschaft: Was ist Konsum oder man kann nicht „nicht konsumieren"

Das Wort „Konsum" stammt vom lateinischen „consumere", das „verbrauchen" heißt. Dem Soziologen Norbert F. Schneider zufolge ist Konsum aber weit mehr als nur zu verbrauchen. Für ihn ist Konsum *„ein dynamischer, mehrphasiger Prozeß, der mit der Bedürfnisgenese beginnt, Aktivitäten der Informationsgewinnung und Entscheidungsfindung umfaßt, sich über die Nutzung bzw. den Verbrauch von Gütern erstreckt und mit der Entsorgung endet"* (Schneider 2000: 11). Stephan Voswinkel weist darauf hin, dass *„niemand nicht konsumieren kann, solange er als lebendiges Wesen der Gesellschaft angehören will"* (Voswinkel 2013: 122). Das ist die Folge davon, dass in zeitgenössischen Gesellschaften die Bedeutung von Eigenproduktion deutlich abgenommen hat und stattdessen eine Trennung von Produktion und Konsumtion charakteristisch ist. Deshalb müssen Güter auf dem Markt erworben werden, sodass Menschen als Konsumentinnen und Konsumenten auftreten. In diesem Sinne kann man Konsum in einem weiten Sinne als *„Nutzung von Leistungen knapper Güter zum Zwecke der unmittelbaren Befriedigung der Bedürfnisse von Letztverbrauchern"* (Hellmann 2019: 250 in Anlehnung an Streissler/Streissler 1966) verstehen und dann auch die Nutzung immaterieller Güter wie z. B. Dienstleistungen, Kultur- und Medienangebote unter Konsum fassen.

Auch der Kunsthistoriker Ulrich Blanché (2012: 10) versteht Konsum *„als ein sich quer durch alle Zeiten erstreckendes, existentielles und lebenserhaltendes Phänomen"*. Blanché (2012: 19) weist gleichzeitig darauf hin, dass dem Begriff des Konsums im öffentlichen Gebrauch häufig ein negativer „Beigeschmack" anhaftet, der mit Passivität, Manipulation und Entfremdung in Verbindung gebracht und einer aktiven Auseinandersetzung mit der sozialen Welt entgegengestellt wird (vgl. auch Kap. 7). Für Blanché (2012: 20) ist der Konsum *„die hauptsächliche und teils einzige soziale Handlung und Interaktion im vorherrschenden Kapitalismus"*, die sich zum Kapitalismus wie das Beten zur Religion verhalte. Konsum sieht er demnach als Akt, *„in dem sich die momentane Wirtschafts- und Gesellschaftsordnung manifestiert"* (a.a.O.: 20).

Die Sichtweise Blanchés auf den Konsum verdeutlicht, dass die Auseinandersetzung mit Konsum – und das heißt die Konsumforschung – von zentraler Bedeutung ist, um sich mit den Bedingungen unseres Lebens in zeitgenössischen Gesellschaften auseinander zu setzen. Weil der Konsum in zeitgenössischen Gesellschaften eine zentrale Rolle spielt, sprechen einige Soziologinnen und Soziologen von einer sogenannten *„Konsumgesellschaft"* (vgl. z. B. Baudrillard 1970/2015; Mohr 2020). Bereits, wenn man von „Konsumentinnen" oder „Konsumenten" spricht, betrachtet man menschliche Individuen in einer bestimmten gesellschaftlichen Rolle, die historisch entstanden ist und sich in einem laufenden Veränderungsprozess befindet. Koschel (2008) zeigt in Anlehnung an Hansen und Bode (1999) auf, dass der Konsum im 20. und 21. Jahrhundert immer mehr an Bedeutung als Sphäre der Gesellschaft gewonnen hat. Dies bringt er mit drei Entwicklungen in Verbindung: einer *„Demokratisierung"* des Konsums, der in einer wachsenden Breite zunehmend nicht nur einer privilegierten Elite, sondern Angehörigen breiterer gesellschaftlicher Schichten möglich wurde, dem *Übergang von der Eigen- zur Fremdversorgung* im Zuge gewandelter Familienstrukturen und einem *wachsenden ethischen Bewusstsein* bei Konsumentinnen und Konsumenten.

Durch die *Analyse von typischen Konsumgewohnheiten* lassen sich daher ebenso Rückschlüsse auf die Beschaffenheit von Gesellschaften ziehen, wie umgekehrt umfangreiches Hintergrundwissen über den Zustand der Gesellschaft das Handeln der Konsumentinnen und Konsumenten verständlicher macht.

Wir sind was wir kaufen

Wie wir im letzten Abschnitt aufgezeigt haben, fungiert die Sphäre des *Konsums als eine zentrale Säule des modernen Alltags*. Tagtäglich müssen zahlreiche Entscheidungen getroffen werden, was man nutzt oder kauft.

Konsumgüter haben nicht nur einen funktionalen Nutzen, der etwa darin bestehen kann, unseren Durst zu stillen. Eine Schlüsselaufgabe der Markt- und Konsumforschung besteht darin, den symbolischen Nutzen von Konsumgütern offen zu legen. Denn Güter sind als eine *„Repräsentation von Wünschen, Vorstellungen, Werten und Ich-Idealen"* (Voswinkel 2013: 143) zu verstehen (vgl. auch Hellmann 2005). Wir treten in Beziehung zu Objekten und lernen dabei in einer für uns eigenen Art und Weise, eigene Wünsche und Möglichkeitsräume zu begreifen, zu bestimmen und zu steuern. Dieser Auseinandersetzungsprozess ist mit verschiedenen Emotionen verbunden und prägend für unser Selbstbild; mittels Konsumentscheidungen bringen wir zum Ausdruck, wer wir sind und wer wir gerne sein würden:

> *„Es kann ein Vorgriff auf eine angestrebte, gewünschte oder auch nur imaginierte Identität sein, wenn sich eine Frau durch den Kauf eines Kleides erotisch fühlt oder sich ein Gymnasiast durch tiefsitzende, weite Hosen >gangsta< empfindet."* (Voswinkel 2013: 143).

Die (Weiter-)Entwicklung von Geschmack und Stilbewusstsein wird daher zu einer wichtigen gesellschaftlich vermittelten Aufgabe der Identitätsbildung. Um etwa einen Jugendlichen als „gangsta"-like zu erkennen, muss man davon zumindest schon mal gehört haben. Über verschiedene Konsumstile wird die

Zugehörigkeit zu Gruppen und damit soziale Identität vermittelt (vgl. Kap. 7).
Damit sind, wie nicht zuletzt der französische Soziologe *Pierre Bourdieu (1930–
2002)* eindringlich aufgezeigt hat, auch versteckte Ausgrenzungsmechanismen
verbunden (z. B. Bourdieu 1987).

2.3   Quo vadis Markt- und Konsumforschung? Herausforderungen und Chancen im digitalen Zeitalter

Wohl kaum eine Branche ist so eng mit dem Wandel von Gesellschaft ver-
knüpft wie die Marktforschung. Denn mit sich wandelnden Gewohnheiten,
Möglichkeiten der Kommunikation und Deutungsmustern sind stets veränderte
Marktbedingungen verbunden, welche zeitnah erforscht werden müssen. Der
soziale Wandel tritt aber nicht nur als Untersuchungsgegenstand in den Fokus
der Marktforschung, sondern betrifft ganz entscheidend auch die Außen- und
Selbstwahrnehmung von Markt- und Konsumforschenden. Wenn man sich die
Geschichte der letzten Jahrzehnte anschaut, stellt man fest, dass Diskussionen um
Umbrüche in der Marktforschung ebenso allgegenwärtig sind wie das *Bemühen
um eine stärkere Wahrnehmung und Wertschätzung* als vermittelnde und beratende
Instanz und nicht ausschließlich als *Sammler von Daten.* Damit ist stets auch
die Diskussion von Zukunftsaussichten verbunden, die mal mit einem mögli-
chen Ende und mal mit einem bevorstehenden Bedeutungszuwachs der gesamten
Branche versehen werden.

Ganz deutlich wird dies in der Sonderausgabe der in der deutschen Markt-
forschung in zentraler Position verankerten Zeitschrift *planung & analyse,* die
Anfang des Jahres 2019 auf ihr 45jähriges Bestehen zurückblickte und dafür
nicht nur Schlüsselfiguren im Sinne einer Bestandsaufnahme zu Wort kommen
ließ, sondern auch auf ausgewählte Beiträge seit Bestehen zurückblickte. Das
Vorwort zur ersten Ausgabe dieser Zeitschrift, die damals noch „Interview und
Analyse" hieß, schrieb ein gewisser *Helmut Schmidt,* damals Innensenator von
Hamburg, später Bundeskanzler der Bundesrepublik Deutschland. Sein Grußwort
erscheint heute nicht weniger aktuell als vor fast 50 Jahren:

> *„Ich bin davon überzeugt, dass der Einfluss der Markt- und Meinungsforschung in
> Zukunft eher noch zunehmen wird. Dies gilt allerdings wohl nur dann, wenn sich dieser
> Berufsstand seiner besonderen, gesellschaftspolitischen Verantwortung bewusst bleibt
> und der Versuchung widersteht, ökonomische Bedürfnisse und politische Meinungen
> in der Bevölkerung zu manipulieren."* (Planung und Analyse 2019: 22).

Auch die heutige Debatte um die gesamte Markt- und Konsumforschung sowie um qualitative Methoden im Besonderen bricht nicht aus diesem Bild aus. Wenn es um die Diskussion fortschreitenden Wandels geht, wird in zeitgenössischen Diskussionen insbesondere auf die laufende *digitale Transformation der Gesellschaft* verwiesen – in Folge der CoVid-19 Pandemie noch deutlicher als schon zuvor. Diese führt nicht nur zu veränderten Möglichkeiten der Kommunikation und des Konsums, sondern auch zu neuen Modi der Interaktion und zu einem Strukturwandel von Erwerbsarbeit. Nicht nur innerhalb der Marktforschung werden damit einhergehende Bedrohungen und Chancen erörtert; die existenzielle Bedeutung dieses Wandels wird innerhalb dieser Branche jedoch besonders betont. Denn die Transformationsprozesse führen dazu, dass *immer mehr Daten jenseits von Marktforschung erhoben werden* und für Auswertungen zur Verfügung stehen, ohne dass dafür eigene Studien in Auftrag gegeben werden müssten. Gleichzeitig rückt diese Entwicklung die Bedeutung eines verantwortungsvollen Umgangs mit Daten (vgl. Abschn. 6.3) ebenso in den Vordergrund öffentlicher Debatten wie damit verbundene Machtstrukturen, wer was mit welchen Daten machen darf (vgl. Kap. 7).

Dies schließt Diskussionen um die *Rolle von Marktforschung und Marktforschungsinstituten* ein. Als Schreckensgespenst tobt die Frage durch den Raum, ob Marktforschung als Ganzes oder zumindest die qualitative Forschung in einer zunehmend digitalen und datengetriebenen Welt nicht überflüssig werden: Wozu sollte man noch Interviews zu Konsumgewohnheiten führen, wenn man das Kaufverhalten in Echtzeit im Internet beobachten kann und wenn Konsumentinnen und Konsumenten darüber freiwillig in verschiedenen sozialen Medien und Bewertungsforen berichten? Wozu sollte man noch Gruppendiskussionen beauftragen, wenn viel mehr Leute ohne jegliche finanzielle Entschädigung im Internet von selbst miteinander ins Gespräch kommen und die Beiträge der anderen kommentieren, etwa unter unzähligen YouTube-Videos?

Wir hätten dieses Buch nicht geschrieben, wenn wir nicht davon überzeugt wären, gute Antworten auf diese Fragen zu haben. Damit stehen wir keineswegs allein. Auch *Hartmut Scheffler*, gewissermaßen ein Urgestein und seit Jahrzehnten eine führende Persönlichkeit in der deutschen Instituts-Marktforschung, sieht keineswegs das *„Ende der Marktforschung"* voraus. Vielmehr betont er ganz in unserem Sinne die Notwendigkeit und Fähigkeit zur Transformation, die aber als ein Wesensmerkmal von Marktforschung zu begreifen sei und nicht ihre zentrale Aufgabe des Verstehens menschlichen Handelns in Abrede stelle oder gar überflüssig werden lasse:

„Erkennt man die Marktforschung wieder, wenn man sie heute mit dem Jahr 1980 vergleicht, als ich vom Stadtplaner im öffentlichen Dienst zum Marktforscher in der freien Wirtschaft geworden bin? Absolut! Sie hat sich natürlich verändert, aber sie hat sich selbstähnlich verändert, das heißt, ihren Wesenskern, ihren Markenkern beibehalten. Die grundsätzlichen Aufgaben sind unverändert: Die Beschaffung von Daten – zunehmend die Bewertung und richtige Nutzung existierender Daten -, das Bewerten und damit das Verstehen der damit gemessenen Verhaltensweisen und Einstellungen und damit das Verstehen von Menschen. (…) Die Aufgaben sind also weitgehend unverändert, nur das >wie> hat sich in einigen Punkten deutlich verändert. " (Scheffler 2019: 15).

Ganz in diesem Sinne vertreten wir die *Auffassung, dass die zunehmende Digitalisierung von Konsum und Kommunikation sowie die rasante Entwicklung digital vermittelter sozialer Beziehungen und Lebenswelten für die Forschung neue Möglichkeiten und Herausforderungen mit sich bringen.* Dies betrifft auch das Repertoire der Methoden. Mit der wachsenden Bedeutung des Internets als Kanal für Konsum und Kommunikation hat sich auch die Markt- und Konsumforschung diesem Medium stark zugewandt und neue *digitale Methoden der Beobachtung und Inhaltsanalysen* entwickelt – quantitative wie qualitative (vgl. Kap. 5). Dies fordert die klassischen „analogen" qualitativen Methoden, wie das Interview oder die Gruppendiskussion, heraus, wie sich anhand von verschiedenen Einzelbefunden veranschaulichen lässt:

Über dauerhaft mit dem Internet verbundene *Smartphones* lassen sich *Konsumgewohnheiten in Echtzeit beobachten,* statt sie reflexiv im Gespräch nachvollziehen zu müssen. Unternehmen und andere Organisationen nutzen die digitale Infrastruktur zunehmend selbst, um Kundinnen und Kunden im Sinne von *user-generated-content* in den Entwicklungsprozess von Angeboten einzubinden. Unternehmen wie Alphabet (Google) oder Meta (Facebook) verfügen über Daten aus verschiedenen Segmenten, deren Verknüpfungs- und Auswertungsmöglichkeiten die gesamte Marktforschung herausfordern. Bereits jetzt werden zahlreiche Analysemöglichkeiten für Endkunden angeboten (z. B. Social Media Analytics). Jenseits von Befragungen haben sich zudem *implizite Forschungsmethoden* (z. B. biometrische Analysen bei Werbe-Pretesting) etabliert. Damit kann aufseiten von auftraggebenden Unternehmen die Bevorzugung von Beobachtbarem gegenüber in Befragungen reflektiertem Erleben und Handeln einhergehen. Mit dem rasant anwachsenden Pool an Daten und Informationen *(Big Data)* kommt es aber nicht nur zu mehr Unübersichtlichkeit, sondern auch zu neuen *Gefahren von Fehlinterpretationen* und bewusst tendenziösen Deutungen im Sinne des eigenen strategischen Interesses (vgl. Kap. 4).

Die allgegenwärtige Diskussion um *„fake news"* und „false facts" spiegelt das sehr gut wider. Dies kann als Argument für *ein gesteigertes Gewicht von Wissenschaft insgesamt und Forschung im Besonderen* ins Feld geführt werden. Denn sowohl eine reflektierte und glaubwürdige ethische Grundhaltung (vgl. Abschn. 6.3) als auch die Kompetenz, die Qualität von Daten erkenntnistheoretisch und methodologisch begründet einschätzen zu können, Daten aus verschiedenen Quellen in geeigneter Form zu kombinieren und im Sinne einer zusammengehörigen Gestalt zu interpretieren, sind Kernkompetenzen guter Markt- und Konsumforschender. Dazu kommen bei psychologisch und sozialwissenschaftlich geschulten Forschenden Fachkenntnisse um Zusammenhänge menschlicher Entwicklung, welche für die Interpretation jeglicher Daten fundamental sind. Deshalb pflichten wir Scheffler bei, der vom „Verstehens-Dreieck" als USP der Marktforschung spricht: *Datenverständnis, Markenverständnis, Menschenverständnis* (Scheffler 2019: 17).

Dass insbesondere die qualitative Forschung angesichts der digitalen Transformation an Bedeutung gewinnt, wird im folgenden Kapitel aufgezeigt und begründet, in dem wir uns mit den Grundzügen qualitativer Ansätze beschäftigen.

Qualitative Forschung

3

3.1 Warum eigentlich qualitative Markt- und Konsumforschung? Das AAA-Rating von Aufdecken, Achtsamkeit und Artikulation

Um zu verstehen, warum bestimmte Angebote in Anspruch genommen werden, reicht es nicht aus, ein paar Konsumentinnen und Konsumenten zu befragen und in der Analyse etwa detailscharf sogenannte „Likes" und „Dislikes" zu unterscheiden. Um nicht nur aus dem Zusammenhang gerissene Momentaufnahmen zu vermitteln, sondern ein tiefergehendes Verständnis zu gewinnen, sind *Einsichten über gesellschaftliche Wandlungsprozesse,* wie diese beschaffen sind und mit welchen Konsequenzen sie verbunden sind, vonnöten.

Sich ändernde gesellschaftliche Rahmenbedingungen nehmen unmittelbar Einfluss auf die Art und Weise, wie und was wir kaufen und konsumieren. Dieses bedarf im Zuge sowohl von Individualisierungs-, Beschleunigungs- und Globalisierungsprozessen als auch angesichts des demographischen Wandels komplexer Erklärungen und Einsichten, die besonders gut mithilfe qualitativer Marktforschung zutage gefördert werden können (vgl. z. B. Kühn 2004b, 2005; Marlovits et al. 2004). Der Marktforscher Stephan Grünewald bringt das folgendermaßen auf den Punkt:

> *„Das wirkliche Leben ist nicht so klar, eindimensional und glatt, wie es die Daten und Statistiken suggerieren. Es ist vielmehr bestimmt durch Widersprüche, durch Übergänge und Zwischentöne, und durch paradoxe Verhältnisse." (Grünewald 2006: 9).*

Die von Grünewald angesprochenen Widersprüche, Zwischentöne und Paradoxien begleiten uns im Alltag auf Schritt und Tritt. Sie begegnen uns besonders deutlich

T. Kühn und K.-V. Koschel, *Qualitative Markt- und Konsumforschung.* Konsumsoziologie und Massenkultur, https://doi.org/10.1007/978-3-531-19430-1_3

in sogenannten qualitativen Interviews, in denen unsere Gesprächspartner*innen aus ihrem Leben erzählen. Viele dieser Widersprüche sind in unserer Gesellschaft angelegt und individuell kaum oder gar nicht zu lösen, etwa wenn junge Erwachsene mit einem Kinderwunsch in Interviews zum Ausdruck bringen, dass sie eigentlich möglichst flexibel und dauerhaft einsatzbereit sein möchten, um im Erwerbsleben voranzukommen und berufliche Interessen auszuleben, aber gleichzeitig nach einer Familiengründung auch möglichst viel Zeit als aktive Mutter oder aktiver Vater mit ihren Kindern verbringen möchten (vgl. z. B. Kühn 2004a). Auch wenn es um Zugehörigkeit geht, hören wir im Rahmen von Interviews Geschichten, welche aus unterschiedlichen Perspektiven erzählt werden und zu einem nicht widerspruchsfreien Bild führen. Etwa wenn sich Interviewpartner von nationaler Zugehörigkeit distanzieren und eigene individuelle Leistungen betonen, dann aber doch vom „Mitfiebern" und den „Wahnsinnsgefühlen" nach dem Sieg „ihrer" nationalen Fußball-Mannschaft berichten (vgl. z. B. Kühn 2015a).

Es ist das besondere Potenzial qualitativer Forschung, derartige Spannungsverhältnisse aufdecken und reflektieren zu können. Wenn dagegen Menschen nur mithilfe einer Skala von Nummern einordnen können, wie stolz sie auf ihre Nation sind oder für wie wahrscheinlich sie es erachten, in den nächsten Jahren ihren Kinderwunsch zu realisieren, gehen diese Feinheiten schnell verloren. Dies ist der entscheidende Vorteil von Geschichten gegenüber abstrahierenden Einstellungen und Einschätzungen (mehr dazu im kommenden Abschn. 3.2).

Derartige Spannungsfelder sind auch mit zeitgenössischem Konsum verbunden. Nehmen wir als Beispiel den Bereich der Mobilität. Auf der einen Seite bereitet es uns Unbehagen, wenn wir uns vor Augen führen, beim Autofahren nicht nur fossile Rohstoffe zu verbrennen, sondern auch einen Beitrag zum Klimawandel zu leisten, indem wir sogenannte Treibhausgase in die Luft stoßen. Auf der anderen Seite schätzen wir die Flexibilität, die uns ein PKW bietet, ebenso wie die Möglichkeit, auf der Autobahn die Geschwindigkeit unserer Fahrt unserer Stimmungslage und unseren Bedürfnissen anpassen zu können und bei freier Fahrbahn nicht aufgrund von Vorgaben langsamer fahren zu müssen als es uns möglich erscheint. Auf der einen Seite grenzen wir uns von Vorstellungen ab, das Auto als ein Statussymbol zu betrachten, weil wir dies eher mit vergangenen Zeiten in Verbindung bringen, und gleichzeitig beeindruckt uns das Design moderner Autos führender Marken nach wie vor. Und stört Sie nicht auch dieses vereinnahmende „wir", dass wir in den vorigen Zeilen benutzt haben, weil Sie sich möglicherweise gar nicht angesprochen fühlen? Weil Sie sich bewusst dagegen entschieden haben, einen mit Benzin oder Diesel angetriebenen PKW zu besitzen und lieber mit öffentlichen Verkehrsmitteln und dem Fahrrad unterwegs sind oder

ein Car-Sharing Angebot nutzen? Oder weil Sie sich gerade einen neuen Sport-
wagen gekauft und Spaß daran haben? Qualitative Markt- und Konsumforschung
schafft die Grundlage dafür, *differenziert unterschiedliche Typen beschreiben* und
auf den Punkt bringen zu können.

Ein anderes Beispiel sind Smartphones. Wenn man in Deutschland mit dem
Zug fährt, sind die Abteile aufgeteilt in „Handy-" und „Ruheabteile". Dies veranschaulicht zum einen die zentrale Bedeutung von Smartphones im Alltag, wenn
sie gar zum zentralen Kriterium für die Platzwahl geworden sind und die alte
Unterteilung zwischen „Raucher und Nicht-Raucher" verdrängt haben. Zum anderen polarisiert das Smartphone insbesondere im öffentlichen Raum in starkem
Maße: Während die einen die dadurch geschaffenen Möglichkeiten zur zeitlich
flexiblen und raumungebundenen Kommunikation schätzen, sind die überall eif-
rig schwatzenden und tippenden Smartphone-Nutzer*innen für andere ein rotes
Tuch, die mit Ruhestörung, Verlust von Privatsphäre und neuer Abhängigkeit von
einem Bildschirm in Verbindung gebracht werden. Wenn man genauer hinschaut,
sind die Lager aber gar nicht so klar verteilt. Spricht man mit den Vielnutzer*innen, räumen diese durchaus Momente und Situationen ein, in denen sie sich
wünschten, mehr Unabhängigkeit von ihrem Smartphone zu haben und das Gerät
häufiger wegzulegen, und bei denjenigen, welche die Vielnutzer*innen aus einer
kritischen Distanz betrachten, lässt sich durchaus Faszination und Neugierde feststellen. *Zusammenhänge zu begreifen,* Entwicklungslinien zu verstehen und darauf
begründete Möglichkeiten für Veränderungen aufzuzeigen, wäre ohne qualitative
Forschung kaum möglich.

Wir haben schon viel von Geschichten gesprochen. Qualitative Forschung
beruht aber nicht nur auf Erzählungen, die in Gesprächen offenbart werden,
sondern auch auf beobachteten Handlungssequenzen. Lassen Sie uns dafür eine
Szene in einem Hotel vorstellen, in dem sich die Gäste zum Frühstück versammeln. Unter ihnen sind viele Pauschalreisende. An einer Wand des Hotels sehen
wir ein Schild auf dem steht: „Live every minute – Cherish every memory –
Love every moment – Embrace every possibiliy". In Bezug auf das angebotene
Frühstück klingt dies zunächst einmal sehr vielversprechend, wenn dies die Welt-
anschauung des Hotels auf den Punkt bringt. Man könnte zum Beispiel eine
mit Sorgfalt getroffene Auswahl regionaler Früchte oder ein besonders kreati-
ves auf den Geschmack der Zielgruppe abgestimmtes Angebot an Köstlichkeiten
erwarten. Auf der Suche nach einem freien Tisch sehen wir hinter dem Tresen eine italienische Espresso-Maschine. Wer nun aber glaubt, dass hier ein
Frühstück angeboten wird, das uns noch nach Jahren in Erinnerung bleibt, hat
sich leider getäuscht. Am Buffet-Tisch wird ein mit Pulver, Wasser, Zucker
und Aromen vermischtes süßes „Orangen"-Getränk serviert, daneben steht ein

Kaffeevollautomat, der die Wahl zwischen „Coffee" und „Coffee Creme" lässt. Drückt man drauf, wird abwechselnd eine eher schwarze oder eher transparente Pulver-Wasser-Mischung in die Tasse gefüllt. Mit einem frisch gepressten Saft und einem hochwertigen Kaffee haben beide Getränke kaum etwas gemein. Am Tresen stehen außerdem noch ein paar mit Zucker gesüßte eingelegte Dosenfrüchte. Frisches Obst sucht man vergeblich, obwohl es in der Region wächst und auf lokalen Märkten deutlich günstiger als etwa in Deutschland zu erwerben ist.

Was ist zu beobachten? Alle Gäste, die im Urlaub sind und gemäß dem Schild eigentlich gerade im Kontrast zum durch Pflichten und Aufgaben bestimmten Alltag einen ganz besonderen Moment erleben möchten, fügen sich in ihr Schicksal und trinken den viertklassigen Kaffee und den nur mit Fantasie zu erkennenden Saftersatz. Vielleicht beklagen sie sich untereinander über das Frühstück, aber keiner begehrt auf, kein kollektiver Widerstand wird organisiert, um die Hotelleitung dazu zu bewegen, die vorhandene Hotel-Infrastruktur zu nutzen, um einen besseren Kaffee, einen besseren Saft und frische Früchte zu servieren.

Wie könnte eine solche Erfahrung der Markt- und Konsumforschung zugänglich werden? Möglicherweise würde das Erleben des Frühstücks in einer Hotelbewertung aufgeführt werden, insbesondere dann, wenn die Reise über ein Internetportal gebucht wurde, welches verschiedene Kategorien zur Bewertung einer Reise anbietet. Ein relativ einfach gestrickter standardisierter Fragenkatalog zur Bewertung würde uns bereits eine gute Orientierung über die durchschnittliche Bewertung eines Hotels aller Kunden bieten. Dazu bieten manche Seiten noch die Möglichkeit, einzelne Aspekte des Urlaubs in Textform zu bewerten. Es ist natürlich die Frage, wie involviert die Gäste nach dem Urlaub noch sind, sich im Anschluss die Zeit zu nehmen, um hier einen Text zu schreiben, aber immerhin gibt es diese Möglichkeit.

Qualitative Forschung geht aber noch einen Schritt weiter und dringt mehr in die Tiefe vor. Beispielsweise könnten Hotelgäste nach der Reise im Rahmen von Gruppendiskussionen über ihre Erfahrungen berichten. Deutlich würde dann werden: Es geht nicht nur um das Frühstück als solches, sondern um Anerkennung und die Art und Weise, wie man sich wertgeschätzt fühlt. Wir könnten feststellen, dass es einen großen Unterschied macht, in einer kleinen Pension ein einfaches Frühstück serviert zu bekommen, weil der Aufwand für die Gastgebenden sonst zu hoch wäre, oder in einem großen Hotel ein Frühstück zu bekommen, das deutlich besser sein könnte. Dies könnte als eine Art Degradierung betrachtet werden als eine Entwürdigung im Urlaubs-Alltag, mit der man sich aber doch irgendwie arrangieren muss.

Gleichzeitig aber könnte aufgezeigt werden, dass die Art und Weise, wie das Frühstück bewertet wird, von der eigenen Perspektive und damit verbundenen Werthaltungen abhängt. Wenn die Befragten das Angebot vom Standpunkt eines oder einer Pauschalreisenden aus bewerten, ist damit auch ein bestimmter Erwartungshorizont verbunden, der möglicherweise weniger auf die Hochwertigkeit angebotener Speisen, sondern mehr auf die Sicherung eines kostengünstigen und gleichzeitig aus gesundheitlichen Aspekten sicheren und unbedenklichen Angebots ausgerichtet ist. Vor diesem Hintergrund könnte dann das im Hotel angebotene Frühstück nicht als Degradierung oder nicht optimal genutzte Ressource, sondern im Gegenteil als intelligent organisierte und prinzipiell wünschenswerte Form der Sicherung eines guten Preis-Leistungsverhältnisses betrachtet werden.

Qualitative Forschung schafft Artikulationsräume
Derartig differenzierte und zugleich zum Verständnis von Konsum grundlegende Unterscheidungen lassen sich nicht allein auf der Basis standardisierter Befragungen treffen. Denn dazu bedarf es besonderer *Artikulationsräume*, welche die Möglichkeit schaffen, die zahlreichen Facetten, die mit dem Nutzen von Konsumangeboten verbunden sind, zum Ausdruck zu bringen. Qualitative Forschung vermittelt derartige Artikulationsräume. Während wir im Alltag häufig eine Vielzahl von Aufgaben in kurzer Zeit zu erledigen haben, bieten etwa qualitative Befragungen in Form von Interviews oder Gruppendiskussionen einen geschützten Rahmen, um in Ruhe reflektieren zu können. Wann hätte man etwa nach einem Urlaub schon mal die Zeit, sich gemeinsam mit anderen Reisenden zwei Stunden lang Gedanken zu machen, wie man sich im Verlauf des Urlaubs gefühlt hat, welche Momente besonders schön, belastend, herausfordernd waren etc.? In Gruppendiskussionen trifft man auf Menschen, die einem in der Regel nicht nur interessiert zuhören, sondern auch noch ähnliche Erfahrungen beisteuern können.

Während im Rahmen standardisierter Befragungen schnelle Abstraktionen aus dem Stegreif gefordert sind, die zum Teil eher dem eigenen Ideal als dem tatsächlichen Handeln im Alltag entsprechen, können Befragte im Kontext qualitativer Forschung konkrete Erlebnisse schildern. In qualitativen Studien können deshalb verschiedene Aspekte von komplexen Prozessen ausführlicher erörtert werden als dies in jeder standardisierten Befragung möglich ist. Das begründet die besondere *„Tiefenschärfe" qualitativer Forschung* (vgl. Koschel und Kühn 2013; Kühn und Koschel 2013).

Diese Tiefenschärfe bietet vielfältige Anknüpfungspunkte sowohl für wissenschaftliche Untersuchungen als auch für die Unternehmenspraxis. Aus betrieblicher Sicht kann es etwa darum gehen, Angebote zu entwickeln, die sich von Wettbewerbern abheben, weil sie stärker auf die Bedürfnisse der Zielgruppe zugeschnitten sind. Dies ist beispielsweise das Ziel identitätsorientierter Markenführung (Burmann et al. 2021). Dafür ist es aber von entscheidender Bedeutung, mithilfe von qualitativer Forschung zu verstehen, *wer die Zielgruppe ist und was ihre Bedürfnisse* ausmacht. Als Hotelmanager oder Hotelmanagerin etwa muss ich dazu nicht nur wissen, welche Präferenzen es hinsichtlich bestimmter Speisen oder Getränke gibt, die beim Frühstück angeboten werden sollten, sondern auch welche Bedeutung dem Frühstück von den Reisenden, die angesprochen werden sollen, generell zugeschrieben wird.

Qualitative Markt- und Konsumforschung ist in der Lage, Spannungsfelder zu identifizieren. Dadurch entstehen Beteiligung und Feinfühligkeit, die sowohl in der Unternehmenspraxis als auch in der kritischen Wissenschaft genutzt werden können. Durch die Forschung wird es ermöglicht, *neue Perspektiven* einzunehmen. Sie führt damit im metaphorischen Sinne zu einer *Horizonterweiterung.* Ihr kommt gleichermaßen die *Rolle als Achtsamkeitspotenzierer und Indifferenzentsorger* zu, indem man sich Alltagswirklichkeiten annähert, die einem zunächst fremd erschienen sind (vgl. Kühn 2015a: 297). Auch Menschen, die an qualitativen Befragungen teilnehmen, werden im Prozess des Gesprächs häufig achtsamer für eigenes Handeln, indem sie sich zunehmend zunächst verborgener und eher impliziter Anteile bewusst und in die Lage versetzt werden, dies in Worte zu fassen.

3.2 Potenzial qualitativer Forschung anhand eines Fallbeispiels

Das Besondere qualitativer Forschung und das damit verbundene Potenzial für die Markt- und Konsumforschung lässt sich am besten anhand eines Fallbeispiels erläutern. Im Folgenden nehmen wir Bezug auf ein Forschungsprojekt, das von Thomas Kühn 2018 im Kontext der FIFA Fußball-Weltmeisterschaft der Männer geleitet wurde und in dem es um das Erleben der eigenen Nationalität deutscher Staatsbürgerinnen und -bürger geht (Kühn 2020a, 2021; Voigt 2021)[1]. Dafür wurden mit den Befragten jeweils drei leitfadengestützte problemzentrierte qualitative Interviews (vgl. Abschn. 5.2) durchgeführt – jeweils eins vor, während und nach dem Turnier. In den Interviews setzten sich die Befragten zum einen mit

---

[1] Das Projekt steht im Kontext einer Serie von Befragungen während Fußball-Großveranstaltungen, die seit 2008 durch Thomas Kühn in Kooperation mit Gavin Sullivan durchgeführt werden (vgl. Kühn 2015a für weitere Details).

ihrem Erleben des Großereignisses auseinander, zum anderen mit ihrer eigenen Zugehörigkeit zu einer Nation und damit verbundenen Gefühlen.

Neben den Interviews wurden die Teilnehmenden gebeten, einen standardisierten Fragebogen auszufüllen. Darin wurden sie unter anderem gefragt, wie nah sie sich Deutschland und Europa fühlen. Dafür stand ihnen jeweils eine Skala von „1 = überhaupt nicht nah" bis „4 = sehr nah" zur Verfügung. Im Anschluss wurden sie gebeten, anzugeben, wie stolz sie sind, Deutsche/r zu sein, erneut auf einer Skala von „1 = überhaupt nicht stolz" bis „4 = sehr stolz".

Im Folgenden wollen wir uns mit einigen Antworten von Mathilde[2] näher beschäftigen. Sie ist Anfang zwanzig und macht zum Zeitpunkt der Befragung auf dem zweiten Bildungsweg ihr Abitur. Sie ist in Deutschland geboren und aufgewachsen, beide Elternteile stammen aus Polen. Zum Zeitpunkt der Interviews lebt sie in Berlin.

Im Fragebogen hat sie jeweils die „1" für die Frage nach dem Nationalstolz und der Nähe zu Deutschland angegeben. Dies deutet auf maximale Distanz zur deutschen Staatsbürgerschaft hin. Immer noch eher distanziert, wenn auch weniger extrem, wird die Nähe zu Europa mit einer „2" bewertet.

Die qualitativen Interviews bieten nicht nur sehr viel differenziertere und reichhaltigere Informationen zu ihrem Verhältnis zu Deutschland und Europa, sondern zeigen auch, dass zentrale Aspekte, die sich gerade aus *unterschiedlichen Haltungen und Perspektiven bezüglich der Zugehörigkeit* gegenüber ergeben, in dieser einseitig quantifizierenden Zahlenlogik untergehen. Dabei ist gerade dieses Verständnis entscheidend, um bestimmte Konsum-Muster, die mit nationaler Zugehörigkeit in Verbindung stehen, zu verstehen, wie im Folgenden noch aufgezeigt wird.

Dass der Fragebogen nicht geeignet ist, ihr komplexes Verhältnis zu Nationalität zu erfassen, reflektiert Mathilde selbst im Laufe des dritten Interviews:

Mathilde: (...) da habe ich schon ganz viel während des Fragebogens drüber nachgedacht, – dass ich es schwierig finde, so diese Fragen generell zu beantworten anhand von Zahlen so, weil ich diese Zahlensache auch schwierig finde (...) Weil es gab dann zum Beispiel Fragen, die dann – ein bisschen – EU-bezogen waren, dann konnte ich da/bei Deutschland war es immer sofortiges Nein, eine eins, – wegen diesem Land-Ding (...) EU-Gemeinschaft-bezogen fand ich es auch schwierig, weil ich halt eine Familie habe, die in Polen lebt und das für mich so ein bisschen dieses / – wir sind dann auf dem europäischen Kontinent und sind halt eben in der EU und – ich habe eine Familie, die in einem ganz anderen System lebt als ich. Und deswegen fand ich das auch schwierig, obwohl ich eben / – obwohl ich aber philosophisch gesehen das eigentlich negiere, solche Festsetzungen, aber/ja, genau.

---

[2] Der Name wurde geändert.

Diese Antwort deutet darauf hin, dass die Frage nach Nähe und Zugehörigkeit zu einem Land oder einer Region aus verschiedenen Perspektiven von ein und derselben Person ganz unterschiedlich betrachtet werden und dies nicht mit einer einzigen abstrahierenden Zahl zum Ausdruck gebracht werden kann. Aus den Interviews dagegen lassen sich die von Mathilde hier gemachten Andeutungen genau herausarbeiten, differenzieren und zueinander ins Verhältnis setzen.

Zunächst einmal verbirgt sich hinter diesem „Land-Ding", wie es Mathilde nennt, eine kritisch-ablehnende Grundhaltung hinsichtlich der Einteilung der Welt in verschiedene Nationen. Sie möchte als Mensch und nicht als Angehörige eines Landes begriffen werden, weil sie damit Ungerechtigkeit und Ungleichheit verbindet.

Mathilde: Na, dieses Stellung-Beziehen zu einem Land, zu einem Raum, der – Grenzen zieht, der (seufzt) / also zu einem Land oder Staat, der eine Regierung hat, der Gesetze bestimmt, der Institutionen schafft, der Unrecht schafft, Ungleichheiten, Armut, Reichtum, Unfairness und dies, das. Also das ist sogar der Grund, – das, was mich daran nervt. Und dass dann so / – wie man das jetzt auslebt, – bestimmt ja jeder für sich, aber halt dass man es überhaupt so in der Richtung auslebt und so denkt/aber so werden wir ja sozialisiert so. – Ich meine, das Gleiche hatte ich ja auch so, bis ich dann auf den Trichter kam, dass das alles einfach so eine (lachend) unfaire Scheiße ist, dass – man das eigentlich mit seinem moralischen Gewissen, so einem gesunden Menschenverstand nicht verantworten kann.

Gleichzeitig wird deutlich, dass sie sich nicht konsequent als Weltbürgerin begreifen kann, sondern ihr durchaus bewusst ist, dass ihr Leben nicht unabhängig von kulturell geprägten Mustern des Miteinanders und Institutionen verläuft, die national verankert sind.

Mathilde: Als ich mein Abitur abgebrochen, bevor ich meine Ausbildung angefangen habe, war zum Beispiel diese Übergangszeit relativ einfach für mich so überbrücken so, weil ich halt viel Hilfe bekommen habe von Ämtern, ne? Ich konnte zu Beratungsstellen gehen (...) Ich habe Geld vom Staat bekommen. Ich bin auch jetzt die ganze Zeit abhängig vom Geld vom Staat. Was eine unglaublich große Summe ist, – über die ich auch sehr froh bin, ohne die ich hier nicht leben könnte. (...) ja, also ich habe halt auch diesen Vergleich eben zu Polen – direkt. Weil ich da auch mitkriege, wie es meinen Cousinen geht, die in ähnlichem Alter sind und – ja, ich habe es hier schon, glaube ich, mit einigen Dingen viel leichter.

In diesem Sinne tritt neben die Distanzierung von der Nationalität als solcher ein positiver Bezug zum Deutsch-Sein, den man dem Fragebogen nicht hätte entnehmen können:

*Mathilde: Also ich bin in diesem deutschen System hier als – eingetragene Deutsche, –
lebe ich hier und lebe ich – relativ gut und sicher und mir fehlt es an nichts.*

Die Frage nach der eigenen Nationalität wird von ihr als eine begriffen, die man
nicht alleine für sich entscheiden kann. Besonders auf Reisen macht Mathilde
die Erfahrung, als Deutsche angesprochen zu werden und basierend auf dieser
kategorialen Zuschreibung bewertet zu werden:

*Mathilde: Ich habe eine deutsche Staatsbürgerschaft, einen deutschen Personalaus-
weis, deutschen Pass, (Räuspern) der mir sehr viele Privilegien bringt so. Also ich
kann mit diesem Pass echt einfach überall hinfahren, wo ich will, – was ich richtig
furchtbar finde, dass das an einem – Stück Papier halt festgemacht wird oder an eben
meiner Nationalität so. – Deswegen bin ich da auch so dagegen. Aber wenn ich jetzt
zum Beispiel in Polen bin, so gerade im Hinblick auf die Geschichte, Kriegsgeschichte,
Zweiter Weltkrieg, werde ich als/wenn ich mich kenntlich gebe als Deutsche, kommt
mir erst mal viel – Antipathie entgegen. – Aber auch nicht immer, weil ich halt eben
Polin bin und dann Polnisch sprechen kann so. (Räuspern) In Frankreich ist das auch
oft so. – Wenn ich früher mit meiner besten Freundin in Frankreich war, war sie/wurde
sie total nett behandelt und mit ihr wurde nett gesprochen als Französin, aber ich als
Deutsche war halt eher dann so – nicht mal mit dem Arsch angeguckt – mehr oder
weniger.*

Deutlich wird, dass die Frage nach Zugehörigkeit für Mathilde nicht spannungs-
frei ist. Das betrifft zum einen genau diese Ambiguität zwischen Selbst- und
Fremdverortung als Deutsche auf der einen Seite und dem Wunsch nach einem
nationenfreien Menschsein auf der anderen. Denn ihr ist bewusst, dass diese
Frage gerade angesichts der Privilegien, die sie als mit ihrer eigenen Nationalität verbunden wahrnimmt, nicht durch eine einfache Konzeption, sich als
Weltbürgerin zu verstehen, aufgelöst werden kann.

Interviewerin: *Ja, gibt es irgendwelche Situationen im Alltag, wo du merkst, okay,
ich bin Deutsche?*

Mathilde: *Ja, durch so was wie meine soziale Sicherheit hier oder meine Rei-
seprivilegien. – An solchen / – ja, an so bürokratisch, – rechtlichen
Sachen auf jeden Fall*

Interviewerin: *Wie fühlst du dich dabei?*

Mathilde: *– Im/also so im Allgemeinen gut und sicher so, weil das halt
natürlich mir super zu Gute kommt und ich dadurch viel weniger Probleme habe oder leide oder wie auch immer. Also ich war
jetzt auch in Griechenland, habe so ein bisschen so eine andere
Parallele dazu gesehen, wie es laufen kann. Andererseits schäme*

> *ich mich so ein bisschen dafür, dass es halt, – ja, jetzt nicht nur*
> *uns, aber halt bei weitem uns viel besser geht als anderen Län-*
> *dern, die zum Beispiel – ob jetzt in nächster Nähe oder tausende*
> *von Kilometern weit weg, ich/also ich schäme mich dafür, dass*
> *es einfach nicht überall so sein kann und ich schäme mich dann*
> *auch wiederum so ein bisschen für dieses Gefühl, dass ich diese*
> *Privilegiertheit irgendwie dann doch als gut in mir empfinde, weil*
> *ich mich halt eben sicher fühle, weil ich diese Vorteile auch mir*
> *zu Nutze mache und – einreisen kann, wo ich will, in 189 Länder*
> *oder so. (Räuspern).*

Die Spannungsgeladenheit nationaler Zugehörigkeit wird ihr außerdem bei der Reflexion ihrer eigenen persönlichen Biografie und ihrer Familiengeschichte bewusst. Die Anforderung, sich als national zu begreifen, führt im Spannungsfeld polnischer und deutscher Geschichte nicht nur zu inneren, sondern auch manifesten Konflikten mit Familienangehörigen:

Interviewerin: *Gibt es solche Situationen, wo es dir dann / – wo du dann eher*
/ – ich will jetzt nicht stolz sagen, aber wenn du dann dich eher
unwohl fühlst, dass du gerade quasi darüber nachdenkst: Okay,
ich bin deutscher Staatsbürger.

Mathilde: *– Also wenn ich so/aber ich denke halt nicht so, ich muss das*
auch immer wieder dazu sagen, ich denke halt nicht so. Aber
wenn ich mich jetzt in dieses Denken hineinversetzen würde, –
dann, ja, geschichtlicher Hintergrund natürlich, was in unserer
Geschichte passiert ist, das ist sehr beschämend und sehr/so ein
sehr Unwohlgefühl. Und als ich auch das alles – in meiner Kind-
heit und Schulzeit aufgearbeitet habe auch im Hinblick auf meine
Familie, die zum Teil auch von Nazis ermordet wurde, war das so
sehr, sehr schwierig. – Ich hatte auch schon die eine oder andere
Auseinandersetzung mit – jetzt einer ganz bestimmten Familien-
angehörigen, die – das sehr erzwingen wollte, dass ich mich so
in/für etwas ausspreche, für eine Nationalität, und die mir dann
wiederum – aufdrücken wollte, dass ich mich auf jeden Fall als
Polin zu fühlen habe und nicht als Deutsche. – So. – Wo ich auch
schon von Kindesalter auf so voll in diesem: Nee, ich/ich kann
da irgendwie nicht! Ne? Ich gehöre da nicht rein in dieses Schub-
ladendenkensystem. Hm (überlegt) – das waren so Momente, die
mir Unbehagen bereitet haben.

Was hat das Ganze nun mit Markt- und Konsumforschung zu tun? Zunächst einmal gar nichts – es ging vielmehr darum, ein Beispiel zu geben, *wie durch qualitative Forschung komplexe Zusammenhänge aufgedeckt und begreifbar gemacht werden können, die im Rahmen standardisierter Forschung verborgen bleiben.* Es sollte verdeutlicht werden, *wie wichtig die Betrachtung von Kontexten für das Verständnis von Haltungen ist* – wenn etwa bei Mathilde Deutschland mal als Garant für ein selbstständig geführtes sicheres Leben und mal als Kategorie von Schubladendenken, mit der sie möglichst wenig zu tun haben will, angeführt wird.

Und gleichwohl kann auch anhand dieses Beispiels sehr gut verdeutlicht werden, wie wichtig ein derartiges auf qualitativer Forschung beruhendes *Verständnis der Konstruktion der Zugehörigkeit zu sozialen Gruppen* für das Verständnis von Konsumgewohnheiten und zur Analyse von Marktgegebenheiten ist. Dies soll anhand einiger Beispiele kurz veranschaulicht werden: Im dritten Interview berichtet Mathilde, dass sie vom Leben in Deutschland in letzter Zeit nicht viel mitbekommen habe, da sie auf einem Festival gewesen sei. Obwohl das Festival nicht in einem Territorium jenseits von Nationen stattgefunden hat, ist es für sie mit dem Eindruck verbunden, frei von nationaler Verankerung gewesen zu sein. Vielmehr hebt sie das Gemeinsame und Anarchische des Festivals positiv hervor. Gerade angesichts der spannungsgeladenen Konstruktion von Zugehörigkeit zu sozialen Gruppen wie Nation oder auch Europa kann man aus der Perspektive der Markt- und Konsumforschung das Festival als eine Art Fluchtpunkt verstehen: Es schafft einen temporären Ausweg, sich nicht als Angehörige einer privilegierten nationalen Gruppe zu begreifen, sondern es ermöglicht für einen begrenzten Zeitraum das als befreiend erlebte Gefühl von Gemeinschaft und Gleichheit auf der Basis geteilten Respekts jenseits per Pass vermittelter Privilegien.

Interviewerin:	*Wie findest du das Leben gerade in Deutschland? Hat sich das irgendwie geändert seit dem letzten Interview?*
Mathilde:	*– Für mich schwer nachzuempfinden, (lachend) weil ich viel auf Achse gewesen bin und tatsächlich nichts davon mitbekommen habe*
Interviewerin:	*– Von dem Leben in Deutschland?*
Mathilde:	*Ach so, also – von einem Leben außerhalb eines Festivals, was eine eigene (lachend) – Blase ist. – Du hast gesagt, ich darf ehrlich sein*
Interviewerin:	*– Wie hast du denn das Leben auf dem Festival so wahrgenommen?*
Mathilde:	*– Da ich auf einem – anarchistischen Festival war, waren das sehr kollektive, sol/solidarische Zustände miteinander*
Interviewerin:	*– Wie hast du Deutschland da so empfunden?*

Mathilde: *– Ich habe es nicht als Deutschland wahrgenommen. (Räuspern) –*
                     Habe ich kein bisschen daran denken müssen, weil das einfach
                     nicht in meinem Kopf/wenn ich auf so einer abgegrenzten – in
                     so einer abgegrenzten Welt mich befinde, dann – fühle ich kein
                     Deutschland.

Wenn man Festivals aus der Perspektive von Markt- und Konsumforschung
betrachtet, ist eine derartige Fallanalyse hilfreich, um zu verstehen, was die
Attraktivität von Festivals ausmacht und welche Motive mit dem Besuch verbunden sind. Natürlich handelt es sich bei Mathilde zunächst einmal um einen
Einzelfall, von dem nicht auf alle Festivalbesucher*innen und schon gar nicht auf
alle Festivals geschlossen werden darf. Und doch ist davon auszugehen, dass sich
anhand der intensiven Auseinandersetzung mit dem Fall Mathilde Zusammenhänge begreifen lassen, die für eine bestimmte Gruppe von Menschen in unserer
Gesellschaft typisch sind und deshalb nicht nur bei ihr in dieser Gestalt zu finden
sind (vgl. z. B. Langer 2013). Durch den Vergleich mit anderen Fällen ließen sich
diese *Muster* noch deutlicher herausarbeiten und voneinander abgrenzen.

    Wenn wir weiter beim Fall Mathilde bleiben, bilden Festivals einen temporä-
ren, die Wahl ihres Lebensmittelpunkts dagegen einen dauerhaften Fluchtpunkt
aus dem spannungsgeladenen Verhältnis zu Zugehörigkeit. Bewusst hat sie sich
für Berlin als Wohnort entschieden, weil sie hier mehr als in anderen Städten das
Miteinander verschiedener nationaler Kulturen erlebt:

Mathilde: *(…) Hm (überlegt) – was gefällt mir an Deutschland gut? – Berlin?*
Interviewerin: *Berlin?*
Mathilde: *(lacht) Ich liebe Berlin, ich liebe dieses freie Leben hier, – und diese*
                     alternativen Lebensformen, die hier existieren können, die auch
                     so parallel nebeneinander her existieren können ohne Probleme.
                     Ich würde mir das wünschen, dass das überall so wäre. (…).
Mathilde: *Ich fühle mich SEHR verbunden zu Berlin, aber unter so einem*
                     wiederum ganz anderen Aspekt, weil Berlin mir viele Befreiungs-
                     schläge geliefert hat für mein Leben und, ne? Ich habe hier so
                     GANZ andere Wurzeln schlagen können und das ist für mich eine
                     Verbundenheit zu dieser Stadt und WAS diese Stadt einem BIETET
                     für Freiheiten, für so seelische Freiheiten, wie/was für eine krasse
                     / – wie du dich hier ausleben und finden kannst, also das verbindet
                     mich SEHR mit diesem Ort jetzt, ja, auf jeden Fall. – Also, aber
                     das sind halt die Menschen, die hier sind und ihre Einstellungen
                     und die Kreise, in denen ich mich bewege. Ja.

Dass gerade dieses Erleben von Freiheit so entscheidend dafür ist, dass Mathilde in Berlin lebt, verdeutlicht einen weiteren Vorteil qualitativer Forschung: Sie ermöglicht das *Verständnis von Entscheidungen und Handlungen jenseits von Selbstbildern* der befragten Personen. Wenn man im Rahmen eines Fragebogens Mathilde fragen würde, wie wichtig ihre nationale Zugehörigkeit für ihr Leben sei, könnte man davon ausgehen, dass sie diese als gering einschätzen würde, weil sie die Frage vor dem Hintergrund ihres inneren Wertekompasses beantworten würde. Analog dazu sagt sie im Interview:

> *Mathilde: Ich sehe mich als absolut nicht irgendeiner Nationalität zugehörig. – Ich bin ein Mensch, der lebt und der gerne ohne Landesgrenzen leben würde*

Dadurch, dass wir uns aber im Rahmen qualitativer Forschung differenziert mit ihrem Erleben und Handeln im Alltag auseinandersetzen, begreifen wir, dass dieses Selbstverständnis sozusagen nur die eine Seite der Medaille ist. Denn in ihrem Alltag ist das Erleben von Nationalität keineswegs unbedeutend, und ihr Verhältnis dazu sogar so wichtig, dass es ihre Entscheidung prägt, wo und wie sie lebt. Für Forschung besteht deshalb die Gefahr, dass ein Bild, das wir allein mithilfe von Fragebogen erfassen, trügerisch ist.

Um im Besonderen auf die Markt- und Konsumforschung zurückzukommen, ist es wiederum für das Verständnis des Images von Berlin sehr wichtig, sich mit Fällen wie Mathilde auseinanderzusetzen, um die besondere Bedeutung zugleich als Hauptstadt von Deutschland, aber auch als Treffpunkt von Menschen aus verschiedenen Staaten mit einer ähnlichen Haltung verstehen zu können. Erneut wäre für eine differenzierte Auseinandersetzung mit dem Image Berlins der Einbezug vieler weiterer Fälle notwendig.

Abschließend soll noch ein drittes Beispiel aus der Perspektive von Markt- und Konsumforschung beleuchtet werden: der Bezug zu Flaggen als einem während Fußball- und Europameisterschaften omnipräsenten Konsumguts, mit dem der positive Bezug zur eigenen Nation ebenso öffentlich zum Ausdruck gebracht werden soll wie das Selbstverständnis, sich als Teil einer nationalen Gruppe zu begreifen.

Vor dem Hintergrund der hohen Spannung, die mit dem Thema der nationalen Zugehörigkeit bei Mathilde festzustellen ist, wird verständlich, warum sie sich diesen Flaggen mit geradezu militanter Abneigung nähert. Gleichzeitig bilden die Flaggen für sie einen im Alltag vergleichsweise seltenen Möglichkeitsraum, ihre kritische Werthaltung gegenüber einer national gerahmten Welt, in Handeln zu übersetzen und ihren Protest durch das Entfernen von Flaggen auszudrücken:

Interviewerin:	*Okay. So. Jetzt sprechen wir über Nationalstolz generell. Das wird dann auch so der Abschluss sein für unser Interview. Während den Fußballweltmeisterschaften gibt es ja immer viele Nationalflaggen, was für ein Gefühl löst das so bei dir aus?*
Mathilde:	*Ich würde sie alle am liebsten abschneiden und verbrennen*
Interviewerin:	*(lacht) Okay. Warum? Also /*
Mathilde:	*– Weil ich diese Nationalitätenzugehörigkeit einfach –- ver / – also ablehne. – Dieses Flaggezeigen für eben einen / – eine Grenze/in eine politische Grenze gesetztes Land ist für mich/geht nicht/einfach nicht in meinen Kopf rein.*
Interviewerin:	*Du sagst, am liebsten, aber du machst es nicht?*
Mathilde:	*Doch. Aber/ja, das ist ja anonym. (lacht) Doch, auf jeden Fall mache ich das auch, wenn ich die Gelegenheit habe und in der Stadt so was sehe und – unterwegs bin und nicht beobachtet dabei werde. Weil – ja, ich habe auch keinen Bock, mich jedes Mal dadurch in Schwierigkeiten zu bringen, aber ich / – wo auch immer ich eine Deutschlandflagge sehe, ich reiße sie auf jeden Fall ab, wenn ich rankomme.*
Interviewerin:	*Und was empfindest du so, wenn du an die Nationalflagge im Kontext von Public Viewing oder an Rückspiegeln von Autos siehst? Also was empfindest du da?*
Mathilde:	*(Räuspern) – Naja, ähnliches wie wenn ich sie jetzt bei / – auf irgendeiner Platte ausgehängt vom Balkon sehe. – Also ich würde sie einfach am liebsten entfernen. Ich würde dieses: – Durch Farben und eine Flagge zeigen, dass man irgendeiner Nationalität zugehört, – unterbinden so sofort. Ja.*

Diese Textstelle unterstreicht die Vorteile qualitativer Forschung, die wir im einleitenden Kapitel dieses Abschnitts benannt haben. Im Rahmen eines Gesprächs etwa wie diesem entsteht *ein besonderes Vertrauensverhältnis*, in dem Teilaspekte für die Forschung zugänglich werden, die man nicht ohne weiteres in einer standardisierten Befragung ansprechen würde. Gleichzeitig wird durch die Teilhabe etwa an einer qualitativen Befragung ein *Reflexionsraum* geschaffen, in dem *Befragte sich selbst Zusammenhängen gewahr werden und diese zunehmend auf den Punkt bringen können.*

3.3 Qualitative Ansätze im Kontext von Projekten der Markt- und Konsumforschung

Nachdem wir anhand eines Beispiels das Potenzial qualitativer Forschung veranschaulicht haben, wollen wir ihre Bedeutung im Rahmen von Markt- und Konsumforschungsprojekten beleuchten. Aufgrund der Vielfalt qualitativer Ansätze ist es gar nicht so einfach, auf den Punkt zu bringen, was qualitative Forschung eigentlich ausmacht. *Ein wesentliches Merkmal besteht in der Offenheit eines nicht standardisierten Ansatzes.* Aber was heißt eigentlich nicht-standardisiert? Dies sollte nicht damit verwechselt werden, dass man frei nach Laune drauf los forschen kann. Denn auch qualitative Forschung ist regelgeleitet und bedarf mindestens in gleichem Maße einer systematischen Vorbereitung wie andere Ansätze.

Das Nicht-Standardisierte als ein Wesenszug qualitativer Forschung
Das Nicht-Standardisierte qualitativer Forschung lässt sich am besten in Abgrenzung zu standardisierten Vorgehensweisen begreifen. Den Unterschied kann man gut am Beispiel einer Befragung verdeutlichen. Während, wie man im Beispiel des vergangenen Abschnitts gesehen hat, bei einer qualitativen Befragung Spielräume hat, wie man auf Antworten von Gesprächspartnern reagiert und Fragen formuliert, basiert die standardisierte Befragung auf einem Fragebogen. Die Standardisierung drückt sich darin aus, dass es in diesem Fragebogen eine klare Reihenfolge von vorab formulierten Fragen gibt, zu denen es ebenfalls vorformulierte Antwortvorgaben gibt. Für den Forschungsprozess ist es von entscheidender Bedeutung, dass der Fragebogen bei Beginn der Erhebung in Gänze fertiggestellt ist. Im Laufe der Erhebung dürfen keine Änderungen mehr erfolgen, und die Fragen müssen stets genau in der vorab formulierten Art und Weise sowie Reihenfolge gestellt werden. Denn nur dadurch kann gewährleistet werden, dass man in der an die Phase der Erhebung anschließenden Phase der Auswertung nicht Äpfel mit Birnen vergleicht. Um etwa auszuzählen, wie viele Prozent der Bürgerinnen und Bürger eine Partei wählen werden, muss allen dieselbe Frage in demselben Kontext gestellt worden sein. Ein großer Vorteil einer derartigen Standardisierung besteht darin, dass mithilfe statistischer Verfahren anhand der Befragung einer ausgewählten Anzahl von Menschen *Hochrechnungen auf die gesamte Zielgruppe* möglich sind, etwa in Form bevölkerungsrepräsentativer Umfragen am Wahltag: Anhand einiger hundert oder tausend Befragter kann auf eine Gruppe von Millionen geschlossen werden. Im Wort „hochrechnen" wird schon deutlich, warum man in diesem Kontext auch von „quantitativer" Forschung spricht. Umfangreiche statistische Berechnungen sind möglich, sowohl zur vergleichenden Beschreibung

von Gruppen („deskriptive Statistik") als auch zur systematischen Berechnung von Wahrscheinlichkeiten und darauf begründeten Ableitungen zu Werten, die für eine größere Gruppe an Menschen als die Gruppe der Befragten gelten – im Sinne schließender Statistik.

Derartige Verfahren sind auch für die Markt- und Konsumforschung von unschätzbarem Wert und zentraler Bedeutung, etwa, wenn es darum geht einzuschätzen, wie die Akzeptanz auf ein neues Angebot sein wird oder wie groß der Anteil von möglichen Nutzerinnen und Nutzern in verschiedenen Kundensegmenten ist. Nur durch derartige „quantitative" Ansätze können auch *Benchmarks* im Sinne von Vergleichsmaßstäben bestimmt werden, anhand derer etwa über die Einführung neuer Angebote entschieden wird.

All dies kann qualitative Forschung nicht. Basierend auf qualitativer Forschung kann keine Einschätzung gegeben werden, wie viele Menschen die SPD, die CDU, die Grünen, die FDP oder die Linken wählen. Es kann nicht ausgesagt werden, wie hoch der Anteil einer Zielgruppe ist, die den Kauf eines Produkts ablehnt, weil es Bedenken hinsichtlich der nachhaltigen Ausrichtung eines Anbieters gibt. Es können keine Angaben gemacht werden, mit wie vielen Neukundinnen und Neukunden zu rechnen ist, wenn der Preis eines Angebots um fünf, zehn oder zwanzig Prozent gesenkt wird. Es kann auch nicht begründet ausgesagt werden, ob eine Mehrheit ein Angebot annehmen oder ablehnen wird. Denn dafür sind zum einen die Fallzahlen in der Regel viel zu gering, zum anderen wäre für derartige Berechnungen eine Standardisierung des Vorgehens zwingend notwendig. *Denn in allen Befragungen hat der Kontext, in dem eine Frage eingebunden ist, eine Bedeutung für das Antwortverhalten.* Wenn beispielsweise die Wahrnehmung und Bewertung einer Kommunikationskampagne untersucht wird, macht es einen Unterschied, ob vorher nach den witzigsten oder den nervtötendsten Werbespots gefragt wird.

Es wäre deshalb ein *Irrglaube* zu behaupten, *dass nur durch qualitative Forschung qualitativ hochwertige Forschungsergebnisse zutage gefördert werden* und dass in qualitativen Ansätzen per se der Königsweg von Forschung zu sehen wäre. Auch aus diesem Grund stößt die griffige Einteilung in quantitative und qualitative Forschung nicht allseits auf Zustimmung. Einige Forschende, die eine hohe Expertise in standardisierten Verfahren aufweisen, missfällt der Term „quantitative" Forschung, denn natürlich gibt es auch für Ansätze, für die statistische Verfahren von zentraler Bedeutung sind, strenge Qualitätsmaßstäbe; und das Ziel der Forschung kann gerade darin bestehen, Aussagen zu bestimmten Eigenschaften oder „Qualitäten" zu treffen. Gerade wenn der Term „quantitative" Forschung im Kontext von Markt- und Konsumforschung den Eindruck nahelegt, dass es um

Erbsenzählen, nicht aber um fundierte Analysen geht, ist der Widerstand gegen eine Einteilung in qualitative und quantitative Ansätze verständlich.

Auf der anderen Seite entsteht aber auch Unbehagen, wenn der Eindruck erweckt wird, dass Forschung per se standardisiert ist und statistischer Verfahren bedarf, wie dies in einigen Handbüchern zu Methoden oder Fachgebieten durchaus noch der Fall ist (vgl. Kühn und Langer 2020). Qualitative Ansätze werden dann entweder ganz verschwiegen oder allenfalls als Randgebiet betrachtet. In diesem Sinne wird qualitative Forschung allenfalls als Teil explorativer Ansätze gesehen, mit denen quasi die *Vorarbeit* für die eigentlich wissenschaftlich fundierte Forschung im Anschluss geleistet wird, indem zunächst Themenfelder ausgekundschaftet werden, denen man sich darauffolgend mit standardisierten Verfahren nähern sollte.

Qualitative Forschung als Rekonstruktion von Sinn
Dies wiederum entspricht nicht dem Selbstverständnis vieler qualitativ tätigen Forschenden, die das Licht des Ansatzes dadurch zu sehr unter den Scheffel gestellt sehen[3]. Um jenseits der Dualität qualitativ vs. quantitativ und in Abgrenzung von einer rein explorativen Randständigkeit das eigentliche Potenzial zu verdeutlichen, wird deshalb insbesondere in Deutschland von einem Kreis führender Forschender *von qualitativer als „rekonstruktiver" Forschung* gesprochen:

> *„Avancierte qualitative Verfahren sind rekonstruktiv ausgerichtet. Dies gilt zunächst für den Gegenstand der Forschung, bei dem es darum geht, eine Forschungsfrage auf der Grundlage der Rekonstruktion von sozialem Sinn (Schütz 2004a) zu beantworten: Wir rekonstruieren also etwas, das bereits in sich sinnhaft ist und dessen Sinn es zu erschließen und in wissenschaftliche Konzepte zu übertragen gilt. Aber auch hinsichtlich ihrer Methode sind qualitative Ansätze rekonstruktiv. Man fragt immer auch, mit welcher Vorgehensweise man zu bestimmten Ergebnissen gekommen ist, d. h. man rekonstruiert auch das Forschungshandeln selbst und fasst es theoretisch. Das hat wichtige Konsequenzen für das Forschungsdesign." (Przyborski und Wohlrab-Sahr 2019: 106).*

Unabhängig davon, wie man die Forschung bezeichnet, drückt sich darin ein weiterer zentraler Grundzug qualitativer Forschung aus, die in der *Suche nach Sinn* besteht. Damit wird auch eine Antwort gegeben, warum man denn überhaupt qualitative Forschung betreiben sollte, wenn mit der fehlenden Standardisierung die oben skizzierten Nachteile verbunden sind. Die Suche nach Sinn ist in der

---

[3] Dazu zählen wir auch uns und haben uns nicht zuletzt aus diesem Grund dazu entschieden, dieses Buch zu schreiben.

Tradition qualitativer Forschung mit dem Ansatz des *„Verstehens"* verbunden. Dabei handelt es sich keineswegs um eine Exoten- oder Luxus-Frage im Sinne eines seltenen, aber besonders reflexiven Moments im Urlaub, in dem man sich mal die Zeit nimmt, mental aus dem Alltag auszutreten und über den Sinn des Lebens zu sinnieren. Im Gegenteil geht es bei Verstehen und Sinngebung um Akte, die wir tagtäglich durchführen und ohne die wir unseren Alltag gar nicht gestalten könnten. Cornelia Helfferich (1951–2021) verdeutlicht dies anhand des Beispiels von Gesten:

> *„Ein Winken kann vieles bedeuten, erst aus dem Kontext wird klar, ob es darum geht, eine Suppe zu bestellen, jemanden zu verabschieden oder vor einer Gefahr zu warnen. Das Winken zu verstehen, bedeutet somit das Ergänzen des Wahrgenommenen aufgrund der Kontextinformationen zu einem sinnhaften Ganzen mit einem Sinn, der an das Wahrgenommene herangetragen und ihm unterlegt wird. Mit diesen Ergänzungen ist es keine passive Abbildung, sondern eine aktive Konstruktion. Geertz (1983) bringt das Beispiel einer Geste, die sowohl als unbeabsichtigtes Zucken des Lides oder als absichtsvolles Zwinkern interpretiert werden kann, je nachdem in welchem Kontext sie wahrgenommen wird und wie derjenige, der sie sieht, ihren Sinn in Kenntnis bestimmter kultureller Regeln „ergänzt". (Helfferich 2011: 24).*

In diesem Sinne stellen soziale Wirklichkeitskonstruktionen den Grundpfeiler unseres Alltags dar, denn Menschen deuten und reflektieren permanent: Wie ist die Situation? Was kann, darf, soll, muss oder will ich tun? Nicht all diese Prozesse verlaufen bewusst, sondern vieles erfolgt routinisiert und jenseits reflektierter Abwägungen. Wahrnehmung, Denken und Handeln sind dabei stets auch auf andere Menschen und Gruppen sowie kulturell geprägte Denk- und Handlungsmuster bezogen.

Gerade weil unser Alltag von Grund auf durch derartige Sinn-Setzungen geprägt ist, ist es für die Forschung von zentraler Bedeutung, sich damit auseinanderzusetzen, wie bestimmten Entscheidungen und Handlungen Sinn verliehen wird. Dies betrifft auch die Markt- und Konsumforschung: Um zu verstehen, warum etwa eine bestimmte Automarke über die Jahre an Bedeutung gewinnt, während eine andere an Bedeutung verliert, reicht es nicht aus, einfach nur die Absatzzahlen zu vergleichen. Vielmehr bedarf es einer tiefgründigen Analyse, wie die Marken in der Bevölkerung wahrgenommen werden, wie sich Mobilitätsbedürfnisse entwickeln etc. (z. B. Bobeth und Kastner 2020).

Natürlich werden auch „quantitative" Verfahren erfolgreich eingesetzt, um einen Beitrag zu derartigen Sinn-Rekonstruktionen zu leisten. Sie bieten aber gerade in Folge ihrer Standardisierung nicht die *Spielräume zu einem tiefgründigen Verstehen,* die es bei qualitativen Ansätzen gibt. Wir haben das im vergangenen Abschnitt am Beispiel des Bezugs zur eigenen Nationalität anhand des Fallbeispiels von Mathilde veranschaulicht. Ein weiteres Beispiel aus dem Forschungskontext von Helfferich verdeutlicht es weiter. Im Rahmen eines Forschungsprojekts ging es um das Thema Familiengründung bei jungen Frauen, insbesondere um die vorangegangenen Abstimmungs- und Entscheidungsprozessen. Das Team um Helfferich nutzte dafür sowohl einen standardisierten Fragebogen als auch qualitative Interviews. Eine Frage in der standardisierten Erhebung lautete: „War die Schwangerschaft geplant?" In den qualitativen Interviews wurde deutlich, wie unterschiedlich diese anscheinend eindeutige Frage verstanden wurde – das heißt, wie stark die jeweilige Antwort von unterschiedlichen Sinn-Konstruktionen abhängig war:

„Wenn wir in dem Fragebogen einer Studie zu reproduktiven Biografien (...) gefragt haben ‚War die Schwangerschaft geplant?‘ haben wir unterstellt, wie in der standardisierten Forschung üblich, dass Forschende und Befragte den untersuchten Phänomenen und den in Frageformulierungen verwendeten Begriffen – hier dem Begriff ‚Planung‘ – den gleichen Sinn unterlegen und die gleiche Relevanz zumessen. Wie Frauen zu Schwangerschaften kamen, wurde dann auch Thema in qualitativen Interviews bei denselben Befragten. Es ergaben sich Diskrepanzen. Einige Frauen, die bei der geschlossenen Frage Planung bejaht hatten, antworteten im qualitativen Interview sinngemäß z. B. ‚gewollt ja, geplant nein‘ oder ‚weder geplant noch ungeplant‘. Der relevantere Begriff war für sie die Gewolltheit, nicht die Geplantheit, und sie ‚dachten‘ den Begriff ‚Planung‘ aus einer anderen Perspektive als aus der Perspektive der Bevölkerungsmedizin. In der Auswertung wurde der spezifische Sinn, der ihren Aussagen zugrunde liegt, interpretiert (Helfferich/Kandt 1996). Das Beispiel zeigt, wie qualitative Forschung Raum lässt für die Äußerung eines differenten Sinns. Sie geht aus von einer Differenz zwischen dem Sinn, den Forschende einbringen, und dem Sinn, den Befragte verleihen und der dann zum besonderen Gegenstand qualitativer Forschung wird. Sie untersucht die Konstitution von Sinn (...) (Helfferich 2011: 22).

In ähnlicher Hinsicht könnte man Antworten etwa auf die Frage differenzieren, ob die Anschaffung eines bestimmten Konsumguts, wie zum Beispiel einer mobilen Sound-Box, geplant war oder nicht. Während einige dies etwa mit der Aufstellung von Kriterien-Listen oder dem Sichten von Testberichten in Verbindung bringen, reicht für Andere bereits der Wunsch nach einer solchen Anschaffung, um von Planung zu sprechen. So kann es sein, dass jemand, der sich über Wochen mit verschiedenen Geräten auseinandersetzt und so zu einem differenzierten Verständnis kommt, die Frage nach der Planung verneint, weil sie oder er meint, vor dem Kauf noch mehr Vergleichsschritte hätte durchführen zu können, während jemand, der sich spontan in einem Elektro-Fachmarkt oder bei einem Besuch einer Internetseite für den Kauf entscheidet, von Planung spricht, weil sie oder er schon vorher nicht abgeneigt war, sich eine Box anzuschaffen. Im Sinne qualitativer Forschung gilt es, sich diesen Unterschieden systematisch anzunähern und etwa verschiedene Prozesse, die mit einer Kaufentscheidung verbunden sind, zu rekonstruieren. Zwar kann dann nicht angegeben werden, in welchem zahlenmäßigen Verhältnis bestimmte Muster stehen, dafür können aber diese Muster in ihrer Komplexität und in ihrem Facettenreichtum verstanden werden.

Wenn man sich nun mit diesem *Prozess des Verstehens* beschäftigt, stellt sich die Frage, wie dieses Verständnis aussehen und als begründet betrachtet werden kann, wenn dafür keine statistischen Verfahren angewandt werden können. Auf den Web-Seiten von Qualtrics, einem Marktforschungsunternehmen, das im Jahr 2018 für 8 Mrd. Euro von SAP übernommen wurde (Handelsblatt 2018), heißt es etwa:

> *„Resultate und Antworten werden kontextbezogen interpretiert und nicht quantitativ dargestellt. Die qualitative Forschung bildet somit Informationen ab, die sich nicht direkt messen lassen, sondern eher die Hintergründe einer Thematik beschreiben."* (Qualtrics 2022, o. S.)

Die Bedeutung, die dem Kontext von Äußerungen und Handlungen beigemessen werden muss, wird hier korrekt wiedergegeben. Gleichzeitig fällt auf, wie vage die Aussage darüber gehalten wird, was durch qualitative Forschung eigentlich zutage gefördert wird. Zum einen wird mit „Informationen" ein Term benutzt, der im Kontext standardisierter Forschung üblicher und klarer definiert ist, zum anderen bleibt der eigentliche Nutzen mit dem Bild, dass „eher die Hintergründe einer Thematik" beschrieben werden, unscharf. Diese Unschärfe ergibt sich auch im Kontrast zum klar bestimmten „Messen" als Verfahren im Rahmen standardisierter Forschung.

Die Kunst des Verstehens und Interpretierens erhobener Daten
Denn *die Analyse von qualitativ erhobenen Daten bedarf der Interpretation.* Was das bedeutet und welche Konsequenzen für die Stellung qualitativer Forschung im Rahmen der Markt- und Konsumforschung sich daraus ergeben, möchten wir erneut anhand von zwei Beispielen erläutern.

Im Jahr 2007 führten wir zwei Studien durch, die sich mit der verändernden digitalen Infrastruktur auseinandersetzten. Beide Projekte waren von einem Unternehmen beauftragt, das im Kontext von Internet- und Telefondienstleistungen Angebote entwickelte und diese kommunizieren wollte. In dem ersten Projekt ging es konkret um die Evaluation mehrerer möglicher Entwürfe eines Anschreibens (Mailings), im zweiten um Möglichkeiten, auf Angebote, die Telefon-,

Internet- und Entertainment vereinen (triple play), aufmerksam zu machen. Zu dieser Zeit sah die Welt noch anders aus als heute: DVDs dominierten das Entertainment-Segment, elektronische Kommunikation erfolgte größtenteils über PCs und Laptops per E-Mail, Daten sowie Software waren auf Festplatten installiert und Nokia und Blackberry zählten zu den führenden Mobilfunk-Pionieren, auch wenn die erste Generation des iPhones in diesem Jahr auf den Markt gebracht wurde.

In beiden Studien ging es aber nicht nur um die Evaluation konkreter Produktangebote, sondern darum, ein Hintergrundverständnis zu entwickeln, das typische Nutzungsgewohnheiten ebenso wie Wünsche nach Veränderungen auf dem Markt betraf, und auf Grundlage dieses Verständnisses Ableitungen zur Kommunikation zu treffen.

Wenn wir aus der heutigen Perspektive auf unsere in Ergebnispräsentationen gebündelte Analysen zurückblicken, wirken diese im Nachhinein geradezu als prophetisch: In der ersten Studie fanden wir ein großes Interesse an einer stärkeren Nutzung von mobiler Kommunikation. Allerdings bestanden Berührungsängste mit Geräten wie mit dem Blackberry, die als zu kompliziert wahrgenommen wurden. Mehr Flexibilität von unterwegs erschien prinzipiell interessant – aber es bestanden hohe Barrieren gegenüber einer als zeitaufwendig antizipierten Gewöhnung an neue Formen der Handhabung, vor allem in Bezug auf einen BlackBerry. Skeptisch wurde auch das Thema „Mietsoftware" gesehen, unter anderem weil befürchtet wurde, für Updates Geld bezahlen zu müssen und zu viel Aufwand mit Installationen zu haben. Das Mieten von Software blieb auch nach der Erklärung im Interview kaum einprägsam und verständlich. Mit der Auslagerung von Programmen und Daten auf externe Server wurde eine erhöhte Gefahr von Ausfällen verbunden: Indem man nicht nur auf seine eigene Hardware, sondern auch auf die Hardware des Anbieters angewiesen sei, trete eine gefühlte Verdoppelung des Risikos ein. Der Begriff „Mieten" weckte vielfach negative Assoziationen: abhängig sein und keine vollen Verfügungsrechte zu haben. Besitzen galt generell als die attraktivere Option – auch in anderen Bereichen.

Liest man diese Ergebnisse aus heutiger Sicht versteht man den Erfolg von Smartphones wie dem iPhone. Die Idee, die hinter der Mietsoftware stand, hat sich inzwischen durchgesetzt, allerdings wird nun von „Apps" und „Cloud" gesprochen. Anders als im Begriff „Mietsoftware" vermitteln „Apps" das Gefühl von Einfachheit, Selbstbestimmtheit und gesicherter Funktionsfähigkeit. Anders als die 2007 auf dem Markt dominierenden Mobiltelefone ist mobile Kommunikation per Mail und Chat über Smartphones kinderleicht und erfüllt damit die

Wünsche, die wir im Rahmen der Studie mithilfe qualitativer Befragungen ans Tageslicht befördert haben.

In der zweiten angesprochenen Studie aus dem Jahr 2007 haben wir uns mit Nutzungsgewohnheiten von Entertainment-Angeboten in der Gegenwart und dem „Wunsch-Szenario" für die Zukunft beschäftigt. Die von uns Befragten wünschten sich im Bereich Entertainment mehr Flexibilität und Unabhängigkeit bezüglich des Zeitraums, in dem Angebote genutzt werden konnten. Auch mehr Personalisierbarkeit und Kontrollmöglichkeiten bei der Auswahl von Angeboten („ich bestimme") wurden ersehnt. Verbunden damit war der Wunsch, Werbung ausblenden zu können, nach mehr Transparenz bezüglich bestehender Angebotsvielfalt, mehr Angeboten in HD-Qualität, mehr Services aus einer Hand sowie einfacheren, schnelleren und unkomplizierteren Möglichkeiten zum Download von Filmen und Musik. In Abb. 3.1 werden einige dieser Wünsche durch ein paar Zitate verdeutlicht.

Aus heutiger Sicht liest sich das wie eine Blaupause für die Entwicklung von Angeboten wie Netflix oder Amazon Prime, die in der Gegenwart das Entertainment-Angebot dominieren, damals zumindest auf dem deutschen Markt aber noch keine Rolle gespielt haben.

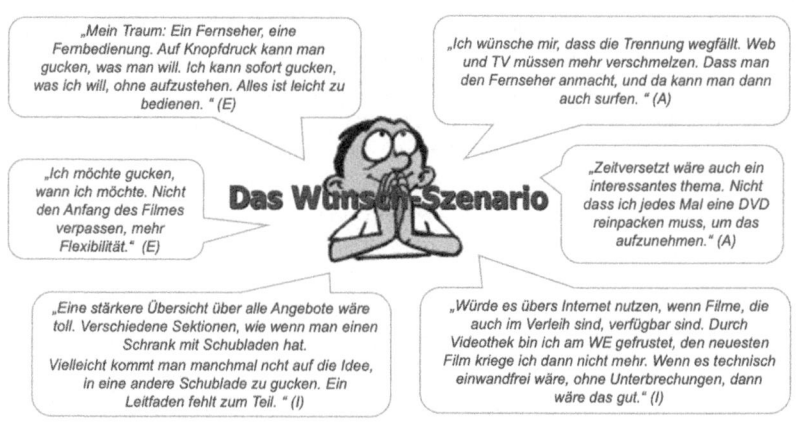

Abb.3.1 Spontane Assoziationen: Entertainment-Angebote, 2007. Eigene Darstellung

Was lernen wir daraus für die Bedeutung qualitativer Ansätze für die Markt- und Konsumforschung und für die damit verbundenen Verstehensleistungen? Erstens wird deutlich, dass die Ergebnisse, die wir mit einer qualitativen Studie erzielen, keineswegs beliebig sind, auch wenn sie nicht auf Messungen und statistischen Verfahren beruhen. Mit Hilfe qualitativer Verfahren ist es uns damals gelungen, *wichtige Bedürfnisse bezüglich digitaler Transformation von Kommunikation in der Bevölkerung in einer Tiefe zu verstehen,* wie dies mit einer standardisierten Befragung nicht ohne weiteres möglich gewesen wäre. Indem wir Menschen in Einzelinterviews und Gruppendiskussionen einen Raum gegeben haben, über ihren Alltag zu reflektieren und gleichzeitig die Möglichkeit geschaffen haben, diese Reflexionen zu artikulieren und miteinander zu teilen, haben wir Verständnis darüber geschaffen, was Menschen bewegt.

Zweitens ist auf der anderen Seite aber natürlich auch festzuhalten: weder wir Forschenden noch unsere Auftraggebenden haben diese Erkenntnisse dazu genutzt, Angebote wie Netflix, Amazon oder das iPhone zu entwickeln. Was sich im Nachhinein wie eine Blaupause dazu liest, war damals eingebunden in einen Projektkontext, in dem es nicht um die Entwicklung neuer Angebote, sondern um die Evaluation möglicher Kommunikationsalternativen zu bestehenden Angeboten ging. Dementsprechend haben sowohl wir als auch die Auftraggebenden die Ergebnisse aus einer ganz anderen Perspektive heraus bewertet. Die Kenntnis, wie der Markt wahrgenommen wurde, war hilfreich für das Verständnis dafür, wie bestimmte Wege und Formen der Kommunikation bewertet wurden und konnten erfolgreich dazu beitragen, diese Kommunikation im Folgenden zu verbessern.

Dies ist im Nachhinein natürlich trotzdem nicht voll befriedigend, weil das Potenzial, das in den mit Hilfe qualitativer Forschung erzielten Ergebnissen steckt, nicht ausgeschöpft wurde. Dabei handelt es sich um keinen Einzelfall. Denn gerade weil die Ergebnisse qualitativer Forschung in Folge der fehlenden Standardisierung *bedeutungsoffener* sind, lassen sie sich *stets aus verschiedenen Perspektiven interpretieren.* Dabei gibt es nicht den einen und einzigen Königsweg, sondern verschiedene Zugänge auf das Material. In diesem Sinne steht qualitative Forschung in der *Tradition der Hermeneutik,* die sich als *„Kunstlehre des Verstehens"* der Interpretation, Deutung und Auslegung von Äußerungen (Sichler 2020) widmet. Dementsprechend gibt es nicht das einzig richtige Ergebnis bei der Analyse qualitativer Daten, sondern verschiedene mögliche Auslegungen, die sich aus der Perspektive des Forschungsinteresses und des Forschenden ergeben. *Eine reflektierte Subjektivität* (Leithäuser und Volmerg 1988; Langer et al. 2013) *ist daher von zentraler Bedeutung für qualitative Ansätze* (vgl. auch Abschn. 6.4).

Dass die dabei herausgearbeiteten Ergebnisse trotzdem nicht beliebig sind, wurde schon gesagt und anhand von Beispielen belegt. Wohl aber unterstreicht es die Bedeutung von Kontexten wie auch der Zeit, in der sie eingebettet sind, denn die Ergebnisse aus dem Jahr 2007 lesen sich heute, im Jahr 2022, anders als damals und wiederum anders als vermutlich im Jahr 2040[4].

Wird damit qualitative Forschung entwertet? Keinesfalls! Denn das „*Problem der Prognose*" (Kühn 1970) stellt sich nicht nur für qualitative, sondern auch für standardisierte Verfahren (vgl. auch Abschn. 6.4). Gerade in der Markt- und Konsumforschung ist dieses Problem von Gewicht, denn viele Studien werden durchgeführt, um auf ihrer Grundlage Entscheidungen für die zukünftige Ausgestaltung von Produkten und Dienstleistungen zu treffen. Über eine Glaskugel, die zukünftige Entwicklungen in der Gesellschaft insgesamt und der Technik im Besonderen einbezieht, verfügt aber niemand. So konnte 2007 niemand wissen, in welchem Maße Smartphones die Welt verändern würden, wie schnell Datenleitungen sein würden, um das Streamen von Video-Inhalten in hoher Auflösung zu ermöglichen und dass Plattformen wie YouTube die Sehgewohnheiten ganzer Bevölkerungsschichten revolutionieren würden. Auch eine weltweit durchgeführte standardisierte Untersuchung nach höchsten Qualitätsstandards hätte dies nicht aufzeigen können.

Wenn man sich dies vor Augen führt, wirft dies eher Fragen zu Formen der Führung von Unternehmen auf, bei der Zahlen und Messungen in ihrer Bedeutung glorifiziert werden. Denn auch die damit verbundene scheinbare Objektivität ersetzt nicht das Treffen von strategischen und verantwortungsvollen Entscheidungen, die in eine unsichere und nicht vollends vorhersagbare Zukunft hinein reichen. Wenn man sich dafür rein auf Zahlen und den damit verbundenen Eindruck eindeutiger „Fakten" stützt, lässt sich das aus einer tiefenpsychologischen Perspektive eher als Ausdruck einer *Angstabwehr vor dem Ungewissen* verstehen denn als eine rationale Umgangsweise mit Veränderungen in der Gesellschaft (Kühn 2019b). Wenn man stattdessen Leadership mit der Fähigkeit in Verbindung bringt, *Mut zur Entscheidung* zu haben, die darauf gegründet ist, bestmöglich Zusammenhänge zu erkennen und zu verstehen, und mit der Bereitschaft, diesen Mut verantwortungsvoll umzusetzen, wird der Wert qualitativer Forschung gerade durch den diesen Ansatz kennzeichnenden systematischen Umgang mit *Bedeutungsoffenheit und Interpretationen* gestützt.

---

[4] Aus diesem Grund sind qualitative Sekundäranalysen von hohem Potenzial, das bislang noch zu wenig ausgeschöpft wurde (vgl. z. B. Beckmann et al. 2020; Medjedovic 2014).

Teil II
Praxis-Transfer: Forschungsdesign und Methoden qualitativer Markt- und Konsumforschung

Forschungsdesign: Befragungen und Beobachtungen als Zugänge qualitativer Forschung

4

Zum Aufbau dieses Abschnitts
Der Blick auf die Methoden qualitativer Markt- und Konsumforschung hängt vom eigenen Standpunkt ab, der wiederum nur in Verbindung mit unterschiedlichen Menschenbildern zu verstehen ist. Aus einer tiefenpsychologischen Perspektive, die von der Stärke unbewusster Kräfte überzeugt ist, wird sich dem Konsum anders angenähert als etwa aus einer verhaltenswissenschaftlichen, dem es um die Messung von Beobachtbarem geht (z. B. Holl et al. 2002). Wenn Konsum kritisch mit Entfremdung und Reproduktion sozialer Ungleichheit in Verbindung gebracht wird, besteht ein anderer Bezug auf von Menschen geäußerte Bedürfnisse, als wenn es etwa einem Joghurt-Hersteller darum geht, seine Marktanteile zu vergrößern. Auf die Bedeutung von Perspektive und Kontext wurde deshalb im vorigen Kapitel ausführlich eingegangen.

Das bedeutet, dass es *keine allgemein anerkannte Klassifikation verschiedener Methoden* qualitativer Markt- und Konsumforschung gibt. Die Lage wird durch im Zuge von digitaler Transformation geschaffenen Möglichkeiten, Kaufverhalten zu verfolgen, konsumbezogenen Äußerungen im Internet nachzuspüren und Interaktion mit Menschen während Entscheidungs- und Auswahlprozessen zu treten, noch unübersichtlicher. Denn *mit dem Voranschreiten digitaler Technologien sind neue Möglichkeitsräume qualitativer Forschung* entstanden (vgl. Abschn. 2.3).

Eine ganze Branche befindet sich zwischen Aufbruch und Umbruch. Damit einher gehen zum Teil hitzig geführte Debatten um den Wert einzelner Methoden. *Wir wollen mit diesem Buch bewusst sowohl eher klassische „offline" Methoden als auch digitale, virtuelle, online Ansätze qualitativer Forschung zusammenführen.* Wir sind überzeugt, dass die Trennung zwischen neu und alt ebenso wenig weiterführt wie eine klare Positionierung, ob nun online oder offline den Königsweg

© Der/die Autor(en), exklusiv lizenziert an Springer Fachmedien Wiesbaden GmbH, ein Teil von Springer Nature 2022
T. Kühn und K.-V. Koschel, *Qualitative Markt- und Konsumforschung,* Konsumsoziologie und Massenkultur, https://doi.org/10.1007/978-3-531-19430-1_4

zur Erkenntnis bietet. Die Gefahr besteht eigentlich darin, dass bei diesen Diskussionen die Auseinandersetzung mit dem eigentlichen Potenzial, das etwa mit Einzelinterviews, Gruppen-Settings und ethnographischen Beobachtungen verbunden ist, zu sehr in den Hintergrund gerät. Denn unabhängig davon, ob man die Forschung nun online oder offline durchführt, sollte man wissen, warum man sich zum Beispiel einer Gruppe und nicht einer Einzelperson zuwendet und wie man diese Gruppe anspricht. Es geht nicht nur und nicht zuvorderst um Techniken, sondern um *ein fundiertes Grundverständnis von Möglichkeiten und Beschränkungen einzelner Methoden*. Deshalb haben wir dieses Buch nicht in einen „Offline" und „Online"-Methodenteil unterteilt, sondern besprechen im Folgenden die damit verbundenen Möglichkeiten integrativ jeweils in Teilkapiteln, die sich Interviews, Gruppen-Settings sowie der Ethnographie und Semiotik widmen.

Im Sinne eines einführenden *Praxis-Handbuchs* ist es unser Anliegen, angesichts der auf den ersten Blick unübersichtlichen Ausgangslage einen roten Faden zu weben, der wichtige Methoden aufführt, miteinander verknüpft und ins Verhältnis setzt. Unsere Darstellung beinhaltet Verweise auf Literatur, die zur weiteren Auseinandersetzung und Vertiefung einzelner Methoden einladen. Dabei bemühen wir uns um eine Sprache, die möglichst allgemeinverständlich ist, gleichzeitig aber die mit verschiedenen Methoden verbundenen Stolpersteine und Fallgruben nicht unsichtbar macht. Sowohl für Einsteiger*innen als auch Fortgeschrittene geben wir Praxis-Tipps, die direkt genutzt werden können.

Um das Potenzial von Methoden wie Einzelinterviews und Gruppendiskussionen einschätzen zu können, ist es wichtig, sich mit Befragungen, ihrer Dynamik und Möglichkeiten der Gesprächsführung sowie mit qualitativ ausgerichteten Beobachtungen und ihren Einsatzgebieten in der Markt- und Konsumforschung auseinanderzusetzen. Nur auf dieser Basis kann ein adäquates Forschungsdesign bestimmt werden. Bevor wir uns im fünften Abschnitt dieses Buches einzelnen Methoden zuwenden, widmen wir uns deshalb diesem Herzstück qualitativer Forschung in diesem vierten Kapitel. Zunächst arbeiten wir Grundlegendes von Befragungen heraus (Abschn. 4.2), ehe wir uns mit der Kunst des Fragestellens (Abschn. 4.3) und der Gesprächsführung (Abschn. 4.4) beschäftigen. Nach dieser Auseinandersetzung mit Befragungen, rücken wir den Fokus auf Beobachtungen, fassen dazu Grundlegendes zusammen (Abschn. 4.5) und zeigen auf, wie Beobachtungen im Kontext qualitativer Markt- und Konsumforschung genutzt werden können (Abschn. 4.6).

Einleitend dafür möchten wir mit in diesem Kapitel einen Überblick der verschiedenen Möglichkeiten geben und uns mit den jeweiligen Vor- und Nachteilen der Methoden und ihren online- und offline-Zugängen auseinandersetzen.

4.1   Online, mobile oder face-to-face? Den richtigen Rahmen finden angesichts neuer digitaler Möglichkeiten

Aktuelle Entwicklungen und Status quo der qualitativen Markt- und Konsumfor-schung

Im Zuge digitaler Transformation und des Voranschreitens technologischer Infrastruktur haben online-gestützte Zugänge in der qualitativen Markt- und Konsumforschung in den letzten Jahren kontinuierlich an Bedeutung gewonnen (z. B. Theobald und Neundorfer 2010). Ein besonders starker Schub wurde durch die Kontaktbeschränkungen ab dem Frühjahr 2020 im Zuge der CoVid-19 Pandemie ausgelöst. Dies gilt insbesondere für *virtuelle Diskussionen in Gruppen,* welche zunehmend Gruppendiskussionen in Teststudios ersetzt haben.

Die Möglichkeit, Gruppendiskussionen über das Internet zu führen, existiert in der Marktforschung zwar bereits seit Mitte der 1990er Jahre (vgl. Kühn und Koschel 2018a: 284 ff.). Aber Online-Gruppendiskussionen haben in den folgen Jahren zunächst nicht den großen Durchbruch geschafft, da die Möglichkeiten der Interaktion sehr begrenzt waren und damit einhergingen, dass Moderierende und Teilnehmende zunächst nur asynchron und schriftlich miteinander kommunizieren konnten. Deshalb kamen angeregte Diskussionen nur in sehr begrenzten Bahnen zu Stande. Erst mit der Erhöhung der Datenübertragungsrate (Bandbreite) und der Weiterentwicklung von digitaler Infrastruktur (z. B. VoIP, Nutzung von Webcams, Einbindungsmöglichkeiten von Bildern/Videos/Ton etc.) hat die qualitative Online-Forschung deutlich an Bedeutung gewonnen. Dies ging damit einher, dass das Internet insgesamt als *Informationsquelle und Einkaufska-nal* stetig bedeutsamer wurde. In der Folge entstanden eine ganze Reihe neuer qualitativer Forschungstools, wie z. B. *virtuelle Live-Gruppendiskussionen per Videokonferenz* (z. B. per Zoom, Skype, MS Teams etc.), *Webcam-Interviews, Online-Communities & Foren, mobile „Smartphone" Ethnographie, Video Diaries, Social Media Listening* usw, auf die wir in Abschn. 4.5 noch näher eingehen werden.

Mit gesteigerter Verbreitung digitaler Kommunikationstechnologien und einer immer größer werdenden Gruppe von Menschen in der Bevölkerung, für die der Austausch mit Kommunikationsmedien wie Videotelefonie oder Videokonferenz ein akzeptierter Bestandteil des Alltags geworden ist, *sinken die Barrieren,* Befragungen im Kontext von Markt- und Konsumforschung ebenfalls mithilfe dieser Medien durchzuführen. Die Gruppe der potenziellen Teilnehmerinnen und Teilnehmer, die online-basierter Forschung offen gegenüber steht, ist nach unseren Erfahrungen gerade in der Folge der CoVid-19 Pandemie seit Anfang 2020 noch einmal deutlich gestiegen. Dennoch bestehen hinsichtlich der Affinität und Akzeptanz zu online-gestützter Kommunikation *Unterschiede in der Bevölkerung* (z. B. hinsichtlich der Altersstruktur). Für die Marktforschung bedeutet das, dass bestimmte Zielgruppen eher für sogenannte face-to-face Befragungen, die offline stattfinden, und andere eher für Online-Settings gewonnen werden können. Im Kontext von internationalen Studien zeigen sich außerdem deutliche Unterschiede zwischen verschiedenen Ländern, inwieweit digitale Technologien verbreitet und akzeptiert sind. Dies muss bei der Konzeption dieser Studien berücksichtigt werden.

Durch diesen Umbruch wurden Gewohnheiten aufgebrochen. Angesichts eines gewachsenen Möglichkeitsraums steigt der Beratungsbedarf hinsichtlich des richtigen Forschungsdesigns. Gleichzeitig sind Teststudios spätestens durch die akuten Folgen der Pandemie unter Druck geraten. Denn wenn immer mehr Befragungen online durchgeführt werden, sinkt die Nachfrage nach Räumen, die dafür angemietet werden. Dieses Bedürfnis wurde und wird seit langem durch Teststudios befriedigt, die dafür meist in teurer Innenstadtlage komfortable Räumlichkeiten angemietet und derart ausgestaltet haben, dass sich Befragungen durch einen Einwegspiegel und mithilfe von Kameras beobachten lassen. Es ist zu erwarten, dass *diese Entwicklung auch die Struktur der Marktforschung und ihrer Anbieter deutlich verändern wird*. Für Teststudios besteht die Herausforderung, ihr Service-Angebot, das sich auch auf die Anbahnung und Begleitung von Online-Forschung erstreckt, noch deutlicher herauszuarbeiten. Gleichzeitig konkurrieren sie etwa bei der Rekrutierung von Teilnehmenden an Online-Forschung mit freien Rekrutierenden, die ihre Arbeit ohne hohe Fixkosten von zuhause aus durchführen können. Durch eine noch stärkere Einbindung digitaler Infrastruktur, wie z. B. von zusätzlichen Kameras, Tablets und Online-Interaktionen während eines Gruppen-Settings vor Ort, verändern sich gleichzeitig auch die Umgebungen für face-to-face Forschung.

Schließlich verändert die digitale Transformation nicht nur die Erhebungssituation, sondern auch die Möglichkeiten der Auswertung und Analyse. Unterstützende Software bei der Auswertung etwa von größeren Datensätzen, wie z. B. MAXQDA oder Atlas.TI, ist nun schon seit mehreren Jahrzehnten auf dem Markt, wird aber ständig neuen Möglichkeiten angepasst. Insbesondere bei der Strukturierung und der Reduktion von Komplexität können diese Tools sinnvoll eingesetzt werden. Gleichzeitig gilt nach wie vor, *dass sie die eigentliche verstehende Analyse-Arbeit des Menschen nicht ersetzen und ihm seine Schlussfolgerungen nicht abnehmen können*. Das gilt in gleichem Maße auch für künstliche Intelligenz, die in der Marktforschungs-Praxis noch nicht zu einem Umbruch der

Auswertungsprozesse geführt hat. Diese könnte aber in Zukunft etwa bei der Analyse riesiger Datenmengen, wie z. B. einer großen Anzahl hochgeladener Fotos im Kontext einer ethnographischen Studie, noch stärker unterstützende Bedeutung erlangen. Verbesserte digitale Infrastruktur kann sich bereichernd für die Analyse auswirken, die aber nach wie vor von menschlicher Sensibilität für das Erkennen von Zusammenhängen abhängt und nicht automatisiert werden kann.

Das Verhältnis von Face-to-Face-/Offline- und Online-Forschung – Welche Vor- und Nachteile gibt es?

Zur Beantwortung der Frage, ob man ein Forschungsprojekt lieber online oder offline durchführt, ist es wichtig, sich im Vorfeld damit auseinander zu setzen, worauf bei der Auswertung Wert gelegt werden soll und was im Mittelpunkt des Erkenntnisinteresses steht. Je mehr es um Interaktivität, die Beobachtung non-verbaler Anteile und das Erfassen atmosphärischer Stimmungen geht, desto mehr bietet es sich an, Settings zu wählen, welche einen direkten, unvermittelten persönlichen Kontakt ermöglichen und in diesem Sinne entweder im Teststudio oder in natürlichen Alltagsumgebungen stattfinden. Dies kann auch dann der Fall sein, wenn durch die gesteigerten Möglichkeiten der Interaktivität zwischen den Teilnehmenden erwartet wird, dass der Bezug zur untersuchten Thematik tiefgehender oder persönlicher wird, etwa, wenn besonders komplexe oder heikle Fragestellungen besprochen werden oder gemeinsam an der Entwicklung eines Konzepts gearbeitet werden soll.

Dagegen bieten sich Online-Settings besonders dafür an, iterative Prozesse zu gestalten, in der etwa das Informations- und Nutzungsverhalten von Menschen jenseits einer Momentaufnahme über einen bestimmten Zeitraum verfolgt wird. Dadurch dass sowohl für Forschende als auch Teilnehmende keine Zeit für Anreisen benötigt wird, kann dies wesentlich einfacher realisiert werden als im Rahmen von Studio-Settings. Außerdem ist es im Rahmen von Online-Befragungen möglich, Menschen aus verschiedenen Regionen und Ortsgrößen zusammenzuführen und dadurch vielfältigere Perspektiven einzubinden.

Allerdings geht der *„Event-Charakter" von qualitativer Forschung* damit verloren. Dieser Begriff mag entwertend und abschätzig klingen, und doch steckt in ihm ein wichtiger Wert: die Möglichkeit zum Kontakt und zum gegenseitigen Austausch. Das „hautnahe", unmittelbare Beobachten einer Gruppendiskussion bewegt und setzt bei den Beobachtenden nicht nur kognitive Prozesse, sondern auch eine persönliche Beteiligung und emotionale Dynamik in Gang. Wenn im Rahmen eines Markforschungsprojekts etwa Menschen aus verschiedenen Abteilungen eines Unternehmens sich in einem Raum versammeln und dieser Diskussion beobachtend folgen, schafft das im Nachgang die Möglichkeit, die verschiedenen Perspektiven zusammenzuführen und auf der Grundlage eines geteilten Bewegt-Seins konstruktiv für die weitere Entwicklung zu nutzen. Diese Möglichkeit besteht nicht in gleichem Maße, wenn Beobachtende sich aus verschiedenen Orten virtuell per Videokonferenz zusammenschalten, um einer Diskussion zu folgen.

Die Durchführung von klassischer face-to-face Forschung kann außerdem zu einem deutlich stärker ausgeprägten Gefühl von Vertraulichkeit führen. Dazu tragen nicht nur die Möglichkeit des Augenkontakts zwischen verschiedenen Teilnehmenden bei, sondern auch die Rahmenbedingungen. So lässt es sich im Teststudio etwa kontrollieren, dass keine Fotos von einem Prototyp oder einem der Teilnehmenden gemacht oder Diskussionen heimlich mitgeschnitten werden. Auch wenn es darum geht, etwas selbst in den Händen zu spüren, zum Beispiel die Haptik oder dreidimensionale Optik eines Prototypen einzuschätzen, sind face-to-face Settings unersetzlich. Neben den Teststudios sind auch *In-Home-*, *In-Office* oder *At-Store Umgebungen* in der Markt- und Konsumforschung nach wie vor von Bedeutung, wenn es darum geht, neben den Inhalten einer Befragung auch unmittelbare *szenische Eindrücke* miteinzubeziehen, etwa wie im Geschäft nach einem Produkt gesucht, sich in der Arbeitsumgebung begrüßt oder zuhause gekocht oder geputzt wird.

Dagegen liegt ein großer Vorteil online-basierter Verfahren darin, dass der Aufwand für Reisen von Forschenden, Teilnehmenden und Auftraggebenden minimiert wird oder ganz entfällt. Gerade in Zeiten der CoVid19-Pandemie war dies insbesondere in Verbindung mit Lockdowns von zentraler Bedeutung dafür, dass überhaupt qualitative Markt- und Konsumforschung betrieben werden konnte, weil dadurch die *Gebote des Social Distancing* eingehalten werden konnten. Gleichzeitig konnten in dieser Zeit Erfahrungen gesammelt werden, wie angenehm es sein kann, eine qualitative Befragung in den Tagesablauf einzubauen, ohne dass dafür große Lücken im Kalender für An- und Abreise gelassen werden müssen. Neben der Zeitersparnis tritt das Vermeiden von Kosten für die Anmietung von Teststudios. Auch bei der Incentivierung der Teilnehmenden kann etwas eingespart werden, da auch hier der Anreiseaufwand geringer ist. Höhere Kosten fallen lediglich für die Anschaffung und Nutzung von Konferenzsoftware an, die für die Durchführung digitaler Forschung benötigt wird (vgl. Koschel und Frieß 2020).

Im Sinne der Qualität von Studien sind die Kosten jedoch nicht das zentrale Argument. Entscheidender ist, dass sich neue Möglichkeiten ergeben, Menschen aus unterschiedlichen Regionen und Zielgruppen zusammenzuführen und „in Echtzeit" miteinander in einen Austausch zu bringen. So können Menschen, die auf dem Land leben, mit Menschen aus Städten diskutieren. Oder Expertinnen und Experten aus verschiedenen Ländern können zusammengeschaltet werden, ohne dass alle in eine Stadt, wo ein Treffen angesetzt wurde, reisen müssen. Durch den Vorteil der direkten Zuschaltbarkeit wird es auch einfacher, besonders eingebundene Menschen zur Teilnahme an Markt- und Konsumforschung zu bewegen, die dafür in der Regel keinen Zeitaufwand für An- und Abreise in Kauf nehmen würden.

Besonders im B2B-Bereich ist eine große Offenheit gegenüber online basierten Methoden zu beobachten. So wollte eine Bank die Haltung des internen Kundenberaterstabs zu neuen Anlageprodukten erforschen und nach unterschiedlichen Standpunkten in verschiedenen Vertriebsregionen differenzieren. Um auch Beraterinnen und Berater in provinziellen und ländlichen Gebieten mit einzubeziehen, wurde eine Kombination von Webcam-Interviews und virtuellen Gruppendiskussionen erfolgreich durchgeführt. In den Explorationen wurden dafür auch per Screen-Sharing Stimuli zu neuen Produktkonzepten gezeigt und diskutiert.

Die online-gestützte Befragung bietet außerdem Vorteile bei der Sicherstellung von Zuverlässigkeit der Rekrutierung in einer Studie, bei der es darum geht, ausschließlich Nutzerinnen und Nutzer eines bestimmten Produkts einzubeziehen. So können Forschungsteilnehmende zum Beispiel ohne weiteres gebeten werden, etwa das Parfum, das sie nutzen, aus dem Badezimmer zu holen, sodass hier Falschangaben schwerer möglich sind als bei einer Befragung im Teststudio. In diesem Sinne ist auch eine Verbindung von Befragung und ethnographischen Anteilen leichter möglich. Wenn es etwa um das Design von neuen TV- und Heimkino Angeboten geht, kann es wertvolle Einblicke bringen, sich das Ambiente, in das diese in den Wohnungen und Häusern der Teilnehmenden eingebunden werden sollen, anschauen zu können. Ein Blick ins Wohnzimmer kann online durch einen Kameraschwenk schnell realisiert werden. Die oben genannten Punkte werden in Tab. 4.1 nochmals zusammengefasst.

Nachdem wir zunächst allgemein klassische face-to-face und online-gestützte Forschung miteinander abgewogen haben, wollen wir uns nun den einzelnen Methoden noch einmal genauer zuwenden und diskutieren, welches Potenzial mit den unterschiedlichen Verfahrensweisen verbunden ist.

Qualitative Interviews

Bei qualitativen Interviews wird in der Regel eine Person, in bestimmten Fällen auch ein Paar, befragt. Diese Methode eignet sich besonders dann gut, wenn es darum geht, sich intensiv mit persönlichen Geschichten auseinanderzusetzen, seien es biographische Entwicklungsverläufe, seien es Erlebnisse mit einem bestimmten Angebot, einer bestimmten Marke oder Produktkategorie,

Tab. 4.1 Überblick der Einsatzgebiete von digitaler und analoger qualitativer Forschung

	Digital/Online	Analog/Offline
Sehr gut geeignet für…	• Kürzere, iterative, halb-strukturierte Gespräche • Geographische Streuung bei Rekrutierung • Digital Natives; technisch versierte Konsumentinnen und Konsumenten • Fragen zur verwendeten Technologie • B2B/geringe Inzidenz	• Ethnographie/teilnehmende Beobachtung; Inhome-, Konsum-, Shopping-Verhalten • Vorführungen, wie Dinge in verschiedenen Kontexten getan werden • Aufbau von Vertrauen/wechselseitiger Beteiligung und Empathie
Gut geeignet für…	• Entwickelte Märkte mit hoher Internetpenetration • Gruppeninteraktionen • Multimediale Übungen • Langfristiges Lernen • Explorative Forschung	• Aufbau von Rapport – Erstellung von verbesserten Outputs (Forschungsfilme) • Komplexe Befragungstechniken/Nutzung von Gruppendynamik z. B. War Games, Gamifizierung, Simulationen
Brauchbar für…	• Ideenfindung (Ideation) • Werbe-/Nachrichtentests • Workshops • Vertiefte Gespräche zwischen den Teilnehmenden	• Verständnis digitaler Erfahrungen • Geographisch verteilte Segmente
Vorteile	• Praktisch für die Befragten (Zeit und Ort) • Multimediafähig • Praktisch für Auftraggebende (Zeit und Ort), keine Reisetätigkeiten	• Beziehung zwischen Menschen, Wahrnehmung Körpersprache • Emotionale Tiefe • Beobachtung von körperlichen Berührungs- und Fühlerlebnissen

(Vgl. Koschel und Frieß 2020)

seien es Informations- und Entscheidungsverläufe hinsichtlich eines realisierten oder verworfenen Kaufs. Auch die differenzierte Erfassung verschiedener Facetten einer persönlichen Haltung oder die *Rekonstruktion von individuellen Abwägungsprozessen* lässt sich besonders gut im Rahmen von qualitativen Interviews erforschen.

Interviews können via Smartphone, z. B. per Skype, Zoom, WhatsApp, persönlich face-to-face, zuhause, im Office oder „at store" im Kontext von Einkaufsumgebungen durchgeführt werden. Damit sind spezifische Vor- und Nachteile verbunden. Interviews per Smartphone sind kostengünstig und ohne viel Aufwand zu realisieren, bieten Flexibilität bei der Terminvereinbarung, die

Möglichkeit zur Durchführung auch außerhalb klassischer Geschäftszeiten und gehen mit einer Einsparung von Reisekosten einher. Jedoch bleibt die Beziehung zwischen Interviewenden und Befragten vergleichsweise distanziert, sodass nicht immer eine gleichermaßen intensive Beteiligung und damit auch Gesprächstiefe erreicht wird wie in einem persönlichen, nicht online-vermittelten Gespräch.

Insbesondere für die B2B-Zielgruppe ist es besonders zeitökonomisch, vom Arbeitsplatz, der Arztpraxis etc. aus, ein Webcam-Interview durchführen, welches sich besonders bei regional verstreuten oder generell schwer erreichbaren Businesszielgruppen eignet. Gegenüber den klassischen Telefoninterviews haben Webcam-Interviews den Vorteil, dass der Interviewende dank des visuellen Kontakts eher Nähe und eine vertrauensvolle Kommunikationsbeziehung zur befragten Person aufbauen kann. Zudem ermöglicht eine softwaregestützte Befragung es auch, mittels Screen-Sharing Testmaterialien wie Konzepte zu teilen, zu bewerten und diese dann im Interview weiter zu besprechen. In der Praxis hat es sich bewährt, einzelne Webcam-Sessions auf maximal eine Stunde zu begrenzen. *Offenheit und Vertrauen* werden jedoch am ehesten durch face-to-face Interviews vermittelt, die allerdings in der Anbahnung und Durchführung deutlich zeitaufwändiger sind, weil damit mehr Reiseaufwand verbunden ist.

Gruppen-Settings
Die Arbeit mit Gruppen ist in der qualitativen Marktforschung von großer Bedeutung und findet in verschiedenen Settings statt (Kühn und Koschel 2018a; Lamnek und Krell 2016). *Mini-Gruppen* etwa bestehen aus einer kleinen Zahl von Teilnehmenden, denen vergleichsweise viel Raum für den wechselseitigen Austausch zur Verfügung steht, während bei *Großgruppen*-Settings nicht alle immer zu Wort kommen können, dafür aber Stimmungsbilder zu unterschiedlichen Alternativen erhoben werden können, bei der die Sichtweisen von einer vergleichsweise großen Zahl an Menschen einbezogen werden kann. Das „klassische" Gruppen-Setting stellt eine Gruppendiskussion da, bei der 6 bis 8, maximal 10 Teilnehmende miteinander ins Gespräch gebracht werden. Immer wichtiger werden außerdem *Workshops* oder *Co-Creation-Groups,* bei denen die Teilnehmenden nicht nur diskutieren, sondern auch einen aktiven Beitrag zur (Weiter-)Entwicklung von Produktideen und Produkten leisten und digitale *Online-Communities,* in denen ein fester Kern von Menschen nicht nur einmal, sondern wiederholt und über einen längeren Zeitraum (von 1 Woche bis zu mehreren Monaten) Stellung zu bestimmten Fragen und Themenkomplexen bezieht (vgl. Abschn. 4.5).

Im Rahmen von Gruppen-Settings besteht weniger Raum für den einzelnen, eigene Erfahrungen oder Erlebnisse detailliert in allen Facetten und ihrem Entwicklungsverlauf zu reflektieren als dies im Rahmen von Interviews der Fall ist. Dafür bieten Gruppen einen Rahmen, wo die Beiträge anderer Teilnehmenden anregend und die eigene innere Beteiligung an der Diskussion fördernd sein können. Dadurch, dass verschiedene Perspektiven zusammengeführt werden, kann das kreative Potenzial von Gruppen genutzt werden. Außerdem werden dadurch, dass verschiedene Standpunkte deutlich werden, kontroverse Debatten in Gang gesetzt, wodurch die Vielschichtigkeit eines Themas deutlich wird. Gleichzeitig kann eine höhere emotionale Resonanz als beim Interview die Folge sein. Verschiedene Wirkungsdynamiken lassen sich anhand von Gruppendynamik und dem Verlauf von Diskussionen verfolgen (vgl. ausführlich Kühn und Koschel 2018a). Unabhängig davon, ob die Interaktion in Gruppen online oder offline erfolgt, kommt der Moderation und damit dem Moderierenden eine Schlüsselrolle für den Verlauf zu.

Während audio-visuelle Webcam-Interviews schon enorm an Bedeutung gewonnen hatten, wurden Gruppendiskussionen in der Markt- und Konsumforschung überwiegend weiter im persönlichen Kontakt, meist in Teststudios durchgeführt. Nur dort schien es möglich, spontane Reaktionen sowie Interaktionen der Teilnehmenden zu beobachten und die Stimmung der Diskussion zu erfassen. Dies hat sich in den letzten Jahren – beschleunigt noch einmal nach dem Beginn der Pandemie im Jahr 2020 – deutlich geändert. Dank technologischen Fortschritts und der gestiegenen Verbreitung von Videokonferenz-Tools ist es nicht nur möglich, sondern auch üblich, sich mit anderen online live und audio-visuell auszutauschen und dabei die Gesichter, Mimik und Gesten aller Beteiligten auch zu sehen. Angeregte Diskussionen sind nunmehr digital-vermittelt gang und gäbe, und selbst Atmosphärisches wird darüber bildlich vermittelt. Allerdings bleibt es dabei, dass szenische Eindrücke am besten und differenziertesten im Kontext von face-to-face Settings vermittelt werden. Auch wenn es darum geht, non-verbale Kommunikation zu berücksichtigen, etwa inwiefern Teilnehmende während einer Diskussion eher distanziert-zurückgelehnt sind oder aufgeregt mit ihren Beinen unter dem Tisch zappeln, sind Online-Settings kein gleichwertiger Ersatz. *Das Gefühl, einer Gruppe anzugehören* und sich als Mitglied dieser Gruppe zu äußern, wird ebenfalls eher dadurch ermöglicht, in einem Raum mit den anderen Teilnehmenden zu sitzen – und nicht durch eine rein virtuelle Zusammenschaltung. Virtuelle Gruppen sollten deshalb nicht als Ersatz oder Weiterentwicklung klassischer face-to-face Gruppendiskussionen angesehen werden. Denn mit der persönlichen Anwesenheit aller Diskutierenden in einem Raum gehen spezifische, wichtige atmosphärische Qualitäten einher, die nicht durch eine virtuelle Gesprächsrunde ersetzt werden können (vgl. Kühn und Koschel 2018a). Dies gilt noch mehr für Co-Creation-Settings, bei denen Teilnehmende in einem Raum an einer gemeinsamen Aufgabe arbeiten und face-to-face stärker ein *„Wir"-Gefühl* ausprägen können als dies online der Fall ist.

Gleichzeitig bieten aber moderne Online-Settings auch spezifische Vorteile. Dadurch, dass jeder einzelne Teilnehmende etwa bei einer Diskussion vor einer eigenen Kamera sitzt, wird auch für Beobachtende die Möglichkeit geschaffen, die Mimik von allen in einer Differenziertheit zu sehen, wie dies im Teststudio bislang nicht möglich war.

Der zentrale Vorteil, dass Teilnehmende aus verschiedenen Regionen und Zielgruppen erreicht und zusammengeführt werden können, auf den wir bereits hingewiesen haben, ist für Gruppen-Settings besonders wichtig, weil sich dadurch ganz neue Möglichkeiten der Zusammensetzung von Gruppen ergeben. So können Landbewohner mit Großstädtern zusammengeführt werden oder im B2B-Bereich wichtige Kundengruppen aus verschiedenen Ländern etc.

Auch bestimmte Co-Creation Settings haben Vorteile, wenn sie online durchgeführt werden. Wenn etwa mit *virtuellen Boards* gearbeitet wird, zu denen alle Teilnehmenden Zugriff haben, werden bereits während der Diskussion Materialien erstellt, die einfach nur gespeichert werden müssen und mit denen im Anschluss nahtlos weitergearbeitet werden kann.

Für die moderne, qualitative Online-Forschung spricht, dass die Diskussion in Gruppen jenseits von einzelnen Momentaufnahmen stärker als Prozess gestaltet werden kann. Da kein Aufwand für Reisen anfällt, ist es einfach möglich, Gruppen mehrfach oder kontinuierlich zu befragen und dies auch mit Beobachtung etwa von Nutzungsverhalten eines Angebots zu verbinden. Idealtypisch steht dafür die Etablierung von Research-Communities.

Online und/oder offline muss aber nicht eine Entweder-oder-Entscheidung sein. Gerade weil mit beiden Zugängen spezifische Vorzüge verbunden sind, gewinnen hybride Anwendungsszenarien an Bedeutung. In Rahmen von face-to-face Settings werden etwa Online-Interaktionen, z. B. über an alle Teilnehmenden verteilte Tablets, eingebunden. Oder die moderierte Diskussion in speziell für die Gruppe geschaffenen Online-Foren wird begleitet von einer abschließenden face-to-face Gruppendiskussion. Dies sind nur einige Beispiele für ein Feld, das sich gerade in einer Phase dynamischen Umbruchs befindet.

Beobachtungen – User-Experience (UX), Ethnographie und Semiotik
Mindestens genauso dynamisch ist die Entwicklung, wenn es um *das verstehende Beobachten von Handlungen* geht. Mit dem technologischen Fortschritt und

der rapide voranschreitenden digitalen Transformation sind nicht nur neue Forschungsfelder, sondern auch Berufe und Berufsbezeichnungen entstanden, wie z. B. UX-Designer*in, CX-Manager*in (Customer Experience), Design Thinking Coach, Service Designer*in, Social Intelligence Manager*in etc. All diese Berufe nutzen qualitative Methoden um die Nutzergruppen ihrer Produkte besser zu verstehen. Während wir uns diesen Feldern als Teil der Landschaft qualitativer Markt- und Konsumforschung nähern, spielt diese im Selbstverständnis dieser vergleichsweisen neuen Strömungen häufig keine oder nur eine Nebenrolle. *Dem Selbstbild gemäß betreiben sie User-Forschung und keine Markt- oder Konsumforschung.* Dies halten wir für bedauerlich und bedenklich, weil gerade in der qualitativen Forschung in Abgrenzung von anderen Ansätzen der Marktforschung genau das betont wird, was den Anstoß zur Entwicklung dieser Felder mit immer prominenterer Bedeutung geführt hat: das Anliegen, den User*innen bei der Produkt- und Designentwicklung eine Stimme zu verleihen und dabei genau zuzusehen und zu verstehen, wie Angebote verstanden und genutzt werden. Ein stärkerer Bezug aufeinander wäre wechselseitig von Vorteil und befruchtend. Wir werden uns deshalb diesen zeitgenössischen Ansätzen der User-Experience-Forschung widmen, wenn wir uns im Einzelnen mit Beobachtung auseinandersetzen.

Bezüglich des Verhältnisses von analogen und digitalen Ansätzen ethnographischer Forschung, liegt der zentrale Vorteil von persönlicher Beobachtung in natürlichen Alltagsumgebungen wie der Wohnung oder der Arbeitsstätte darin, dass sich Beobachterinnen und Beobachtern ein ganzes Feld an zu Beobachtendem eröffnet, das zahlreiche Spielräume bietet, den eigenen Blickwinkel zu ändern und Handlungen aus verschiedenen Perspektiven mitzuerleben. Das Verständnis von Szenen und ihrer Bedeutung wird dadurch erleichtert.

Da allerdings Konsum in zunehmendem Maße im Internet stattfindet, hat die online-gestützte Beobachtung deutlich an Bedeutung gewonnen. Im Sinne des von Robert Kozinets (2009) geprägten Begriffs der *Netnographie* geht es dabei darum, zu beobachten, wie Menschen sich im Internet bewegen, indem sie sich zum Beispiel informieren und Kaufentscheidungen treffen. Eine Beobachtung in diesem Sinne kann es sein, sich mit Einträgen und Geschichten in Foren und sozialen Netzwerken zu beschäftigen. Außerdem können Teilnehmende an einer Studie dabei unterstützt werden, ihr eigenes Handeln zu beobachten, etwa indem sie Videosequenzen aufnehmen und dann den Forschenden zuschicken. In der Praxis werden derartige Beobachtungsverfahren mit Selbst-Ethnographie, Mobile- oder Online-Ethnographie in Verbindung gebracht. (Vgl. z. B. Koschel 2018: 131 ff.)

Als Resümee dieser ersten Einführung in die Welt der qualitativen Methoden hoffen wir zwei Botschaften vermittelt zu haben: Erstens, *dass es nicht die eine führende qualitative Methode, sondern eine Vielzahl an unterschiedlichen Zugängen gibt,* deren Eignung für die jeweilige Fragestellung man im Vorfeld einer Studie sorgfältig prüfen sollte. Zweitens, dass wir online- und offline gestützte Forschung nicht als ein Feld von eher altbackenen, überkommenen Ansätzen, das den neuen zeitgemäßen gegenübergestellt wird, begreifen, sondern qualitative Markt- und Konsumforschung als einen Bereich begreifen, in dem sich *face-to-face und moderne online-gestützte Ansätze auch zukünftig ergänzen werden* und in dem gerade deshalb *hybride Designs auf lange Sicht von hoher Bedeutung sein werden.* Gleichzeitig heißt das, dass die *Landschaft der Forschungsmethoden komplex und unübersichtlich* bleiben wird. Gerade deshalb erscheint es wichtig, sich mit Grundzügen der verschiedenen Methoden auseinander zu setzen, um zu verstehen, worauf bei einer Beobachtung und einer Befragung zu achten ist.

4.2 Einführung in die Befragung: Grundlegendes

Der Begriff der Befragung kann bedrohlich wirken. Stellen Sie sich vor, Sie werden unschuldiger Weise verdächtigt und zum Verhör geladen, um im Polizeirevier befragt zu werden. Oder denken Sie an ein Kind, das etwas ausgefressen hat, und von den Eltern dazu ausgefragt wird. Die deutsche Sprache drückt dies nicht nur in Redewendungen wie „zur Rede gestellt werden" aus, sondern auch in Bildern wie dem „heißen Stuhl", vom dem man möglichst schnell wieder verschwinden möchte, um sich nicht „um Kopf und Kragen zu reden". Denn heißt es nicht: Reden ist Silber, Schweigen ist Gold? Oder: Nicht die Worte, sondern Taten zählen.

Befragungen gehören gleichwohl zu den zentralen Säulen qualitativer Markt – und Konsumforschung. Die *Reflexion des eigenen Tuns* während einer Befragung stellt nach wie vor einen Königsweg der psychologisch orientierten Markt- und Konsumforschung im Rahmen von Einzel- sowie Paarinterviews, Triaden und Gruppendiskussionen dar. Dass dies ein Unterfangen mit vielen Herausforderungen ist, macht bereits der vorangestellte Absatz deutlich.

Was ist eigentlich eine Befragung? Exemplarisch sei auf die Definition von Peter Atteslander (2006: 101) verwiesen:

„Befragung bedeutet Kommunikation zwischen zwei oder mehreren Personen. Durch verbale Stimuli (Fragen) werden verbale Reaktionen (Antworten) hervorgerufen. Dies

geschieht in bestimmten Situationen und wird geprägt durch gegenseitige Erwartungen. Die Antworten beziehen sich auf erlebte und erinnerte soziale Ergebnisse, stellen Meinungen und Bewertungen dar. Mit dem Mittel der Befragung wird nicht soziales Verhalten insgesamt, sondern lediglich verbales Verhalten erfasst. "

Anhand dieser Definition wollen wir einige Punkte betonen, die für Befragungen im Rahmen qualitativer Markt- und Konsumforschung von grundlegender Bedeutung sind:

1) Befragung als eine Form von Kommunikation bedeutet, dass es um Beziehungen zwischen Menschen geht
Der größte Fehler im Kontext von Befragungen besteht darin, die Befragten als Informationscontainer zu betrachten. Deutlich bemerkbar wird dies, wenn einfach nur vorformulierte Fragen aneinandergereiht heruntergespult und dazugehörige Antworten eingesammelt werden. Interviewende wähnen sich im sicheren Hafen und denken, dass sie allein durch das Stellen von Fragen schon die richtigen Antworten bekommen werden. Dem ist aber nicht so. Vielmehr führt ein derartiges Vorgehen zu oberflächlichen und lückenhaften Äußerungen. Denn unsere Gesprächspartnerinnen und Gesprächspartner sind keine Container oder Computer, die auf Knopfaufdruck Informationen auswerfen, sondern Menschen, die sich in einer bestimmten Situation befinden, in der sie andere Beteiligte wahrnehmen und Fantasien entwickeln, was mit den gestellten Fragen ausgedrückt und erhoben werden soll. Sie sind Menschen, sensibel für Stimmungen, die nachdenken und stets mehrere Möglichkeiten haben, wie und was sie erzählen. Deshalb ist es wichtig, als Interviewende eine Atmosphäre des Vertrauens zu fördern, zuzuhören und sich auf die Anderen einzulassen. Dies gilt für alle Befragungen, auch wenn verschiedene Methoden der Befragung dazu unterschiedliche Wege und Schwerpunkte entwickelt haben, auf die wir noch eingehen werden.

2) Wenn es Fragen und Antworten gibt, gibt es auch unterschiedliche Rollen, welche bewusst reflektiert werden sollten anstatt sich um Unsichtbarkeit zu bemühen
Wenn es um Forschung geht, gibt es einen Mythos, der sich seit langem hält, obwohl die Wirklichkeit eine andere ist. Es geht um den Mythos der objektiven oder „natürlichen" Aussage von Befragten, die durch Eingreifen von Interviewenden verzerrt werden könnte. Damit verbunden ist das Leitbild möglichst großer Unsichtbarkeit des oder der Interviewenden während einer Befragung, gemäß dem Motto: je mehr die Befragten von sich aus erzählen, desto objektiver und wirklichkeitsgetreuer ist es. Wir halten das nicht nur für unsinnig, sondern auch für eine den Forschungsprozess gefährdende Verleugnung verschiedener Rollen

im Kommunikationsprozess. *Unsichtbarkeit kann im Rahmen einer Befragung nicht gewährleistet werden.* Denn auch *Schweigen ist eine Form von Kommunikation,* die durch die Beteiligten gedeutet wird. Das heißt aber nicht im Umkehrschluss, dass man als Interviewerin oder Interviewer genauso drauf los reden sollte, wie der Gegenüber. Natürlich gibt es viele Fehler, die man im Rahmen der Gesprächsführung begehen kann, und ein Kardinalsfehler besteht darin, Befragte durch unbedachte oder tendenziöse Äußerungen zu beeinflussen und in eine bestimmte Richtung zu lenken. Gerade deshalb ist es unerlässlich, sich im Vorfeld einer Befragung mit der eigenen Rolle als Fragenstellende*r auseinanderzusetzen.

3) Gegenseitige Erwartungen als Herausforderung: Grenzen des Erzählbaren reflektieren, Verbindlichkeit und Vertraulichkeit garantieren
Gerade weil Menschen keine Informationscontainer sind, ist das Erwartungs-Management eine zentrale Aufgabe von Gesprächsführung. Dies beginnt schon bei der Anbahnung eines Gesprächs, für das eine bestimmte Zielsetzung und ein bestimmter zeitlicher Rahmen festgelegt wird. Dadurch werden Erwartungen geweckt, welche im Verlauf eines Gesprächs enttäuscht, erfüllt oder verändert werden können. Dafür während der Befragung ein Gespür zu haben, ist unersetzlich. Zum Feld der Erwartungen zählt auch die Einschätzung, was relevant sein könnte und was nicht, was Anderen preisgegeben werden darf und was nicht. Insbesondere im Bereich der Markt- und Konsumforschung werden wir immer wieder mit der Herausforderung konfrontiert, dass es Gesprächspartnerinnen und Gesprächspartnern unangenehm, schambesetzt oder gar peinlich sein könnte, bestimmte Gewohnheiten oder Entscheidungen offen zu legen. Menschen reden im Alltag nicht ohne Weiteres über innere Konflikte, Spannungen und Probleme – Fremden gegenüber schon gar nicht über sensible Gesprächsthemen wie zum Beispiel Schönheit, Finanzangelegenheiten, Krankheiten, Sexualität. Dabei handelt es sich um Bereiche des Alltagslebens, die auch für Konsum von zentraler Bedeutung sind. Während es einige Fragestellungen gibt, bei denen es nicht nötig ist, in diese sensiblen Zonen einzudringen, ist dies für andere unerlässlich. Im Rahmen von Befragungen gibt es Methoden und Techniken, die dies fördern und ermöglichen, wenn die eigenen damit verbundenen Erwartungen als Forschende nachvollziehbar gemacht werden.

Wichtig ist es in diesem Kontext, verbindlich aufzutreten und Vertraulichkeit zu sichern (vgl. auch die Ausführungen zur Ethik der Forschung in Abschn. 6.3). Denn in der Regel geht es ja bei der Untersuchung nicht um individuelle Gutachten oder die Beurteilung von Einzelschicksalen, sondern darum, über die die

Auseinandersetzung mit Erfahrungen Einzelner etwas über die untersuchte Frage-stellung zu lernen. Wenn dafür Verständnis geschaffen werden kann, lassen sich auch heikle Themen in Befragungen besprechen.

Viele Menschen präsentieren sich im Alltag und in Befragungssituationen vernünftiger, kontrollierter, klarer, aufgeräumter, interessanter, cooler etc. als sie eigentlich sind. Im Zuge gegenseitiger Erwartungen besteht bei Befragungen im Rahmen qualitativer Markt- und Konsumforschung die Herausforderung *sozia-ler Erwünschtheit,* also der Tendenz, Antworten zu geben, die wahrscheinlicher auf soziale Zustimmung treffen werden, als die „wahre" Antwort. Die vermu-tete Erwartung der Interviewenden oder einer sozialen Gruppe werden also bei der Formulierung einer Antwort mit einbezogen, etwa wenn es um moralisch aufgeladene Themen wie Umweltbewusstsein und Klimaschutz geht. Dieser Her-ausforderung sollte man sich während einer Befragung bewusst sein. Man kann nicht immer ausschließen, dass bei Antworten soziale Erwünschtheit mit einfließt und sollte dies deshalb auch bei der Auswertung von Interviews immer kritisch mit einbeziehen. Je mehr es einem während der Befragung gelingt, ein Klima von Vertrauen und Respekt zu schaffen, das nicht von Perfektion abhängt, desto geringer ist die Gefahr sozialer Erwünschtheit. Auch dafür ist es wichtig, im Vor-feld des Interviews deutlich zu machen, worum es geht sowie zu betonen, dass es keine richtigen oder falschen Antworten und Ansichten gibt.

4) Erlebte und erinnerte soziale Ereignisse und damit verbundene Meinungen und Bewertungen
Konsumentinnen und Konsumenten überschätzen immer wieder die eigene Indi-vidualität und Unabhängigkeit. Sie sind aber fundamental sozial und kulturell geprägt und in Gesellschaften eingebunden. Kaufentscheidungen können nicht losgelöst von sozialen Kontexten verstanden werden. Auch wenn wir alleine vor dem Supermarktregal stehen, ist unsere Auswahl geprägt von früheren Erfah-rungen, die wir etwa in der Familie gemacht haben und auch beeinflusst von unseren erlernten Rollen, etwa als Mann oder Frau, Angehörige*r verschiede-ner Schichten, (Mit-)Streiter*in für bestimmte Werte etc. All dies verweist auf unsere Verwurzelung in Gesellschaft – gleichzeitig erleben wir es in der Regel als unsere persönliche Entscheidung, welche Milch und welchen Joghurt wir in den Einkaufskorb legen.

Immer wieder lassen sich auch *Widersprüche bezüglich der geäußerten Ein-stellung bzw. der eigenen Meinung und der Konfrontation mit dem tatsächlichen Verhalten* im Leben finden, wie z. B. die hohe Zustimmung zum Umwelt-schutz und diesbezüglich nur wenig konsequentes Handeln in der Praxis vieler Konsumentinnen und Konsumenten.

Wenn es also in der Definition heißt, dass sich Befragungen auf erlebte und erinnerte soziale Ergebnisse beziehen und gleichzeitig Meinungen sowie Bewertungen darstellen, wird dadurch auf eine Herausforderung hingewiesen, die zum Teil auch als Schwäche der Methode bezeichnet wird. Für uns ist es eher eine Frage der Perspektive: Sicher kann man nicht erwarten, durch eine Befragung ungefiltert Handlungen, wie etwa die Entscheidung am Point of Sale, im Detail rekonstruieren zu können. Dafür können andere Methoden, wie Beobachtungen mit technologiegestützten Wahrnehmungshilfen wie *Eye-Tracking* sicher genauere Informationen liefern. Aber gerade in der subjektiv gefilterten Reflexion eigenen Handelns durch Gesprächspartner kann auch eine Stärke der Methode liegen, weil wir dadurch den Bezug von Handeln zu zugrundeliegenden Werten und zum emotionalen Erleben verstehen können.

5) Verbales Verhalten? Zwischen Schein und Sein? Auf den Zugang kommt es an!
Wenn Atteslander bei der Definition von „verbalem Verhalten" spricht, knüpft das an unsere oben gemachten Ausführungen zur stets subjektiv gefilterten Reflexion eigenen Handelns an. Haben Sie sich schon mal überlegt, warum Sie immer wieder zu einer bestimmten Mineralwassermarke greifen – und dann in bestimmten Momenten doch lieber eine andere wählen? Könnten Sie mir erklären, warum Ihr Nachbar sich nun schon zum dritten Mal hintereinander für einen Renault entschieden hat? Und was macht das Besondere des Bocksbeutels für Frankenwein aus?

Konsumentinnen und Konsumenten wissen oft nicht genau was sie zu einem Kauf veranlasst hat. Viele Einflüsse auf unser Verhalten wirken vor- oder unbewusst und können kaum verbalisiert werden. Dazu gehören kulturelle Normen und Werte, Unbewusstes, schwer zu beschreibenden Stimmungen, Ängste, Rituale und unsere selektive Wahrnehmung. Unser Handeln ist häufiger unlogischer und irrationaler als wir glauben. Macht es zum Beispiel Sinn, aus Frust zu essen, weil man sich zu dick findet – und würde man sich das im Moment so leicht eingestehen? Die Kluft zwischen Schein und Sein schürt weithin Skepsis gegenüber dem Erkenntniswert von Befragungen. Bezüglich des Konsumverhaltens reicht sie von den bekannten Statements eines Henry Ford bis hin zu Steve Jobs: „If I'd ask customers what they wanted, they would have told me „a faster horse" (Ford) und *„It's not the customers' job to know what they want...people don't know what they want until you show it to them. That's why I never rely on market research..."* (Jobs). (Vgl. Vera 2021: 46).

Auch diese Herausforderung für Befragungen ist nicht zu negieren. Gleichwohl entwertet sie unseres Erachtens die Befragung als solche nicht, sondern fordert den Interviewenden heraus, einen *Zugang zur Innenwelt des Gegenübers zu finden, welcher nicht immer offensichtlich ist.* Natürlich kann ich von niemandem im Gespräch erwarten, ein neues Produkt zu entwickeln – also, um im Bild zu bleiben die Idee des Autos oder des Smartphones zu generieren. Es reicht also nicht auf den Knopf zu drücken und zu fragen: Was wollen Sie? Vielmehr geht es darum, in den Alltag und die damit verbundene Lebenswelt der befragten Menschen einzutauchen, sie in der Befragung dort abzuholen, wo sie stehen und mit ihnen dann gemeinsam im Verlauf des Gesprächs ein Stück zu gehen. Gute Forschende hätten dann im Rahmen von Konsumforschung zwar nicht die Idee eines neuen Autodesigns oder Smartphones entwickelt, wohl aber verstehen können, welcher Reiz in gesteigerter Mobilität und veränderten Möglichkeiten der Kommunikation liegt (vgl. Abschn. 3.3). Da dies nicht immer offenkundig ist, sind Befragungen nach wie vor für viele Organisationen von zentraler Bedeutung, um Angebote und Dienstleistungen weiterzuentwickeln.

Qualitativ Forschende verstehen deshalb Befragungen als ein Instrument demokratischer Meinungsbildung und ein hervorragendes Werkzeug, um Menschen eine gewichtige Stimme zu geben (Kühn und Schmidt 2022). Zum Ausdruck gebrachte Aussagen wie *„Ich will, dass die mich nicht bei der Verpackungsgröße veräppeln"*; *„Ich will nachhaltige Produkte"*, *„All das Kleingedruckte in den Verträgen macht mich skeptisch"* etc. können ein Umdenken von Marketingausrichtung und Produktgestaltung bewirken.

Qualitative Befragungen haben einige Gemeinsamkeiten und typische Kennzeichen, die sie von standardisierten, quantitativen Befragungsansätzen abgrenzen:

- *Offenheit:* Die qualitative Befragung ist offen für neue, unerwartete Informationen über ein Forschungsthema. Im Gegensatz dazu erfasst die standardisierte Befragung Sachverhalte, die im Wesentlichen schon bekannt sind und liefert hierzu Häufigkeiten, Merkmalsausprägungen etc.
- *Non-verbale Kommunikation und Metakommunikation:* Die qualitative Befragung bietet im Unterschied zur standardisierten Befragung in der Interviewsituation Informationen zur Stimmungen, Körpersprache und damit non-verbalen Äußerungen. Diese können in Form von Metakommunikation den Befragten zurückgespiegelt werden und damit den Verlauf der Befragung beeinflussen.

- *Widerspruche und Ambivalenzen:* Die qualitative Befragung erfasst Informationen auf verschiedenen Sinn-Ebenen. Dadurch können Widersprüche und Ambivalenzen aufgedeckt werden, die im Rahmen einer standardisierten Befragung nicht offengelegt werden.

Der Individualität der Menschen Rechnung tragend wird bei qualitativen Verfahren die *Objektivität der Datenerhebung* nicht darin gesehen, allen Befragten mit demselben standardisierten Vorgehen zu begegnen, sondern eher umgekehrt, den Gesprächsverlauf flexibel der jeweiligen Situation und der je unterschiedlichen Subjektivität der Befragten anzupassen. Dadurch haben Befragte die Möglichkeit, ohne vorab festgelegte Schablonen über ihr Erleben zu sprechen. Dadurch, dass sie Zusammenhänge in eigenen Worten schildern können, werden komplexe Bedingungsgefüge in einer Detailschärfe sichtbar und analysierbar, wie dies bei einer standardisierten Befragung in der Regel nicht der Fall ist. Eigene Erfahrungen und Ansichten können frei geschildert werden, ohne dass vom alltäglichen Kontext abstrahiert werden muss. Als Forschende lässt man sich auf die Sichtweise der Befragten ein und gibt ihnen Raum, ihre subjektive gesellschaftliche Wirklichkeit zu konstruieren. Deswegen werden meist offen formulierte Fragen verwendet, die den Befragten *zur Selbstexploration anregen* sollen, um so eine möglichst gehaltvolle, umfassende Darstellung der eigenen Sicht, Gefühle, Haltungen, Deutungsmuster etc. zu bekommen.

4.3 Die Kunst des Fragens oder Wie frage ich richtig?

In der qualitativen Forschung werden vor allem öffnende Fragen wie: „Erzählen Sie mal...", „Können Sie mir ein Beispiel nennen?" „Was meinen Sie damit, wenn Sie sagen...?" „Da möchte ich gerne mehr drüber hören..." oder die berühmten W-Fragen (wie, wer, was, wann, wozu, warum etc.) genutzt, um die Befragten zu einem Themengebiet zum Reden zu bringen.

Aber Vorsicht: *Eine gelungene Interviewführung oder Moderation will gelernt sein.* In Alltagsgesprächen ist es nicht die Regel, „offene und öffnende Fragen" zu stellen und so kommt auch bei erfahrenden Forschern häufig vor, dass sie „stützen" und (unbewusst) geschlossene Fragen stellen wie „Haben Sie sich schon mal im Internet über Versicherungen informiert?" Finden Sie die Anzeige gut?" „Was haben Sie vor der Hausarbeit gemacht? Waren Sie einkaufen oder haben Sie gefrühstückt?"

Auch der übermäßige Einsatz von „Warum?"-Fragen kann kontraproduktiv sein, weil sich Menschen hier häufig unter Rechtfertigungsdruck gesetzt fühlen und in ihren Antworten zu Rationalisierungen neigen. Stattdessen ist es besser mit Konkretisierungsfragen zur arbeiten wie „Inwiefern?" „Was genau?" „Wo genau?" „Wie genau?" etc.

Zu der Art und Weise, wie man am besten Fragen formuliert, ist viel geschrieben worden. Wir geben am Ende dieses Kapitels einige Hinweise für weiterführende Literatur. Statt einer systematischen Zusammenfassung dieser Ausführungen haben wir Erfahrungen aus eigener Praxis und Lehre reflektiert und 10 häufige Fehler von Interviewenden sowie mögliche Lösungen zusammengetragen. Dies veranschaulichen wir mit Beispielen aus der Praxis. Am Ende geben wir auf dieser Grundlage außerdem von uns gesammelte Praxis-Tipps, die wir als hilfreich erlebt haben:

Die Kunst des Fragens: 10 häufige Fehler und wie man sie vermeidet

1. Offene Fragen statt Vorgaben von Antwortmöglichkeiten
2. Exploration von Bedeutungskontexten statt Verwendung theorielastiger und uneindeutiger Begriffe
3. Nachvollzug konkreten Erlebens statt Verweilen auf der abstrakten Ebene
4. Offenes Abtasten statt Verführung zur Rationalisierung
5. Kein Frage-Antwort-Schema: Detaillierte Exploration und Streben nach Multi-Perspektivität statt Check-Mentalität und zu schnelle Übergänge
6. Systematische Sammlung von Ankerpunkten statt vergebener Chancen des Anknüpfens durch unzureichendes Zuhören
7. Aushalten von Pausen statt Angst vor Schweigen
8. Suche nach Ambivalenzen und Kontextabhängigkeit statt Glättung von Widersprüchen
9. Förderung des Einfühlens statt Vermeidung von Emotionalität durch Sachlichkeitsnorm
10. Nutzung aktiver Möglichkeiten des Widerspiegelns und der Meta-Kommunikation statt sich in die Position des Fragestellers zurückzuziehen

1) Offene Fragen statt Vorgabe von Antwortmöglichkeiten
In der Regel sollten Fragen offen gestellt werden, ohne dass mögliche Antworten vorgegeben werden. Dies ist in der Interviewpraxis nicht immer ohne weiteres zu realisieren, weil wir als Interviewführende mitdenken und schnell dazu neigen, unsere Gedankengänge in mögliche Antwortalternativen überführen. Auch die Befürchtung, Befragte zu überfordern oder der Eindruck, bei einer eintretenden Gesprächspause die Frage nicht deutlich genug gestellt zu haben, sind Stolpersteine für ein offenes Vorgehen. Es bedarf in der Regel einiger Übung und Selbst-Beobachtung, um konsequent offene Fragen zu stellen.

Beispiele für in der Regel eher ungünstige Frageformulierungen:

• War es eher ein Lust- oder ein Pflichtkauf?
• Hatten Sie sich im Vorfeld über das Angebot informiert oder nicht?
• Sind Sie eher ein Einzelgänger oder ein Herdentier?

Durch derartige Vorgaben werden Antwortschablonen vorgegeben, die den Beteiligten Raum nehmen, eigene Begriffe einzuführen, die für sie möglicherweise relevanter sind. Unklar ist auch, ob Befragte und Interviewende dasselbe unter Begriffen wie Lust- oder Pflichtkauf verstehen oder aneinander vorbeireden. Indem zwei Begriffe als Gegensatzpaar eingeführt werden, wird den Befragten kein Raum gegeben, selbst zu beschreiben, in welchem Verhältnis diese Begriffe stehen.

Bessere Frageformulierungen:

• Wie kam es zum Kauf?
• Wann haben Sie angefangen, sich darüber Gedanken zu machen?
• Mit wem haben Sie sich im Vorfeld darüber ausgetauscht?

Nicht immer aber sind geschlossene Fragen im Rahmen qualitativer Befragungen tabu. Insbesondere als *Filterfragen* können sie sinnvoll eingesetzt werden, indem zum Beispiel gefragt, ob ein Produkt schon mal genutzt wurde oder nicht und je nach Antwort unterschiedliche Anschlussfragen kommen.

2) Exploration von Bedeutungskontexten statt Verwendung theorielastiger und uneindeutiger Begriffe
In der Art und Weise, wie man etwas in Worte fasst, drückt man sein Vorverständnis aus. Wenn man einen Fernseher etwa als Flimmerkasten oder Glotze bezeichnet, ist damit eine distanzierte Sicht schon im Begriff enthalten. In der Befragung sollte man deshalb gut reflektieren, welche Begriffe man verwendet.

Wenn es etwa darum geht, jemanden aus der Reserve zu locken oder auch zu einer emotionalen Äußerung anzuregen, könnte es durchaus sinnvoll und erlaubt sein etwa zu fragen: „*Warum hängst Du eigentlich den ganzen Tag über so lange vor der Glotze?*" Wenn es allerdings darum geht, die Nutzung von Medien erst einmal zu verstehen, ist es in der Regel unangebracht, Befragte nicht nur durch derartige tendenziöse Begriffe in die Bredouille und in eine Verteidigungshaltung zu bringen, sondern auch ihnen die eigene Meinung vom Wert einzelner Medien indirekt gleich mitzuliefern, bevor sie den Raum bekommen haben, ihre Sicht darzulegen.

In diesem Sinne gibt der Begriff der *Neutralität* dem Fragestellenden eine gewisse Orientierung, denn es soll darum gehen, die Lebenswelt der Gesprächspartner kennenzulernen und nicht darum, sie für eigene Positionen zu gewinnen. Gleichwohl ist der Begriff der Neutralität im doppelten Sinne unscharf und irreführend.

Zum einen ist er eine Illusion, die nie erreicht werden kann, denn mit selbst gemachten Erfahrungen sind auch eigene Sichtweisen und Positionen verbunden. Man kann und sollte damit reflexiv umgehen, etwa indem man sich bemüht, das Augenmerk auf die Gesprächspartnerinnen und Partner zu richten und sich in sie einzudenken, aber trotzdem wird man nicht gänzlich frei, unsichtbar oder neutral. Insofern ist eine reflexive Grundhaltung einlösbar, vollständige Neutralität aber nicht.

Zum anderen hängt die Art und Weise der Begriffswahl auch davon ab, in welchem Kontext die Befragung steht und welche Ziele damit verfolgt werden. So kann es sinnvoll sein, gerade durch die reflexiv durchdachte Verwendung emotional aufgeladener Begriffe wie Flimmerkasten, Glotze, quadratische Augen etc. den Teilnehmerinnen und Teilnehmern an der Studie die Möglichkeit zu geben, sich zu in der Gesellschaft weit verbreiteten Deutungsmustern und damit verbundenen Narrativen ins Verhältnis zu setzen und die Darstellung der eigenen Position zu schärfen.

Auf jeden Fall aber sollten die Befragten sich nicht in die Enge gedrängt oder unter Druck gesetzt fühlen, bestimmte Sachverhalte (nicht) zu erzählen, weil sie die Erwartungshaltung von Interviewenden verspüren. Stattdessen sollte man ihnen auch durch die Begriffswahl signalisieren, dass es nicht darum geht, um den heißen Brei herum zu reden. Deshalb sollten auf jeden Fall eher abstrakte Begriffe vermieden werden, die auf einem komplexen theoretischen Hintergrund basieren, der den Befragten in all seinen Facetten entweder nicht bekannt ist oder sehr viele implizite Deutungsmöglichkeiten bietet, sodass im schlimmsten Fall aneinander vorbeigeredet wird.

3) Nachvollzug konkreten Erlebens statt Verweilen auf der abstrakten Ebene
Der Reiz des Abstrakten ist nicht von der Hand zu weisen. Letztendlich geht es uns mit einem Forschungsprojekt ja geradezu um die Eroberung und Konstruktion von Abstraktion. *Wir wollen nicht beim Einzelfall Halt machen und uns nicht mit einzelnen, isolierten Beobachtungen zufrieden gehen. Wir vergleichen und differenzieren.* Damit lösen wir uns vom konkreten Erleben von Einzelnen, indem wir Zusammenhänge begreifen und in Worte zu fassen versuchen.

Trotzdem liegt gerade im Abstrakten die Gefahr für eine gelungene Interviewführung oder Moderation. Denn um derart abstrakte Wirkgeflechte erst einmal entwickeln zu können, bedarf es des Futters von möglichst detaillierten und facettenreichen Schilderungen konkreten Erlebens. Ansonsten besteht die Gefahr, dass durch die Forschung einfach etwas reproduziert wird, das bereits hinlänglich bekannt ist.

Wenn ich etwa in einer Studie über Unternehmenskultur nur erzählen lasse, welche Werte sich auf die Fahnen geschrieben werden, würde das Studium einer Broschüre oder Website ausreichen. Oder wenn ich mit Vertreterinnen und Vertretern verschiedener politischer Strömungen in Grundsatzdebatten komme, bei denen lediglich die in verschiedenen Parteiprogrammen festgehaltene Annahmen und Sichtweisen reproduziert werden, bringt uns dies als Forschende in der Regel nicht weiter.

Die Gefahr einer zu abstrakten Diskussion ist umso größer, als dass mit dem Abstrakten auch ein gewisser Fluchtpunkt und Sicherheitspuffer verbunden ist. So ist es in der Regel wesentlich leichter, allgemein über Entfremdung und Infantilisierung bei der Nutzung von Medien zu diskutieren, als selbst darüber zu berichten, wann welche Serie in welcher Stimmung geschaut wurde. Auch sich über den Wert von Treue und Verlässlichkeit in Beziehungen auszutauschen erfordert weniger Bereitschaft, sich zu öffnen als eigene Erfahrungen mit sozialen Netzwerken, Dating-Plattformen oder Flirts im Freizeit- und Arbeitskontext zu reflektieren. In diesem Sinne kann es bei Diskussionen auf einer abstrakten Ebene nicht nur zu Unschärfen, sondern auch einer Tendenz im Antwortverhalten zum Rationalen und sozial Gewünschten kommen. Denn je mehr Befragte abstrakt über bestimmte Gewohnheiten reflektieren, desto mehr wird die Schilderung von eigenen Erlebnissen überlagert von Einschätzungen, wie es eigentlich sein „soll". Deshalb ist es wichtig, durch Fragen das Gespräch immer wieder zurück auf tatsächliches Handeln, reale Erlebnisse und konkrete Empfindungen der Befragten zu lenken.

4) Offenes Abtasten statt Verführung zur Rationalisierung

Häufig geht es im Rahmen von Befragungen qualitativer Markt- und Konsumforschung darum, Motive und Prozesse für Konsumentscheidungen nachzuvollziehen. Dabei ist die Gefahr groß, dass man schon durch die Fragen bestimmte Modelle für Antworten nahelegt, welche gleichzeitig die Möglichkeit, im Rahmen der Befragung Neues zu entdecken, begrenzen. Dies gilt vor allem dann, wenn man den Befragten quasi eine Brücke zur Rationalisierung baut.

Besonders deutlich lässt sich dies an Fragen veranschaulichen, bei denen es um die Rekonstruktion von Prozessen geht, die zu einem Kauf geführt haben. Wenn ich etwa frage: „Welche Kriterien haben Sie bei Ihrer Entscheidung berücksichtigt? Welches war das wichtigste, das zweitwichtigste und welches das drittwichtigste?" setzt meine Frage bereits das Modell einer Entscheidung voraus, bei der verschiedene Kriterien unterscheidbar sind, zueinander ins Verhältnis gesetzt und durch den oder die Befragten abgewogen werden, bis eine Entscheidung getroffen wird. Dies ist im Alltag aber nicht immer der Fall.

Um Prozesse nachvollziehen zu können, die einem Kauf vorangehen, ist es durchaus sinnvoll, verschiedene damit verbundene Phasen separat zu explorieren, also z. B. sich mit der Suche im Internet, nach Besuchen in Läden, Gesprächen mit Freunden etc. zu beschäftigen. Gleichzeitig sollte man immer gewahr sein, dass nicht bei jedem Kauf alle Phasen gleichermaßen durchschritten werden und deshalb nach einem standardisierten Ablaufschema diskutiert werden könnten. Vielmehr gilt es, die Befragten dort „abzuholen", wo sie sich befinden. Im Falle eines Kaufes etwa kommt es darauf an, möglichst offen zu erheben, was ihm vorausgegangen ist und sich diesem Kauf aus möglichst vielen Perspektiven anzunähern.

In der angewandten qualitativen Markt- und Konsumforschung gibt es dazu verschiedene Hilfsmittel, mit denen die Befragten zur Reflexion ihrer eigenen Reise *(customer bzw. consumer journey)* angeregt werden. Denn manchmal ist es gar nicht so einfach, jenseits der immer stimmigen Klassiker-Antwort, dass es beim Kauf auf das stimmige Preis-Leistungs-Verhältnis angekommen sei, detaillierte Phasen eines Entscheidungsprozesses kennenzulernen. Spielerische Elemente können dazu helfen, Befragte zur Verbalisierung zunächst verborgener Aspekte zu bewegen. Dazu zählen graphische Elemente, bei denen der Entscheidungsprozess wie ein Weg symbolisiert wird, auf dem es Berge gibt, die zu überwinden gilt, Oasen, an denen man sich gerne aufgehalten hat etc. Auch Aufkleber mit Symbolen wie z. B. Sternen als Ausdrucksmittel für Lob, Glühbirnen als Ausdrucksform für Momente, bei denen einem ein Licht aufgegangen ist, oder einem Zauberstab, mit dem man etwas im Prozess ändern könnte, sind in der Praxis üblich, um den Redefluss von Befragten zu unterstützen. Wichtig ist bei der

Verwendung derartiger Stimuli aber, diese als Mittel zum Zweck (d. h. der vertiefenden Reflexion von Entscheidungsprozessen) zu begreifen und sie nicht als ein Modell zu verstehen, das schon vorab einen Rahmen für derartige Prozesse vorgibt.

5) Kein Frage-Antwort-Schema: Detaillierte Exploration und Streben nach Multi-Perspektivität statt Check-Mentalität und zu schnelle Übergänge
Wichtige Aspekte eines Themas treten oft erst deutlich hervor, wenn man nachhakt und den Befragten damit die Möglichkeit gibt, ihre Äußerungen zu vertiefen. Dadurch zeigt man gleichzeitig Aufmerksamkeit und Interesse. Den Teilnehmenden an einem Forschungsprojekt wird vermittelt, dass ihre Beiträge ernst genommen werden. Wichtig ist dafür die Grundregel, an von den Gesprächspartnern eingebrachten Themensträngen und Antworten anzuknüpfen und nicht zu schnell zwischen den Themen hin- und her zu springen bzw. eigene Thesen und Themen einzubringen.

Ganz wichtig ist es dafür, sich zu vergegenwärtigen, dass mit einer Antwort auf eine Frage diese nicht notwendigerweise beantwortet ist, sondern dass diese immer aus einer bestimmten Perspektive und aus einem bestimmten zeitlichen und thematischen Kontext heraus diskutiert wird. Insbesondere Forschende, die noch recht neu im Feld qualitativer Forschung sind, haben Angst vor Redundanz und Verdoppelung und setzen häufig alles daran, es zu vermeiden, auf eine bereits gestellte Frage noch einmal zurückzukommen. Bewusst provokant sei dem entgegengestellt: Meist ist es eher sinnvoll und förderlich, eine bereits gestellte wichtige Frage in ähnlicher Form zu einem späteren Zeitpunkt noch einmal aufzugreifen. Dies darf natürlich weder Selbstzweck sein, noch im Sinne von Überprüfung von Antworten einfach so aus der hohlen Hand ohne Bezug auf den Interviewverlauf erfolgen. Vielmehr geht es darum, Gesprächspartnerinnen und Gesprächspartnern zuzuhören und dadurch das eigene Verständnis im Verlauf des Gesprächs durch Nachfragen und Widerspiegelungen von dem Gehörten nach und nach zu erweitern.

Man kann dies gut mit dem Bild des Fotografierens veranschaulichen. Auf den ersten Blick geht es dabei darum, ein Abbild von etwas Gegebenem zu erstellen. Sie brauchen dafür zunächst nur auf einen Knopf drücken, der Rest wird durch technische Unterstützung erledigt. Nun stellen Sie sich mal einen Menschen vor, der Ihnen nahesteht und der Sie schon eine Zeit lang durch Ihr Leben begleitet. Wenn Sie jetzt ein Foto von ihm machen, haben Sie ein Abbild von ihm. Wenn Sie es sich danach anschauen, erkennen Sie ihn wieder. Und wenn Sie es einer anderen Person zeigen, die ihn kennt, wird er auch wiedererkannt. Dafür kann ein Foto ausreichen. Aber reicht Ihnen ein Foto von diesem Menschen aus? Ich wage die These, dass Ihre Praxis das Gegenteil beweist und Sie aller Wahrscheinlichkeit nach deutlich mehr als ein Foto von diesem Menschen gemacht und aufbewahrt haben. Denn jedes Foto zeigt ihn in einem anderen Licht, macht verschiedene Facetten von ihm deutlich, die für Sie in der Beziehung zu ihm wichtig sind. Mit einer einzigen Momentaufnahme würden Sie ein viel oberflächlicheres Bild von ihm gewinnen. Und genauso verhält es sich auch mit den Fragen. Eine gut gestellte Frage kann ein gutes Bild vermitteln, das für viele Fragen aufschlussreiche Erkenntnisse bietet – aber es bleibt ein einziges Bild. Wenn es deshalb um komplexe Fragestellungen, wie z. B. die Bedeutung von Umweltbewusstsein für Kaufentscheidungen, das Verständnis von Männlichkeit oder Weiblichkeit für die Wahl von Kleidung etc. geht, reicht eine einzige Frage, die sich mit diesem Thema beschäftigt, meist nicht aus. Vielmehr gilt es, sich aus möglichst verschiedenen Perspektiven einem Thema anzunähern, um nicht nur die strahlende Vorderansicht eines Gesichts einzufangen, sondern zumindest auch ein Profilbild, ein Ganzkörperbild, die Hinteransicht, ein Blick von oben und einen Blick von unten miteinzubeziehen.

6) Systematische Sammlung von Ankerpunkten statt vergebener Chancen des Anknüpfens durch unzureichendes Zuhören
In Interviews und Gruppendiskussionen kommt es aber nicht nur zu der Herausforderung, dass wir Teilnehmende zum Erzählen anregen müssen, zum Teil sprudelt es geradezu aus ihnen heraus. Es kann vorkommen, dass in einer einzigen Antwort ganz viele verschiedene Aspekte enthalten sind, die es wert wären, weiter vertieft zu werden. Wenn diese dann noch in einem schnellen Sprachfluss auf uns zukommen, ist die Gefahr groß, dass vieles untergeht und man eher willkürlich an einem der genannten Punkte ansetzt, häufig am ersten oder letzten, weil nur dieser in Erinnerung geblieben ist. Hier sind zum einen Aufmerksamkeit und Übung gefragt. Es ist wichtig, sich nicht nur darauf zu konzentrieren, gute Fragen zu stellen, sondern zuzuhören und während einer Befragung mitzudenken. Nur so ist es möglich, gute Nachfragen zu stellen. Deshalb ist es im Kontext von Projekten in der Markt- und Konsumforschung auch von entscheidender Bedeutung, dass diejenigen, welche Interviews führen und Gruppendiskussionen oder Workshops moderieren, nicht nur technisch versiert, sondern in den Kontext des Projekts eingearbeitet sind.

Darüber hinaus ist es empfehlenswert, sich während der Befragung kurz Stichwörter zu den genannten Aspekten zu machen, auf die man nicht sofort, aber im weiteren Verlauf noch eingehen möchte. In diesem Sinne legt man Anker zu Stellen, zu denen man später zurückkommen kann. Auch Befragte nehmen im Verlauf eines Gesprächs wahr, inwiefern von ihnen genannte Themen aufgegriffen werden. Es kann sehr frustrierend und demotivierend sein, wenn sie den Eindruck gewinnen, dass nicht richtig zugehört wird oder komplexere Sachverhalte nicht richtig begriffen werden. Deshalb bietet es sich an, bei besonders facettenreichen Antworten Meta-Kommunikation zu betreiben und das Gegenüber wissen zu lassen, dass man zugehört hat und verschiedene Unterthemen oder Teilaspekte später noch einmal aufgreifen wird.

7) Aushalten von Pausen statt Angst vor Schweigen

Als Interviewende oder Moderierende sollten wir uns immer wieder bewusstmachen, dass der Gesprächsverlauf Überlegungs- und Reflexionsprozesse bei Menschen in Gang setzt und diese auch emotional und seelisch bewegt. Nicht nur wir selbst ringen darum, die richtigen Fragen zu stellen und unsere Gesprächspartnerinnen und Partner zu verstehen, sondern auch die Befragten selbst. Diese brauchen Zeit und Raum, um in sich hineinzuspüren und ihre Haltung auf den Punkt zu bringen. Gerade in Sprechpausen geht der Denkprozess oft weiter. Deshalb gehört es zu den Schlüsselkompetenzen von Interviewenden oder Moderierenden, Ruhepausen nicht nur „auszuhalten", sondern gar zu fördern und nicht jeden Moment der Stille zu nutzen, um prompt die nächste Frage zu platzieren.

Dafür bedarf es aber des Trainings von Selbstbewusstsein und Impulskontrolle als Interviewende. Denn zum einen ist man in der Regel während einer Befragung selbst innerlich so aktiv, dass Stille eine willkommene Gelegenheit bietet, selbst das Wort zu ergreifen. Und wenn wir mitdenken, liegt es nahe, im Sinne des aktiven Zuhörens Befragten das eigene Verständnis widerzuspiegeln und ihnen dadurch eine Brücke zu schlagen, wieder selbst in einen Sprachfluss zu kommen. Dies ist auch nicht falsch, sollte aber erst dann erfolgen, wenn Befragte selbst die Gelegenheit bekommen haben, in Ruhe dem eigenen Empfinden nachzuspüren und es in Worte zu übersetzen. Gerade wenn wir als Interviewende oder Moderierende mitschwingen und um Verständnis ringen, bedarf es eines hohen Grads an Kontrolle und der Fähigkeit, sich selbst auf die Zunge zu beißen und zu schweigen. Das Aushalten von Stille ist herausfordernd, denn es kann schnell als Ausdruck eines misslingenden Gesprächs fehlgedeutet werden, etwa im Sinne einer unklaren oder überfordernden Fragestellung oder einer wenig involvierenden Gesprächsführung. Die Gefahr liegt nahe, zu schnell eine neue Frage hinterher zu schieben, etwa eine, die klare alternative Antwortvorgaben liefert. Aber damit begrenzt man den Raum der Befragten und leitet sie von einer erzählgenerierenden, offenen Situation in ein Frage-Antwort-Schema. Schweigen kann auch Widerstand bedeuten, aber auch in diesem Fall sollte die Spannung nicht einfach durch die nächste Frage überspielt werden.

8) Suche nach Ambivalenzen und Kontextabhängigkeit statt Glättung von Wider-sprüchen

Ein Vorteil qualitativer Forschung liegt gerade darin, komplexe Denk- und Entscheidungsprozesse nachzeichnen zu können und dabei Handlungen im Alltag ins Verhältnis zu Einstellungen, Haltungen und Selbstbildern der eigenen Person bringen zu können. Dabei können Zweifel, Ambivalenzen und Widersprüche deutlich werden. Diese zu verstehen ist von zentraler Bedeutung für die Analyse. Während einer Befragung sollten deshalb in der Regel Beiträge von Befragten nicht korrigiert werden, auch wenn diese als widersprüchlich, unzutreffend und schwer nachvollziehbar erscheinen. So kann es vorkommen, dass Befragte angeben, dass Marken für sie überhaupt keine Bedeutung beim Kauf haben. Geht es dann zum Beispiel um den letzten Einkauf im Supermarkt, zählen die Befragten vor allem Markenprodukte auf, die in den Einkaufskorb gelegt wurden. Bei der Exploration einzelner Produktkategorien, wie z. B. der Auswahl eines Gins nach seiner Bekanntheit und Verbreitung, wird deutlich, dass Marken eine zentrale Rolle spielen. Diese Erkenntnis kann für Analysen wichtig sein, im Interview wäre es aber falsch, die Befragten unter Entscheidungsdruck zu setzen, ob Marken nun für sie wichtig sind oder nicht. Auch ihnen mit einem überlegenen Lächeln aufzuzeigen, dass sie wohl ein falsches Bild von sich selbst haben, wäre falsch, nicht nur, weil es vor dem Hintergrund der Forschungsethik bedenklich wäre (vgl. Abschn. 6.3), sondern auch zu einer eher vergifteten als vertrauensvollen Atmosphäre führen könnte. *Vor allem aber gilt, dass Widersprüche und Unstimmigkeiten, die wir bei einzelnen Personen analysieren können, in der Regel kein rein individuelles Phänomen sind, sondern ein in der Gesellschaft verankertes Spannungsverhältnis aufzeigen, das über den jeweiligen Einzelfall aufgedeckt werden kann.*

Es darf daher nicht darum gehen, Befragte zu korrigieren oder zu Entscheidungen für eine Seite zu drängen, die so im Alltag nicht getroffen wurde. Dagegen kann es im Gegenteil ein Zeichen von Respekt und Wertschätzung sein, wenn man insbesondere in der zweiten Hälfte einer Befragung den Gesprächspartnerinnen und Gesprächspartnern die Möglichkeit gibt, in Auseinandersetzung mit der Wahrnehmung und Deutung durch Interviewende oder Moderierende die eigene Position zu reflektieren und zu benennen.

Knüpfen wir dafür noch einmal an das oben genannte Beispiel an. Während es den Befragten beim Kauf von hochprozentigem Alkohol stark auf verschiedene Marken ankommt, ist dies bei der Wahl von Mineralwasser nicht der Fall. Hier steht der Preis im Vordergrund. Wenn man nun den Befragten widerspiegelt, dass man auf der einen Seite vernommen habe, dass sie Marken keine entscheidende Rolle beimäßen, gleichzeitig aber auffalle, dass der Anbieter von Gin anders bewertet werde als der Anbieter von Mineralwasser, und dass man dies als Interviewender oder Moderierender noch besser verstehen möchte, korrigiert man die Befragten nicht, sondern eröffnet ihnen einen Raum, das eigene Einkaufsverhalten noch einmal zu reflektieren und sich selbst noch tiefer zu erkennen als dies einleitend der Fall war. Gerade dies macht für Befragte oft einen versteckten Reiz derartiger Befragungen aus. Denn während viel Zeit im Alltag für konsumbezogene Entscheidungen und Rituale aufgewendet wird, gibt es wenig Raum, diese in Ruhe zu reflektieren und mit der eigenen Persönlichkeit sowie damit verbundenen Werten und Grundhaltungen in Bezug zu bringen. Qualitative Markt- und Konsumforschung schafft einen derartigen Raum, wenn sie wertschätzend und offen durchgeführt wird.

9) Förderung des Einfühlens statt Vermeidung von Emotionalität durch Sachlichkeitsnorm

Mehrfach haben wir schon darauf hingewiesen, dass es wichtig ist, Gesprächspartnern Raum zu lassen und zu eröffnen, eigene Bezüge zum untersuchten Thema zu entwickeln und sozusagen einen eigenen roten Faden zu stricken. Allerdings sind es viele Menschen im Alltag nicht gewöhnt, dass von ihnen erwartet wird, Gefühle zu zeigen und zu benennen. Auf der sicheren Seite ist man eher, wenn man sich betont sachlich gibt und die Kommunikation eher auf die Vermittlung von Informationen denn auf die Schilderung von Eindrücken und Erlebnissen ausrichtet. Für viele Fragestellungen der Markt- und Konsumforschung ist es aber wichtig, gerade einen Zugang zu den Erlebnissen der Befragten zu gewinnen. Als Interviewende sollte man es deshalb in der Regel vermeiden, nur nach Informationen zu fragen. Vielmehr ist es wichtig, Befragten Brücken zu bauen und sie anzuregen, etwas von sich und den eigenen Gefühlen preis zu geben, ohne sie gleichzeitig dazu zu nötigen oder gar zu entmündigen.

Eine Öffnung von Befragten ist nicht nur abhängig von der Methode i. e. S., sondern viel mehr noch von der ganz konkreten Beziehungsgestaltung in der unmittelbaren Begegnung zwischen Forschenden und Beforschten. Eine vertrauensvolle Atmosphäre und eine verbindliche Vereinbarung, wie mit diesen persönlichen Schilderungen im Weiteren umgegangen wird, stellen den Nährboden für derartige in die Tiefe gehende Gesprächssequenzen dar. Aber auch durch Fragen kann man die emotionale Ebene direkt ansprechen, indem etwa nach einer besonders freudvollen und einer besonders unangenehmen Erfahrung gefragt oder auch direkt nachgehakt wird, in welchen Momenten Wut, Ärger, Freude, Glück etc. verspürt wurden. Hier legt man den Befragten nichts in den Mund, da sie immer noch selbst die Verbindung zu ihrer eigenen Lebenswelt herstellen können. Gleichzeitig drückt man durchs Fragen klar aus, dass man nicht nur an Informationen interessiert ist, sondern auch an der emotionalen Ebene von Erfahrungen.

Um eine Brücke zu den Schilderungen von Emotionen zu bauen, gibt es in der qualitativen Markt- und Konsumforschung verschiedene Techniken, die erneut spielerische Elemente beinhalten können. Als Beispiel ist etwa auf die Extremisierung zu verweisen: „Was wäre, wenn Sie nie wieder eine Jeans anziehen dürften?", „Was wäre wenn Sie nie wieder Kaffee der Marke X trinken dürften?" – *durch Extremisierung ist es leichter, Zugang zu Gefühlen zu erhalten,* nach deren Benennung man sich dann wieder dem Alltag annähern kann. Insgesamt sind *projektive Verfahren* sehr geeignet, um emotionale Anteile an Entscheidungsprozessen, Handlungen und Haltungen zu verstehen (vgl. Abschn. 4.4). Es kann auch sinnvoll sein, dass Interviewende die Rolle eines *Agent Provocateurs* einnehmen und Befragte bewusst mit Gegenpositionen konfrontieren, um sie aus der Reserve zu bringen. Dies muss aber immer selektiv und bewusst als spielerisches Mittel eingesetzt werden, um die vertrauensvolle und respektvolle Atmosphäre einer Befragung nicht zu gefährden.

10) Nutzung aktiver Möglichkeiten des Widerspiegelns und der Meta-Kommunikation statt sich in die Position des Fragestellers zurückzuziehen
Am Ende wollen wir noch einmal einen Punkt aufgreifen, der schon immer wieder am Rande erwähnt wurde: Gerade weil wir als Interviewende und Moderierende nicht unsichtbar sind, sollten wir uns *nicht verstecken, sondern aktiv von den Möglichkeiten unserer Rolle Gebrauch machen,* indem wir Verstandenes widerspiegeln oder in bestimmten Momenten das Gespräch selbst im Sinne von Meta-Kommunikation zum Thema erheben (siehe auch Abschn. 4.4). Allerdings gilt es immer die Balance zu finden: Denn im Vordergrund stehen die Fragestellung und die Erfahrungen der Befragten und nicht die eigene Befindlichkeit. Auf der einen Seite lauert die Gefahr, dass man durch ein zu aktives Eingreifen das Ruder zu sehr an sich reißt und den Erzählfluss unterbricht, auf der anderen Seite durch ein zu passives Verharren die Gefahr, dass das Gespräch aus dem Ruder läuft, man nicht mehr begreift, worum es geht oder in Gedanken abschweift, weil man zunehmend das Interesse verliert. Durch Meta-Kommunikation sollen gerade dieser Erzählfluss und die Verbindung zu Gruppen auch zwischen den Teilnehmenden gestärkt werden. Dies kann zum Beispiel erfolgen, indem man besonders unsicher wirkende Befragte signalisiert, dass ihre Antworten als relevant und interessant erlebt werden. Andersrum kann Meta-Kommunikation auch dazu dienen, bei Teilnehmenden, die besonders weitschweifig antworten, zurück zum Thema zu lenken oder durch die Verdeutlichung eines gesetzten Zeitrahmens die Verantwortung dafür zu übernehmen, dass möglichst viele relevante Facetten

in der zur Verfügung stehenden Zeit auch angesprochen werden. In Gruppen-diskussionen kann Meta-Kommunikation dazu dienen, Befragten, die kaum zu Wort kommen, eine Gelegenheit zu vermitteln, aus der passiven Ecke wieder herauszukommen oder ein latent vorhandenes Unbehagen mit ungleich verteilten Redebeiträgen ausdrücken zu können. Auch der Ausdruck eigenen Unbehagens etwa mit einer Gruppe, in der so verhalten diskutiert wird, dass man das Gefühl hat, allen alles aus der Nase ziehen zu müssen, kann zu wichtigen Erkenntnissen zum Thema führen und außerdem eine lebhaftere Dynamik im weiteren Verlauf unterstützen.

Das *Widerspiegeln von bereits Verstandenem* hat eine dreifache Funktion: ers-tens soll es der Aufrechterhaltung einer gelungenen Beziehung zwischen allen Beteiligten dienen. Erstens drückt es den Befragten gegenüber Wertschätzung aus. Zuhören und das Bemühen um Verständnis zeigen, dass ihre Beiträge als wertvoll erachtet werden. Zweitens ist es eine Möglichkeit für die Interviewenden oder Moderierenden das eigene Verständnis in Worte zu fassen, die den Gesprächs-partnerinnen und Partnern eine Möglichkeit gibt, noch während der Befragung mögliche Missverständnisse zu bereinigen. Drittens werden Befragte dadurch, dass sie ihre Schilderungen quasi noch einmal im Spiegel betrachten können, in der Regel angeregt, ihre Darstellung weiter zu vertiefen oder zu verändern, um an einem Bild zu arbeiten, das stimmiger das eigene Erleben widerspiegelt. Dadurch werden häufig Zusammenhänge deutlicher oder bisher nicht genannte Gesichtspunkte angeführt. Beim Widerspiegeln sollte man immer darauf achten, Wertungen möglichst zu vermeiden und nicht durch die eigene Wahl der Wörter die Befragten in eine bestimmte Richtung zu drängen (vgl. auch Abschn. 4.4).

Nachdem wir anhand dieser 10 Punkte typische Fehler und mögliche Vermei-dungsstrategien diskutiert haben, möchten wir in einer abschließenden Check-Liste noch einige Tipps für die konkrete Praxis zusammenfassen, die an das von uns Ausgeführte anknüpfen:

Praxistipps für offene, explorative Befragungen

- Verständlich, kurz, einfach, gut artikuliert reden
- Fremdworte oder Fachsprache meiden (nicht jeder weiß was „fiktiv", „unique" oder ein Browser etc. ist)
- Körpersprache: Hände einsetzen, natürlich und sympathisch auftreten, „körperliche Hinwendung"

- Blickkontakt, Körper zuwenden, nicht abdrehen (z. B. zum Leitfaden, Bildschirm/TV schauen)
- unparteiisch, nicht-suggestiv („ich bin ganz ihrer Meinung"), offen fragen
- Doppelfragen mit „und" oder „oder" vermeiden
- Themen aufgreifen statt einbringen: Rückfragen stellen und nachhaken
- „aktives Zuhören", Rückmeldungen („hmm", „ja"), paraphrasieren
- eigene Erlebnisse und Alltagsbeispiele schildern lassen. Themenbezug zum eigenen Leben herstellen
- Einbezug der emotionalen Ebene: z. B. „Wie war das für dich? Was hast du dabei empfunden?"
- Zeit und Raum für Überlegungen und eigene Strukturierungen lassen
- Redepausen, Unlogisches, Falsches und Widersprüchliches aushalten
- zur Vision/Kreation anregen: z. B. Aufforderung „Spinnen Sie mal..."
- nicht zu sehr am Leitfaden „kleben"

4.4   Die Kunst der Gesprächsführung oder wie kommuniziere ich richtig?

Nachdem wir uns im vorangegangenen Abschnitt mit dem richtigen Stellen von Fragen beschäftigt haben, soll es nun darum gehen, wie diese in den *Prozess einer Befragung* richtig eingebunden werden können. Befragungen sollten gut vorbereitet werden und sind im Aufbau nicht beliebig. Im Rahmen der Kommunikation geht es darum, Erzählungen anzuregen und sich auf verschiedene Art und Weise der Lebenswelt von Befragten anzunähern – dazu tragen *projektive, assoziative Fragen* ebenso bei wie *Anregungen zum lauten Denken*. Dies soll in diesem Abschnitt verdeutlicht werden.

Noch vor Beginn der Feldarbeit ist es im Rahmen von Markt- und Konsumforschung hilfreich, eine Art *„Gespräch mit sich selbst"* (Selbstbefragung, Selbstreflexion) am Anfang der Feldarbeit durchzuführen. Diese Selbstbefragung des Forschenden ist wichtig, wenn man eigene Vor-Urteile und Wahrnehmungsmuster erkennen will, die die empirische Erhebungsphase möglicherweise beeinflussen könnten. In diesem Sinne ist es ratsam, das eigene subjektive Erleben, Verhalten und Vorwissen zumindest stichwortartig schriftlich zu reflektieren. Es geht dabei darum, den eigenen persönlichen Bezug zu einem Thema zu Beginn eines Forschungsprozesses festzuhalten. Dies dient auch der Vorbereitung von

Analysen während des Auswertungsprozesses, um eigene blinde Flecken und Muster bei der Interpretation aufspüren zu können.

In der Regel empfiehlt es sich, vor der Durchführung der Interviews einen *Gesprächsleitfaden* zu erstellen, der dazu dient, das eigene Vorwissen als Forschender systematisch zu reflektieren und im Erhebungsprozess zu nutzen (siehe ausführlich Abschn. 4.6). Der Leitfaden stellt sicher, dass sowohl eigene im Alltag gesammelte als auch theoretisch begründete Vorannahmen eingebracht werden können und dass man gleichzeitig offen für die Erweiterung des eigenen Horizonts bleibt (vgl. ausführlich Kühn und Koschel 2018a; Witzel und Reiter 2012).

Bereits im Vorfeld einer Befragung sollten die Gesprächspartner über den Zweck und Ablauf aufgeklärt werden. Um den Rahmen zu verdeutlichen, sollte dies einleitend in der Befragung durch den oder die Interviewenden/Moderierenden erneut erfolgen. Dabei ist insbesondere auf eine mögliche Aufnahme des Gesprächs sowie auf die weitere Verwertung hinzuweisen. Den Befragten sollte die Möglichkeit gegeben werden, diesbezügliche Rückfragen zeitnah zu klären. Wichtig ist es in diesem Teil, mögliche Bedenken ernst zu nehmen und gleichzeitig bereits einen Beitrag für eine *angenehme und konstruktive Gesprächsatmosphäre* zu leisten, indem etwa darauf hingewiesen wird, dass es keine richtigen oder falschen Antworten gibt, sondern die persönliche Einschätzung und eigene Erlebnisse im Mittelpunkt des Interesses stehen. Um eine vertrauensvolle Atmosphäre zu schaffen, in welcher Befragte sich wohl fühlen und bereit sind, eigene Sichtweisen zu reflektieren und wiederzugeben, ist es in der Regel ratsam, nach der Einführung eine Warm-Up-Phase in der Befragung einzuplanen. Die darin diskutierten Themen sollten noch nicht „in die Vollen gehen"; d. h. heikle Aspekte sollten hier erst mal vermieden werden. Stattdessen sollten eher allgemeinere Aspekte eines Themas angesprochen werden, bei denen davon auszugehen ist, dass Befragte eher leicht und gerne etwas dazu zu sagen haben. Nach dem eigentlichen Hauptteil sollte es dann in der Regel einen Abschluss geben, bei dem noch einmal zusammengefasst und bilanziert wird, zukünftige Entwicklungen betrachtet werden und die Befragten mit Dank für die Teilnahme bedacht werden (vgl. Abschn. 6.3).

Die zentrale Bedeutung von Narrationen und Storytelling
Auf die zentrale Bedeutung von Erzählungen und die durch sie geschaffenen Geschichten haben wir schon im einleitenden Kapitel hingewiesen, als wir uns mit den Bildern von Marktforschung in der Gesellschaft auseinandergesetzt haben. Qualitative Befragungen schöpfen aus der Quelle der Erzählung, weil diese für uns Menschen die Methode ist, Erlebtes als Erlebnis zu verarbeiten und

darauf gestützt die Welt um uns herum zu begreifen. Erzählungen und Geschichten bilden also die natürliche Grundlage, um unser Verstehen der Welt und auch das Verständnis von uns zu schildern.

Es geht deshalb im Rahmen von qualitativen Befragungen darum, Gesprächspartnerinnen und -partner zu Narrationen anzuregen, in welchen ausführlich persönliche Erlebnisse im Alltag geschildert und in Verbindung mit der Reflexion von Entwicklungsverläufen gebracht werden. Ein klassisches Frage-Antwort-Spiel soll in diesem Sinne vermieden werden.

Erzählgenerierende Fragen sind öffnend und regen eine am eigenen Erleben ausgerichtete Darstellung von Details, Kontextbedingungen und Ereignissen im Zeitverlauf an. Nicht im Leitfaden enthaltene Fragen stellen zu können, die in diesem Sinne erzählgenerierend sind, gehören zum Grundrepertoire jedes und jeder qualitativ Forschenden. In diesem Sinne dienen *Aufrechterhaltungsfragen* dazu, ein Thema zu vertiefen und zu verhindern, dass zu schnell zu einem neuen Thema übergegangen wird. Befragte werden angeregt, an ihre Schilderungen anzuknüpfen und um weitere Details zu ergänzen. Insbesondere am Anfang einer Befragung sind Aufrechterhaltungsfragen wichtig, damit die Gesprächspartner verstehen, dass sie den Raum haben, detaillierte Erfahrungen zu schildern. Helfferich (2011) unterscheidet zwischen inhaltsleeren Aufrechterhaltungsfragen (z. B. „Wie war das für Sie?", „Erzählen Sie doch noch ein bisschen mehr darüber!", „Können Sie das noch näher beschreiben?") und den Erzählvorgang vorantreibenden Aufrechterhaltungsfragen (z. B. „Wie ging es dann weiter?", „Und dann?").

Die Bilder einer Lupe und einer Zeitlupe bieten dem oder der Interviewführenden dabei Orientierung. Wie mit einer Lupe sollte er oder sie sich Zeit nehmen, sich gründlich mit einer Situation auseinanderzusetzen und auf den ersten Blick verborgenen Details nachzuspüren. Gerade bei der Schilderung von Verläufen bietet die Zeitlupe die Möglichkeit, die ablaufende Dynamik besser zu verstehen, weil Bedingungsgefüge deutlich werden, welche der untersuchten Entwicklung zugrunde liegen. Im Sinne einer derartigen *Prozessanalyse* sprechen Ingo Dammer und Frank Szymkowiak (2008: 89 ff.) von *Dehnung, wenn eine Handlung in einzelne Sequenzen aufgeteilt wird, die dann vertiefend exploriert werden.*

Beispiel (1): Zähne putzen

„Erzählen Sie mal Schritt für Schritt..."

Nachhaken zum Beispiel: Wann fiel der Entschluss, ins Bad zu gehen, Wahl der Zahnbürste, Zahnpaste, das Auftragen der Zahnpasta auf die Zahnbürste, die Verbindung mit Wasser, Ort des Zähneputzens (Lage zu Spiegel, Waschbecken etc.), das Einführen der Zahnbürste in den Mund etc.

Für einzelne Sequenzen fragen: Wie ist das für Sie? Wie fühlt sich das an? Etc.◄

Beispiel (2): Nacherzählen eines Werbespots, den man gerade gesehen hat

Wie fing es an? Wie war die Eingangsszene? Wie ging es weiter? Wann wurde die Perspektive geändert? Wie ging es Ihnen dabei? Inwiefern haben Sie den weiteren Verlauf erwartet? Was hätten Sie erwartet? Was wäre noch möglich gewesen? Etc.◄

Indem Befragten die Möglichkeit gegeben wird, eine Situation zu zerdehnen, Szene für Szene nachzuerzählen und zu empfinden, lassen sich nicht nur wichtige Details erschließen, sondern Spannungsbögen nachvollziehen. Unterschiedliche Stimmungen, die mit einer Situation verbunden sind, lassen sich in ihrem Zusammenspiel aufdecken.

Im Rahmen der Markt- und Konsumforschung sind außerdem sogenannte ‚Laddering'-Techniken weit verbreitet. Wie beim Steigen auf einer Leiter hangelt man sich dabei durch Nachfragen Stufe für Stufe zu verschiedenen Bedeutungsebenen. So sollen etwa sogenannte funktionale und emotionale „Benefits" eines Angebots herausgearbeitet werden, wie das folgende Beispiel verdeutlicht (vgl. Kühn und Koschel 2018a: 124).

Beispiel

B.:   „Ich kaufe lieber kleine als große Verpackungen."
Int.: „Inwiefern ist das für Sie wichtig?"
B.:   „Bei kleineren Verpackungen ist es unwahrscheinlicher, dass ich am Ende Teile wegschmeißen muss."
Int.: „Was wäre so schlimm daran?"
B.:   „Ich hasse Verschwendung, Müllberge"
◄

Aktivierende Rückkopplungen: Visualisierung, Paraphrase, aktives Zuhören
In Form von Visualisierungen, Paraphrasen und aktivem Zuhören ist es außerdem sinnvoll, dem oder der Befragten in zusammenfassender Art und Weise widerzuspiegeln, wie seine oder ihre Äußerungen zu einem Themenkomplex verstanden wurden. Dadurch wird ihnen erstens verdeutlicht, dass man sie ernst nimmt und darum bemüht ist, das von ihnen Gesagte zu erfassen. Zweitens schafft man dadurch die Möglichkeit, mögliche Missverständnisse zu korrigieren, Zusammenhänge noch anders darzustellen und sich bestimmten Facetten des Themas noch intensiver zu widmen.

Eine grundlegende Form der Rückkopplung besteht in der *Visualisierung,* die insbesondere im Rahmen von Gruppen-Settings, aber auch bei Interviews mit komplexen Themen und Aufgabenstellungen genutzt werden kann. Indem Moderierende oder Interviewende Inhalte des Gesprächs zusammenfassend auch für die Befragten sichtbar notieren oder graphisch abbilden, regen sie die Befragten nicht nur dazu an, ihre Gedanken, Gefühle und Erfahrungen weiter zu präzisieren, sondern strukturieren gleichzeitig den weiteren Verlauf des Gesprächs. Dessen sollte man sich als Moderierende*r oder Interviewende*r stets bewusst sein und sich im Vorfeld überlegen, inwiefern diese Wirkung passend in der jeweiligen Phase des Gesprächs ist. Kühn/Koschel (2018a: 113) fassen die verschiedenen Möglichkeiten der Visualisierung folgendermaßen zusammen:

- Das *Festhalten von Kernbegriffen* (z. B. Ansprüchen an eine Dienstleistung) in Listenform auf einem Flipchart, wenn darauf zu einem späteren Zeitpunkt noch einmal zurückgegriffen werden soll;
- das *Erstellen von ‚Mappings‘,* d. h. von Karten mit mehreren Polen, anhand derer z. B. bestimmte Angebote, Produkte oder Marken voneinander abgegrenzt werden;
- *Verbildlichungen:* Zum Beispiel die Darstellung einer Landschaft mit Bergen, Tälern, schmalen und breiten Wegen als Sinnbild, um den Entscheidungs- und Kaufprozess für ein Angebot nachzuvollziehen: Wo und wann traten Barrieren auf, welche Berge galt es zu überwinden? Verschiedene Aspekte können mit Post-Its auf dem Bild festgehalten werden und als Anknüpfungspunkt für die weitere Diskussion dienen;
- *Gewichtung von Teilaspekten:* Zum Beispiel können auf einer Metaplan-Wand alle genannten Kriterien angehängt werden, welche von den Teilnehmenden abschließend in ihrer Bedeutung und Relation eingeschätzt werden;

- *Abschluss und Abrundung der Diskussion:* Birgit Volmerg (1988: 184) regt an, Klein-Gruppen am Ende einer Diskussion mittels einer Zeichnung zum Ausdruck bringen zu lassen, was im Mittelpunkt und was am Rande der Diskussion gestanden hat. Die Vorstellung und der Vergleich der verschiedenen Bilder sorgen für eine lebhafte Abschlussrunde, in der nicht nur wiederholt wird, was bereits im Verlauf der Diskussion verbalisiert wurde.

Das *Paraphrasieren ist eine weitere wichtige Methode des Rückkoppelns:* Dafür werden in eigenen Worten die Antworten des oder der Befragten zu einem Themenkomplex in komprimierter Form zusammengefasst, ohne dabei zu werten. Vom aktiven Zuhören kann dann gesprochen werden, wenn es nicht nur um die Zusammenfassung von Inhalten, sondern darüber hinaus um die Freilegung damit verbundener emotionaler Bedeutungsschichten geht. Diese Technik stammt aus dem Umfeld der Gesprächspsychotherapie nach *Carl Rogers* (1902–1987). Es geht dabei darum, sich in die Lebenswelt der Befragten einzufühlen und dies den Gesprächspartnern widerzuspiegeln (z. B. Rogers 1983). Im Rahmen der Befragung stellt dies ein Gesprächsangebot dar, das dazu führen kann, emotionale Aspekte mehr in den Vordergrund zu rücken und zu enttabuisieren. Selbstverständlich ist dabei sowohl darauf zu achten, Befragten respektvoll und wertschätzend gegenüber aufzutreten und sie nicht zu zwingen, ihr Seelenleben offen zu legen, als auch darum, die Befragten nicht in eine Richtung zu drängen und ihnen quasi nahezulegen, was sie eigentlich fühlen sollten.

Aus demselben Grund sollte in der Regel auf *Suggestivfragen* verzichtet werden, da es darum geht, eine unvoreingenommene Antwort zu bekommen, wie das folgende Beispiel anschaulich verdeutlicht: „Manche Ärzte sagen ja, dass es schädlich für die Haut ist, wenn man allzu häufig duscht. Wie oft duschen Sie eigentlich in der Woche?". Suggestivfragen können aber im Sinne von ‚*Enthemmungsfragen*' als ein Stilmittel bewusst eingesetzt werden, wenn das Ziel darin besteht, Blockaden und Redetabus zu überwinden. Es geht dann weniger um die konkrete Antwort auf eine suggestiv geäußerte Provokation als vielmehr um den Versuch, die Diskussion eines Themas auf eine tiefere Ebene zu bringen, die weniger als vorher durch soziale Erwünschtheit behindert wird.

Denn obwohl man als Interviewende*r oder Moderierende*r im Rahmen einer Befragung nicht gegen das Gebot der Überparteilichkeit verstoßen darf, kann es doch in bestimmten Situationen ratsam sein, gezielt zu provozieren und selektiv konfrontativ zu agieren. Im Rahmen von Gruppendiskussionen etwa kann man die Rolle des ‚Anwalts des Teufels' *(advocatus diaboli)* übernehmen, um

der Mehrheitsmeinung einer Gruppe eine entgegengesetzte Position gegenüber-
zustellen. Dies kann sinnvoll sein, um Phasen der Konformität zu durchbrechen
und eine Dynamik in Gang zu setzen, die dazu führt, dass bislang verborgene Facetten eines Themas erschlossen werden können (vgl. Kühn und Koschel
2018a). Eine derartige Konfrontation kann auch im Interview sinnvoll sein, um
Befragte dazu anzuregen, sich mit alternativen Positionen auseinanderzusetzen,
ohne die eigene Haltung ändern zu müssen. Insbesondere, wenn man während
der Befragung den Eindruck hat, dass um den heißen Brei herumgeredet wird,
kann eine konfrontierende oder provozierende Intervention zu Enttabuisierung
und Erschließung wichtiger Zusammenhänge führen. Dabei sollte man trotzdem
vorsichtig agieren und sich bewusst sein, dass das Klima der Befragung darunter
leiden kann, wenn sich die Befragten unter Rechtfertigungsdruck gestellt erleben.
Dafür ist es wichtig, zu verdeutlichen, dass es nicht um die eigene Position und
einen daraus resultierenden Wettstreit um die Deutungshoheit, sondern um die
Auseinandersetzung mit unterschiedlichen Perspektiven geht.

Non-direktive, assoziative Verfahren
Neben den erzählgenerierenden Fragen und dem aktivierenden Rückkoppeln sind
non-direktive, assoziative Verfahren von großer Bedeutung, um Rationalisierungen zu vermeiden und zunächst verborgene Seiten eines Themas sichtbar zu
machen. Dafür gibt es einige Techniken, die wir an dieser Stelle kurz vorstellen
möchten (vgl. auch Kühn und Koschel 2018a: 165 ff.).
   Mit *assoziativen Fragen* werden spontane Einfälle und innere Bilder zu einem
Thema erhoben. Sie sind insbesondere zu Beginn der Diskussion eines Themas
wichtig, um einen ersten Eindruck über die Spannweite der relevanten Aspekte
und ihrer Verknüpfung zu erhalten.

Beispiele

„Was fällt Ihnen spontan zum Konsum in Zeiten der Corona-Pandemie ein?"
oder „Welche Stimmungen und Bilder verbinden Sie spontan mit Cocktails?"◄

Projektive Fragen eröffnen ein Rollenspiel (vgl. Stahlke 2020). Die Befragten
versetzen sich selbst in eine andere Rolle oder betrachten andere Personen oder
gar ein im Zentrum der Befragung stehendes Thema aus einer neuen Perspektive. Das Wort „Projektion" stammt vom lateinischen Wort „proicere" ab, das
mit hinauswerfen oder hinwerfen übersetzt werden kann. In der Psychoanalyse
wird damit ein Abwehrmechanismus beschrieben, unbewusst Eigenes einer anderen Person zuzuschreiben. Im Rahmen qualitativer Markt- und Konsumforschung

wird Projektion nicht in diesem analytischen Sinne genutzt, gleichwohl wird an die Grundidee angeknüpft: Befragte sprechen nicht über sich selbst, sondern über Andere. Dadurch werden Barrieren gelockert, sozial Unerwünschtes oder nicht Beweisbares zu sagen, für das man als Person die Verantwortung übernehmen müsste. *Projektive Techniken* wirken aktivierend, sie sprechen die spielerische, emotionale Seite von Befragten an. Dafür werden mehrdeutige Stimuli präsentiert, welche von den Befragten gedeutet werden, oder Aufgaben gestellt, deren Lösung Fantasie und Vorstellungsvermögen erfordert. Dazu zählen etwa Übungen zur Personifizierung, Imaginationsreisen und Rollenspiele.

Beispiele

„Stellen Sie sich einmal vor, Adidas wäre ein Mensch und käme jetzt zur Tür hinein. Was für eine Person sehen Sie?" oder „Was denken Sie, würde ein besonders kritischer Ablehner zu diesem Angebot sagen?"◄

Lautes Denken

Lautes Denken (thinking aloud) ist eine weitgehend non-direktive Befragungstechnik oder besser Anweisung, bei der Befragte eine Aufgabe (z. B. Aufbau eines Möbelstücks, Inbetriebnahme eines neuen TV-Geräts, Kauf einer Fahrkarte am Kartenautomat, Kauf über eine Website, Testen eines Automobils etc.) erhalten und während der Ausführung spontan möglichst alle Gedanken, Eindrücke, Gefühle, Bewertungen und Absichten laut verbalisieren sollen. Ziel ist es, sowohl Einblicke in die praktische Umsetzung bei der Interaktion mit einem Testobjekt als auch in die begleitenden mentalen und emotionalen Prozesse zu erhalten. Wichtig ist dafür, dass dieser Prozess weitgehend ohne die Beeinflussung durch Andere, wie z. B. Anweisungen und Fragen der Interviewenden erfolgt.

Der oder die Teilnehmende an der Studie bestimmt selbständig die Lösung der Aufgabe (Beginn, Zeitbedarf, Ende) und so den Ablauf der „Befragung". Den beobachtenden Forschenden kommt dabei nur die Aufgabe zu, eine möglichst entspannte Atmosphäre zu schaffen und das laute Denken mit Interesse zu begleiten. Durch bestätigende Laute („mh", „ja") können Teilnehmende bestärkt und darin bekräftigt werden, dass ihre Ausführungen wertvoll sind. Erst wenn es absolut nötig ist (z. B. bei längeren Pausen oder wenn Teilnehmende kurz vor dem Aufgeben stehen), sollten Interviewende zur Äußerung der Gedanken ermuntern, Aussagen stützen, und versuchen zu weiteren Schritten zu motivieren. Generell gilt im Rahmen des Lauten Denkens: Je weniger Eingriffe in die Situation, desto besser. Wichtig ist aber, gerade zu Beginn der Übung Befragte dazu zu ermuntern, ihre Gedanken wirklich auszudrücken und gleichzeitig darauf zu achten, dass es nachvollziehbar ist, worauf sie sich beziehen.

Markt- und Konsumforschenden wird durch diese Methode die Möglichkeit gegeben *zu beobachten, wie nach Möglichkeiten der Nutzung gesucht wird, welche Probleme auftreten und welche Lösungsstrategien entwickelt werden.*

Ursprünglich ist die Methode bei der Entwicklung und beim Testen von technischen Benutzeroberflächen, wie z. B. Webseiten, seit Ende der 1980er Jahre häufig genutzt worden (Jørgensen 1989). Heutzutage wird „Lautes Denken" als offene, individuelle Exploration, bei fast allen Fragestellungen der Produkt- und Mediennutzung und *Erlebnisexploration,* wie z. B. bei Product Clinics, Evaluation von Wohn- und Küchenräumen, Evaluation von Werbekonzepten, beim Shopping usw. genutzt. Durch die Möglichkeiten der mobilen Ethnographie per Smartphone oder Tablet ist auch in Zukunft eine häufige Anwendung des Lauten Denkens zu erwarten. Der Beobachtung kommt z. B. beim *Usability-Test* (vgl. Koschel und Eickmann 2001) deshalb eine große Bedeutung zu, weil zum einen Proband*innen viele Fehler/Probleme gar nicht selbst bemerken und zum anderen, weil häufig objektive, technische Mängel dem eigenen Unvermögen zugeschrieben werden, wie z. B. in folgender Äußerung: „Oh ich habe nicht gesehen, dass das da noch eine Taste ist. Ich müsste mal wieder zum Optiker gehen…"

Im Anschluss an das „Laute Denken" kann ein Anschluss-Interview (z. B. per gemeinsamer Videoanalyse oder der schrittweisen gemeinsamen Rekapitulation verschiedener Phasen des Ausprobierens) erfolgen, z. B. um einzelne kritische oder unklare Situationen zu reflektieren, durchzugehen und besonders interessante Punkte zu vertiefen.

Lautes Denken – Einweisung der Interviewenden: Produkttest eines Kraftfahrzeugs (Beispiel)

Vor Beginn des „Lauten Denkens" sollte den Teilnehmenden eine kurze Einweisung in die Methodik (Selbstbefragung, ohne dass Fragen gestellt werden) gegeben werden. Weiter ist auf die Aufnahme des Interviews und den Datenschutz hinzuweisen. Auch die Betonung, dass es nicht um richtige oder falsche Antworten geht, sondern um die persönliche Wahrnehmung der Teilnehmenden, darf nicht fehlen.

Dann könnte die Einleitung bei einem Test eines neuen Kraftfahrzeugs in etwa so lauten: „Schauen Sie sich ganz in Ruhe um. Sie können alles an dem Fahrzeug machen, Sie können sich alles anschauen, alle Türen, Deckel und

Kappen öffnen, alles betätigen und für sich einstellen, sie können den Kofferraum beladen usw. Prüfen Sie alles, was Ihnen wichtig ist. Nur den Motor anlassen und fahren dürfen wir vorerst nicht. Sie können sich so viel Zeit nehmen, wie Sie möchten etc." Im Folgenden bestimmen die Teilnehmenden den weiteren Rhythmus: Sie entscheiden, womit sie anfangen, was sie sich anschauen, öffnen etc.

Ganz wichtig ist die Benennung des Gesehenen, d. h. aller Teile und Funktionalitäten. „Lautes Denken" kann nur dann ausgewertet werden, wenn so viel wie möglich konkret benannt wird. Aussagen wie: „Das verstehe ich nicht? Da hab' ich ein komisches Gefühl...", „Das hier ist aber unpraktisch..." können nur dann verstanden werden, wenn klar ist, worauf sie sich beziehen. Zur Not kann die begleitende Person die Benennung vornehmen: „Sie meinen den Sitzbezug...". Dies ist insbesondere für eine spätere Transkription sehr wichtig. Bei einer CarClinic sollten die Begleiter die Testpersonen außerdem „spiegeln", d. h. wenn sich ein Proband/eine Probandin vorne in das Auto setzt, setzt sich die Begleitperson auch nach vorne in das Auto; wenn er/sie den Sitzbezug anfühlt, dann fühlt auch der Begleiter/die Begleiterin den Stoff; wenn er/sie sich hinkniet und gegen den Kotflügel klopft, dann kniet und klopft auch die Begleitperson dagegen usw.

Wenn die Testperson Fragen stellt wie: „Wieviel KW hat das Fahrzeug?", dann sollte der Begleiter eine Gegenfrage formulieren: „Wieviel Leistung brauchen Sie denn?" usw. Damit wird deutlich, dass der Fokus auf Bedürfnisse und Erwartungen der Teilnehmenden liegt.◄

4.5 Einführung in die Beobachtung: Grundlegendes

Im Abschn. 4.2 haben wir darauf hingewiesen, dass es bedrohlich wirken kann, befragt zu werden. Auch beobachtet zu werden, kann diese Wirkung haben. Denken wir nur an Aussagen wie: „Big brother is watching you" oder „Sie stehen unter Beobachtung". Schnell sind damit Assoziationen wie Spionage, der Verlust von Freiheit, Ausgeliefertsein an fremde Mächte, das Bemühen um Aufspüren von Schwachpunkten sowie die eigene Verletzlichkeit und Unzulänglichkeit verbunden. Beobachtet zu werden kann als Verletzung der eigenen Intimsphäre erlebt werden. Jemandem Einblicke zu gewähren, beruht auf Vertrauen, dass dies nicht ausgenutzt und ausgespielt wird.

Die damit verbundene Konstellation zwischen den Forschenden und den beobachteten Menschen sollte nie in Vergessenheit geraten. Wie bei Befragungen

dürfen bei Beobachtungen ethische Grundsätze der Marktforschung nicht zuguns-
ten eines Nutzens für Auftraggebende über Bord geworfen werden (vgl. auch
Abschn. 6.3). Wer als Beobachter oder Beobachterin dazu eingeladen wird, an der
Lebenswelt anderer Menschen teilzuhaben, sollte dies stets mit *Respekt* tun, wozu
sowohl die Anerkennung von Grenzen als auch das stetige Hinterfragen eigenen
Tuns gehört, welche Konsequenzen damit verbunden sein könnten. Dies gilt auch
für die Dokumentation und Weitergabe von Beobachtungen: Datenschutzrechtli-
che Bestimmungen, wie z. B. zur Weitergabe von Bilddaten, sind einzuhalten.
Auf jeden Fall ist darauf zu achten, dass Audio- oder Videoaufnahmen nicht zu
reinen Showeffekten („Freakshows") oder Entertainmentzwecken degradiert und
missbraucht werden.

Gerade angesichts neuer *automatischer, digitaler Beobachtungsmöglichkeiten*
gewinnen ethische Fragen weiter an Bedeutung, nicht nur für die Auftragsforschung, sondern auch für kritisch ausgerichtete gesellschaftliche Debatten: Denn,
wenn man sich etwa Nutzungsverhalten in sozialen Medien beschäftigt, heißt
das, gleichzeitig zu beobachten, wie Menschen dort kommentieren, miteinander in Kontakt treten oder nach bestimmten Angeboten suchen. Wenn wir die
Ergebnisse dieser Beobachtung an dieser Stelle als „Daten" kennzeichnen, sind
wir mitten in Debatten um die Hoheit der Nutzung solcher Beobachtungen und
damit verbundenen Machtunterschiede etwa zwischen globalen Konzernen und
einzelnen Menschen.

Wir wollen mit dieser Einleitung keineswegs den Wert von Beobachtungen
grundsätzlich infrage stellen, sondern lediglich dafür sensibilisieren, dass die darauf gestützten Methoden auch missbraucht werden können. Gerade deshalb ist
es wichtig, dass auch jenseits der Auftragsforschung die Markt- und Konsumforschung noch mehr Beachtung findet und ein differenziertes Hintergrundwissen
besteht, wie diese auch durch Beobachtungen dazu beiträgt, soziale Wirklichkeit
zu verstehen und mitzugestalten.

Szenische Informationen und szenisches Verstehen
Die Auseinandersetzung mit Beobachtungen ist umso wichtiger, weil wir als
qualitativ Forschende gar nicht darum herum kommen, zu beobachten und Beobachtungen in die Forschung einfließen zu lassen. Zwar unterscheiden wir in
diesem Buch aus didaktischen Gründen zwischen Befragungen und Beobachtungen sowie darauf jeweils gründenden Methoden, in der Praxis handelt es sich
aber um eine miteinander verwobene Einheit, die nicht durch eine klare Linie
getrennt werden kann. Denn auch Befragungen finden nicht im luftleeren Raum
statt, sondern sind immer kontextuell gebunden. Vor allem mit den modernen
audio-visuellen vermittelten Online-Befragungen sind immer auch kontextuelle,

lebensstilbezogene Beobachtungen (über den Bildschirm) verbunden, sei es das unaufgeräumte Wohnzimmer im Hintergrund, die vorbeilaufende Familie, die spontane Körpersprache der Teilnehmenden, Frisur, Kleidung, Stimmung etc. Derartige Beobachtungen liefern *szenische Informationen,* die uns als Menschen auch im Alltag auf Schritt und Tritt begleiten und die wir deshalb ganz selbstverständlich aufnehmen, verarbeiten und für unser Handeln berücksichtigen, ohne dass wir dies bewusst quasi „ausschalten" könnten.

Derartige szenische Informationen, die aus Beobachtungen gewonnen wurden, sollten wir deshalb auch bei Befragungen systematisch berücksichtigen. In Anlehnung an den Psychoanalytiker und Sozialpsychologen *Alfred Lorenzer* (1922–2002) kann man in diesem Kontext vom *szenischen Verstehen* sprechen (Lorenzer 1970), gelenkt vom wachen Interesse für das scheinbar Unauffällige des Forschungsgegenstands, wie es Thomas Leithäuser (1988) auf den Punkt bringt. Denn dabei geht es nicht nur um das Verstehen des sofort Ersichtlichen und sachlichen, sondern auch von Beziehungsstrukturen, Situationen, Hintergründigem und Verborgenem.

An zwei Beispielen aus unterschiedlichen Kontexten soll dies verdeutlicht werden, die beide unabhängig voneinander das Trinken von Bier und Bierseligkeit zum Anknüpfungspunkt nehmen. Die morphologisch ausgerichteten Marktforscher Ingo Dammer und Frank Szymkowiak weisen darauf hin, dass inhaltliche Aussagen und die szenischen Informationen, die wir aus dem Miteinander der Teilnehmenden erhalten, nicht immer übereinstimmen. Sie verdeutlichen dies anhand einer Gruppendiskussion, in der es um den Bierkonsum geht:

> *„Eine Biertrinkergruppe etwa, die sich darauf einigt, dass man auch und gerade beim Biertrinken eigentlich immer den konventionellen Abstand wahrt, während zwei Drittel der Teilnehmer gleichzeitig die Krawatte lockern, die Ärmel hochkrempeln oder sich gemütlich auf ihren Stuhl absenken, lässt erkennen, dass beim Biertrinken etwas ganz Anderes am Werke ist als der artikulierte Konsens über die Formwahrung" (Dammer und Szymkowiak 2008: 123).*

Thomas Leithäuser wiederum blickt auf seine persönlichen Diskussionen mit Alfred Lorenzer, dem Begründer des Konzepts szenischen Verstehens, zurück, und hebt die Bedeutung eines zwanglosen Diskussionsklimas, das auch durch gemeinsames Biertrinken gefördert werden kann, für die Entwicklung von Ideen und Argumentationssträngen hervor. Dies grenzt er von einer „bierernsten" Atmosphäre ab:

> *„Es waren seinerzeit zwanglose, sehr anregende Gesprächsrunden, die wir mit Alfred Lorenzer in Bremen und später, als er an die Frankfurter Universität zurückgekehrt*

war, zwar seltener, aber doch kontinuierlich miteinander hatten. Es war ein locke-res Diskutieren und Philosophieren im geselligen Kreis, das häufig lang in die Nacht reichte oder auch mit einem fröhlichen Kneipenbesuch endete. Solche Heiterkeit im Gespräch muss man sich bewahren. Sie führt ganz unbeabsichtigt eine hohe Krea-tivität und einen Einfallsreichtum herbei, die durch akademische Zwangsrituale des universitären Seminarbetriebs schwerlich erreicht werden können und die nicht selten im Bierernst ohne Bier enden." (Leithäuser 2009: 359).

Sowohl die Beobachtung von Kontexten als auch der Einbezug von selbstbe-zogenen Beobachtungen und darauf gestützten Reflexionen sind daher wichtige Bestandteile von Befragungen. Gerade weil es nicht nur darauf ankommt, über welche Themen geredet wird, sondern auch über welche Themen nicht geredet wird und worauf bestimmte Schlussfolgerungen gestützt sind, ist es wichtig, sich systematisch mit Beobachtungen zu beschäftigen. Außerdem können Widersprü-che und Ungereimtheiten zwischen verbalen und szenischen Äußerungen erkannt werden und eine bedeutende Quelle für die Analyse darstellen, indem sie etwa einen bestehenden inneren Konflikt sichtbar werden lassen. Es ist deshalb wich-tig, sensibel dafür zu sein, nach möglichen Ursachen zu suchen und nicht die Augen davor zu verschließen.

Für mit Konsum verbundene Nutzungs-, Auswahl- und Entscheidungsprozesse ist es hilfreich, wenn sie in ihrem natürlichen sozialen Kontext betrachtet werden. Nicht zuletzt aus diesem Grund haben beobachtende Verfahren spätestens in den letzten zwei bis drei Jahrzehnten stetig an Bedeutung in der qualitativen Markt- und Konsumforschung gewonnen. Sie knüpfen dabei an die akademische Tradition der *Ethnographie* an.

Ethnographie bedeutet in ihrer Übersetzung die Beschreibung des Volkes. In der heutigen Praxis „handelt es sich um eine sozialwissenschaftliche For-schungsstrategie, bei der mehr oder weniger unbekannte ethnische Gruppen, Gemeinschaften oder andere soziale Einheiten und deren Handlungsweisen, Wis-sensformen und materiale Kulturen untersucht werden" (Knoblauch 2014: 521). Das Besondere besteht darin, dass soziale Phänomene in ihrer natürlichen Umge-bung untersucht werden und durch Teilhabe am Alltag so weit wie möglich verstanden werden soll, wie der Blick auf die Wirklichkeit innerhalb der im Mittelpunkt stehenden Gruppen beschaffen ist. In diesem Sinne kann die teil-nehmende Beobachtung als „Königsweg" der Ethnographie angesehen werden (Knoblauch 2014: 521).

Die Wurzeln der Ethnographie liegen in der soziologischen und ethnologi-schen Forschungstradition, wie sie beispielsweise durch *Bronislaw Malinowski* (1884–1942) mithilfe einer teilnehmenden direkten Vor-Ort-Erforschung damals als „exotisch" oder „wild" bezeichneter Kulturen auf den Trobriand-Inseln

(1914–1918) begründet wurde, welche die Ethnolog*innen aus dem Lehnsessel zu den Beforschten selbst bringen sollte (vgl. z. B. Breidenstein et al. 2013: 17 f.). Petra Mathews und Edeltraud Kaltenbach (2011: 151) führen die heutige ethnographische Forschung auf *Franz Boas* (1858–1942) zurück, der bereits im 19. Jahrhundert als teilnehmender Beobachter bei indigenen Völkern Forschung betrieb. Die auf Beobachtungen beruhende Auseinandersetzung mit fremden kulturellen Elementen und Alltagsritualen fand jedoch schon in früheren Jahrhunderten statt, etwa durch Studien des spanischen Missionars *Bernardino de Sahagún* (1499–1590) im 16. Jahrhundert bei den Azteken. Mathews und Kaltenbach kritisieren zurecht, dass insbesondere während der Kolonialzeit ethnographische Studien durch eine „eher kulturzentristische und arrogante Perspektive gegenüber den >Wilden< oder >Primitiven<" (Mathews und Kaltenbach 2011: 152) gekennzeichnet waren. Der Ethnologe *Clifford Geertz* (1926–2006) spricht in diesem Zusammenhang von „künstlichen Wilden" (1990), da das imaginiert Wilde nicht losgelöst von der Konstruktion durch einen Forschenden und dessen Einbindung in zeithistorische Kontexte verstanden werden kann.

Nicht nur aufgrund dieser historischen Verwurzelung sowie der damit verbundenen Verkettung kolonialer und post-kolonialer Dynamiken haben Debatten um ethische Grundsätze von Beobachtungen in der Ethnologie eine lange Tradition. *Margaret Mead* (1901–1978), die mit ihren Studien zur Sexualität im Südpazifik eine wegweisende Vertreterin ihrer Disziplin war, grenzte sich entschieden von versteckten Beobachtungen mittels technischer Hilfsmittel ab. Für sie waren verborgene Kameras oder Mikrofone die Menschenwürde verletzende Lauschermethoden und ein Greuel (Der Spiegel 1983).

Gleichzeitig wurden ethnographische Ansätze genutzt, um soziale Missstände in den Fokus öffentlicher Debatten zu rücken. Die soziologische Ethnographie der Chicago School widmete sich insbesondere in der Zeit zwischen den Weltkriegen der Erforschung der sozialen Dynamik der Alltagskultur in US-amerikanischen Großstädten. Hier sollte die *teilnehmende Beobachtung neue kultureller Phänomene* in ihrem natürlichen Umfeld erfassen. Beforschte Szenen und Subkulturen waren z. B. Spielhallen, Bordelle, Hotels, Kneipen, Ladenketten, Armenhäuser, Landstreicher, Pfandleiher, Kindermädchen, Gangs, Einwanderer etc. Der Begründer der Chicagoer Schule, *Robert Ezra Park* (1864–1944), empfahl damals seinen Studierenden, dass Beobachtungen im Stadtviertel genauso wichtig seien wie das Stöbern in Bibliotheken: „Get the feeling" (Breidenstein et al.. 2013: 23 f.; Park 1915).

Zu den europäischen Klassikern ethnographischer Feldforschung gehört die Studie „Die Arbeitslosen von Marienthal" aus dem Jahre 1933 von *Marie Jahoda* (1907–2001), *Paul Felix Lazarsfeld* (1901–1976) und *Hans Zeisel* (1905–1992).

In der Studie geht es um die Wirkungen langandauernder Arbeitslosigkeit. Sie gilt als Meilenstein in der Entwicklung der empirischen Sozialforschung und als Musterbeispiel der Theoriebildung in Kombination von quantitativen, qualitativen Daten. In der Arbeitersiedlung Marienthal war mit einem Schlag ein großer Anteil der Bevölkerung im Zuge der Weltwirtschaftskrise erwerbslos geworden. Unter anderem mit Interviews und teilnehmenden Beobachtungen verfolgten die Forschenden die weitere Entwicklung der Menschen. Auf dieser Grundlage wurden wichtige Erkenntnisse zur Bedeutung von Arbeit gewonnen, wie sie Jahoda (1983, 1994) etwa in verschiedenen sogenannten Erlebniskategorien auf den Punkt brachte (Zeitstruktur, Sozialkontakte, Status und Identität, Teilhabe an kollektiven Zielen und Anstrengungen, Aktivität).

Letztendlich sind viele unserer Handlungen routinisiert oder Ausdruck von Gewohnheiten, die uns nicht bewusst sind oder die wir kaum in Worte fassen können. In diesem Sinne kann mittels Beobachtungen an soziologische Theorie angeschlossen werden, die dies als *„sozialen Habitus"* beschreiben, ein Konzept, das ursprünglich von *Norbert Elias* (1897–1990) geprägt und von *Pierre Bourdieu* weiterentwickelt wurde. „Habitus" bezieht sich das gesamte Auftreten einer Person, den Lebensstil, die Gewohnheiten, die Sprache, die Kleidung und den „Geschmack" (z. B. Bourdieu 1982). Direkt zeigen sich unmittelbare Bezüge zur Ebene des Konsums, die verständlich machen, warum ethnographische Ansätze zu einem zentralen Pfeiler qualitativer Markt- und Konsumforschung geworden sind.

Als ein zeitgenössischer Ethnologe beschäftigt sich beispielsweise *Daniel Miller* mit aktuellen sozialen Phänomenen wie den sozialen Medien. So reiste Miller in den Karibik-Staat Trinidad und beobachtete vor Ort und virtuell, wie die Menschen immer mehr Zeit im virtuellen Raum des Internets verbringen insbesondere in sozialen Netzwerken wie Facebook (vgl. Miller 2012). In „Der Trost der Dinge" (2010) beschäftigt sich Miller damit, welche Bedeutung wir Dingen, die wir kaufen, im Alltagsleben zukommen lassen und welchen Trost sie uns im Alltag spenden.

In der Markt- und Konsumforschung wird unter ethnographisch ausgerichteter Forschung ein Ansatz verstanden wird, mit der in den Alltag und die Lebenswelten der beforschten Einzelpersonen oder Gruppen eingetaucht („Immersion") wird, um sie ganzheitlich zu verstehen, ohne dabei nur auf ihre etwa in Befragungen zum Ausdruck gebrachten Reflexionen angewiesen zu sein. Häufig erfolgt die ethnographische Markt- und Konsumforschung als teilnehmende Beobachtung, zum Teil in Kombination mit anschließenden Interviews oder einem Wechsel zwischen Beobachtungs- und Befragungssequenzen.

Folgende drei Prinzipien sind dabei leitend:

- Beobachtungen werden in der Regel in der gewohnten Umgebung ('natural setting'). Der Konsumentinnen und Konsumenten durchgeführt. Dies betrifft insbesondere die Lebensbereiche von Wohnen, Freizeit, Arbeit sowie in der Konsumforschung vor allem den Einkauf (PoS) und den Ort der Produktverwendung.
- Konsumentinnen und Konsumenten werden als Experten ihres Alltags betrachtet. Da aber große Teile des Alltags habitualisiert verlaufen (z. B. Routinen, Rituale, Gewohnheiten) und den Menschen nicht oder kaum bewusst sind, bieten Beobachtungen andere Anknüpfungspunkte als Befragungen, den Alltag mit all seinen rituellen Anteilen zu explorieren. Daraus resultiert, die beobachtete Person so wenig wie möglich bei einer Alltagshandlung zu stören, damit das Verhalten möglichst unbeeinflusst bleibt.
- Der oder die Forschende bemüht sich, sich möglichst weitgehend in die Perspektive zu der zu beobachtenden Person oder Gruppe hineinzuversetzen, um zu verstehen, was als wichtig und relevant erachtet wird.

Die hohe Bedeutung, die in diesem Sinne ethnographisch ausgerichtete Ansätze in der Markt- und Konsumforschung innehaben, drückt sich in der Auftragsforschung etwa in dem Wunsch von Auftraggebenden aus, *neben den eher klassischen Befragungsmethoden auch neue Wege und Methoden zu nutzen,* um die Bedeutung des Konsums im Alltag von Menschen in einer sich beschleunigt wandelnden sozialen Umgebung noch besser zu verstehen. Eine weitere Bedeutungsaufwertung erfahren ethnographisch orientierte Ansätze durch die vielfältigen neuen Möglichkeiten, welche sich durch die Weiterentwicklung mobiler, digitaler Kommunikationstechnologien (z. B. via Smartphones) ergeben haben. Stichwort: *mobile Ethnographie* (Koschel 2018).

Die zunehmende Digitalisierung der Kommunikation, des Konsums und des Kaufverhaltens bringen für die Markt- und Konsumforschung vielfältige neue Möglichkeiten und Herausforderungen mit sich. Im methodischen Zentrum steht dabei die *digitale Ethnographie* oder *Netnography.* Geprägt und weiterentwickelt wurde der Forschungsansatz seit 1996 von dem kanadischen Marketingprofessor Robert Kozinets (vgl. Kozinets 2009: 59 ff.) Durch die nicht-teilnehmende Beobachtung von Blogs, Communities, sozialen Medien etc. sollen sowohl die explizit formulierten als auch die implizit vorhandenen Bedürfnisse, Wünsche,

Erfahrungen, Einstellungen und Wahrnehmungen der Konsumenten hinsichtlich verschiedener Themen und Produkte erfasst und analysiert werden.

Insbesondere das Smartphone und andere smarte „Wearables" wie Datenbrillen, Fitness- und Gesundheitsuhren und -armbänder revolutionieren ethnographische Beobachtungsmöglichkeiten. So ermöglichen integrierte Apps allen Nutzern, Erlebnisse und individuelles Befinden in Echtzeit per Videoübertragung mit der ganzen Welt zu teilen. Dies hat insbesondere zum Auftrieb mobiler *Selbst- bzw. Auto-Ethnographie* geführt, wobei Konsumenten z. B. mit einer kleinen, um den Hals hängenden Kamera oder auch dem Smartphone alle möglichen Konsumhandlungen wie Putzen, Wäschewaschen, Sporttreiben etc. zu Forschungszwecken dokumentieren.

Ein gutes Beispiel dafür, wie eine derartige Auseinandersetzung mit Konsum aus einer sozialwissenschaftlichen Perspektive erfolgen kann, stellt das von Volkswagen Stiftung geförderte Projekt „Das vermessene Leben" dar, das von Vera King, Benigna Gerisch und Hartmut Rosa geleitet wird und sich mit ambivalenten Folgen einer auf quantitative Steigerung ausgerichteten Optimierungslogik beschäftigt, für die oben beschriebenen Möglichkeiten der Selbst-Vermessung im Alltag von zentraler Bedeutung sind. Dabei geht es unter anderem darum zu untersuchen, wie die Orientierung an Zahlen das eigene Selbstbild und die Beziehung zu Anderen beeinflusst (z. B. King et al. 2021).

Durch die wachsende Vernetzung und die automatisierte Datensammlung in der Ökonomie entstehen enorme Mengen an digitalen Daten (Big Data), die von Unternehmen genutzt werden, um Marketingstrategien zu optimieren und zu individualisieren. Predictive Analytics-Lösungen versprechen außerdem, dass Wahl- und Kaufverhalten von Menschen nicht mehr nur zu beschreiben und vorherzusagen, sondern auch gezielt zu steuern.

Dass derartige Entwicklungen von der Gesellschaft kritisch verfolgt und reflektiert werden, ist auch aus der Sicht von Markt und Konsumforschung uneingeschränkt zu begrüßen, zumal ein ethisch nicht gerechtfertigter Missbrauch der neuen Technologien das Ansehen der gesamten Branche nachhaltig gefährden kann. Kritische Stimmen weisen insbesondere darauf hin, dass es für Einzelne nur schwer zu übersehen ist, wie Informationen zu eigenen Präferenzen und Konsumentscheidungen in gebündelter Form von Unternehmen genutzt werden und dass es diesbezüglicher hoher Standards von aufklärender Information und Schutz der Privatsphäre bedarf (vgl. auch Abschn. 4.7). Zu diesen kritischen Stimmen gehört der Sozialpsychologie und Transformationsdesigner Harald Welzer, den wir exemplarisch für Andere zitieren:

„Der Trick liegt darin, dass wir mit jeder Konsumhandlung diese Daten liefern. Das heißt, dass, was die am meisten sinnstiftende Handlung in unserer Gesellschaft ist – nämlich: ‚Kaufen, kaufen, kaufen!‘ – ist gleichzeitig das Zahlmodell dafür, wo wir unsere Daten abliefern." (Harald Welzer im Gespräch mit Christian Rabhansl, 23.04.2016, Deutschlandfunkkultur 2016).

Umso wichtiger wäre unseres Erachtens eine stärkere Verzahnung von akademischer Forschung, die ihre Ergebnisse öffentlichen Debatten zugänglich macht, mit Auftragsforschung. Leider muss jedoch beklagt werden, dass ethnographische Konsumbeobachtungen in der akademisch betriebenen Forschung immer noch nicht die Rolle spielen, die sie verdient hätten. Während sie in der kommerziellen Konsumforschung geradezu boomt, wird sie im akademischen Umfeld nach wie vor zu sehr vernachlässigt. Hans Peter Hahn, deutscher Ethnologe, schreibt dazu:

„Gerade für die Ethnologie ist zu beklagen, wie gering bisher das Interesse an Konsum als grundlegendem Handlungsfeld ist, obgleich heute weltweit keine Kultur ohne den Konsum von Waren auskommt." (Hahn 2013: 107).

Insbesondere die Möglichkeiten einer *„fokussierten Ethnographie"* (vgl. Knoblauch 2001; Schmid und Kaufmann 2005) mit relativ kurzen Feldaufenthalten könnten im Rahmen akademischer Forschung noch intensiver genutzt werden.

4.6 Möglichkeiten der Beobachtung im Kontext qualitativer Markt- und Konsumforschung

Ein großer Vorteil von ethnographischen Verfahren in der Markt- und Konsumforschung ist die *Betrachtung des Alltagskontexts, in dem das Konsumverhalten stattfindet.* Damit verbunden sind zahlreiche Fragen, wie die folgenden:

- Wie ist die konkrete Konsumsituation? In welcher Alltagsrealität und Umgebung findet sie statt?
- Was passiert genau während des Einkaufs?
- Wie beeinflussen Interaktionen (z. B. zwischen Verkäufer*innen und Käufer*innen; Arzt/Ärztin und Patient*innen, Mutter und Kind; den Ehepartnern, dem Freund oder Freundin etc.) das Kaufverhalten?
- Werden Kaufentscheidungen zu Hause (Einkaufszettel) oder erst in der Einkaufsstätte getroffen? Etc.

Mittels ethnographischer Ansätze sollen unbewusste sowie habitualisierte Verhaltensweisen und die dahinterliegenden Werte freigelegt werden, um einen in diesem Sinne *ganzheitlicheren Blick auf das Konsumentenverhalten zu erhalten.* Denn *in zeitgenössischen Gesellschaften ist der moderne Alltag zugleich Konsumalltag,* der mit komplexen Wahrnehmungs- und Auswahlprozessen einhergeht. Konsum erfüllt dabei bestimmte soziale Funktionen (vgl. auch Abschnitt 4.7). Menschen integrieren neue Produktangebote aktiv in ihren Alltag und fügen ihnen dabei zum Teil neue, ursprünglich nicht vom Hersteller intendierte Nutzungs-Funktionen im Alltag hinzu.

Verständnis beobachteter Praxis und Exploration von Lebensstilen
Studiosituationen spiegeln nicht die Lebenswirklichkeit wider. (Konsum)Handlungen lassen sich besser verstehen, wenn ihre Einbettung in den sozialen Kontext betrachtet wird, d. h. vor allem, wo und wie sie im Alltag stattfinden. Was Menschen tun, ist nicht nur durch die Situation bestimmt, sondern eben auch durch Werte, die eigene Biographie und damit verbundene Lebens- und Konsumstile. Wie Menschen leben, mit welchen Dingen sie sich umgeben und welche Bedeutungen sie diesen zuschreiben, reflektiert überdauernde Dispositionen, die mit Lebensstilen und damit verbundenen ästhetischen Präferenzen in Verbindung gebracht werden können.

Realitätscheck und Verstehen von Nutzungsgewohnheiten
Wenn man Menschen nach ihrer „Einstellung" fragt, spiegelt das häufig nicht das eigene Verhalten wider. Ein typisches Beispiel ist etwa die allgemeine Einstellung zum Thema Umweltschutz und das konkrete Umweltverhalten. Dadurch, dass vieles im Alltag Bestandteil von Routinen und Gewohnheiten wird, ist es häufig schwer oder gar nicht möglich, zu erkennen und in Befragungen darüber Auskunft zu geben, welche Bedeutung ein Produkt im eigenen Alltag hat oder haben könnte. Beobachtungen sind deshalb eine wichtige Grundlage, um mögliche Lücken aufzudecken und neue Angebote, Innovationen zu entwickeln. Bestehende Angebote können außerdem optimiert werden, wenn man Menschen dabei beobachtet, wie ein (neues) Produkt im Alltag praktisch genutzt wird. Denn häufig besteht zwischen dem erstmaligen Kauf und der konkreten Nutzung von neuen Produkten ein individueller oder sozial vermittelter Anpassungsprozess.

So integrieren Konsumentinnen und Konsumenten Produkte aktiv in ihren Alltag und fügen neue Funktionen hinzu. Ein berühmtes Beispiel stellt die Transformation des schnöden Turnschuhs zum modischen Kultobjekt des Hip-Hops in den 1980ern bis hin zum begehrten Sneaker mit bestimmten Modellen in begrenzter Auflage dar, für das Jugendliche weltweit stundenlang Schlange stehen, um ein begehrtes Modell und dadurch ein Wertobjekt zu ergattern, das entweder das eigene Prestige steigert oder aber zu einem deutlich höheren Preis als beim Kauf weiterverkauft werden kann. Das Testen von Produktinnovationen im natürlichen Alltagskontext, z. B. beim Thema *Usability/User Experience,* führt zu realistischeren Einschätzungen, z. B. ob der neue Fahrscheinautomat am Bahnhof wirklich einfach zu bedienen ist, auch wenn man in einer Schlange steht und die anderen Fahrgäste drängeln etc.

In Unternehmen ist vielen Praktikern die eigene Zielgruppe lediglich aufgrund von Zahlen und Daten und vielleicht imaginierten *„Personas"* bekannt. Ethnographische „Immersions" ermöglichen das Eintauchen in den konkreten Alltag der potenziellen Zielgruppe. Dies kann selbst renommierte Marketingexpertinnen und Experten manchmal geradezu schockieren, wenn die Zielgruppe in ihrer Alltagsrealität ganz anders erscheint als in der eigenen Vorstellungswelt: verdreckte Sofas, zweifelhafte Tischsitten, Gerüche, kleine Räume etc. keine Englisch-Kenntnisse, Probleme mit Anglizismen oder kaum Involvement in die genutzten Produkte, geringe Markentreue, kein Interesse an Werbung etc.

Nachvollziehen von Entscheidungs- und Kaufprozessen
Die Beobachtung der „Reise der Konsumenten" (Stichwort: Consumer Journey) durch reale und digitale Konsumräume spielt in der modernen Markt- und Konsumforschung eine enorm wichtige Rolle (vgl. Abschn. 5.4). Mit verschiedensten Methoden (z. B. begleitendes Einkaufen, Shadowing, digitale Tagebücher etc.) werden die Erlebnisse vom Wunsch bis hin zum Einkauf und zur Nachkaufzufriedenheit erfasst und rekonstruiert.

Auch im Kontext von Beobachtung hat die Exploration virtueller Konsumwelten in den letzten Jahren beständig an Bedeutung gewonnen. Denn die Auswirkungen des Internets auf Konsum, Kultur und Alltag sind enorm. Online werden Informationen und Produkte gesucht, Ansichten ausgetauscht, gebildet und Käufe getätigt.

Praxis-Tipps für die ethnographische Feldarbeit
Ethnographische Feldarbeit und Beobachtung erfordern eine spezielle Sensibilität und ein gesondertes Training. Auf jeden Fall bedarf es der Einhaltung hoher Standards und Anforderungen an Methodik und Technik. Grundlegendes Wissen um Methoden und Techniken sind ebenso unverzichtbar wie Fähigkeiten zu Empathie und differenzierter Wahrnehmung. Abschließend möchten wir deshalb auf der Grundlage eigener Erfahrungen einige Tipps aus der ethnographischen Marktforschungspraxis geben, die zum Gelingen eines Projekts beitragen:

1. *Sorgfältige Aufklärung der Teilnehmenden im Vorfeld:* Es sollte nicht nur klar sein, wie viel Zeit gemeinsam verbracht wird, sondern auch, welche Rahmenbedingungen damit verbunden sind, z. B. ob man die gesamte Wohnung, das Bad, den Inhalt des Kleiderschranks, den Wäschekorb, den Rasiervorgang etc. filmen darf.

2. *Weniger ist mehr:* Nur wenige beteiligte Forschende und Vertreterinnen und Vertreter des Auftraggebers sollten vor Ort dabei sein. Je mehr Menschen beobachten, desto eher entsteht der Eindruck einer Safari. Wenn etwa Live-Dolmetschende dabei sind, kann dies die Natürlichkeit und Vertraulichkeit der Atmosphäre beeinträchtigen, besser ist deshalb i. d. R. die nachträgliche Untertitelung des gefilmten Videomaterials.

3. *Bereitschaft zur Anpassung:* Forschende sollten bemüht sein, sich in das bestehende Alltagsgefüge einzupassen und nicht selbst Routinen zu ändern oder Regeln der Interaktion zu bestimmen, weil sonst der Kontext der Beobachtung verfremdet wird. Wenn man etwa mit einer Familie Abendbrot isst, sollte man nicht die Qualität des Essens kritisieren und mimisch deutlich zu erkennen geben, wenn es einem nicht schmeckt.

4. *Klare Absprachen:* Insbesondere bei gemeinsamen Aktivitäten sollte möglichst explizit gemacht werden, was geplant ist und welche Schritte damit verbunden sind. Fahren Teilnehmende etwa mit dem Auto zum Einkaufen oder machen eine Probefahrt, sollte man wissen, wohin sie fahren. Man sollte nicht einfach hinterherfahren und dann möglicherweise abgehängt werden.

5. *Geduldig sein:* Eigene Empfindungen des Unbehagens und der Ungeduld zwar zu spüren, aber im Sinne der Forschung kontrollieren zu können, ist wichtig. Auch wenn es im Feld unangenehm ist (z. B. zu kalt oder zu warm), sollte man nicht versuchen, auf Kosten der Qualität den Ablauf zu beschleunigen.

6. *Vertrautheit herstellen, aber sich nicht selbst profilieren:* Um Vertrauen herzustellen, sollte man nicht auftreten wie eine Maschine. Wenn man nichts von sich preisgibt, wirkt man schnell distanziert und künstlich. Dagegen kann es Sympathien erwecken und Nähe herstellen, wenn man von sich selbst, seinen Empfindungen, seinem Alltag und seinen Lebensumständen spricht. Ähnlich wie wir es bei der Methode der Befragung diskutiert haben, geht es deshalb nicht darum, sich möglichst unsichtbar zu machen, weil dies gar nicht geht. Genau wie bei der Befragung sollte man sich aber bewusst sein, dass man selbst nicht im Vordergrund steht. Deshalb sollte man kontrollieren, was man von sich erzählt,

ohne zu sehr den Fokus des Projekts umzulenken. So kann man auf Nach-frage erzählen, dass man Kinder hat, sollte aber i. d. R. nicht ungefragt von deren Chinesisch-Kurs erzählen oder vom gemeinsamen Urlaub auf Sylt. In dem Zusammenhang sollte man sich auch im Vorfeld überlegen, wie man sich selbst vorstellt. Die Berufsbezeichnung „Psychologe" oder „Psychologin" etwa kann in bestimmten Kontexten eher das Gegenteil von Offenheit bewirken, wenn sich Probanden dadurch in ihrer Integrität oder mentalen Gesundheit infrage gestellt erleben.

7. *Nicht zu früh intervenieren:* Man sollte Handlungssequenzen nicht vorschnell durch zu viel oder zu rasches Nachfragen, wie z. B. „warum haben sie jetzt gerade nicht weiter gewischt?" unterbrechen. Derartige Fragen kann man auch stellen, nachdem man zusammengehörige Handlungen im Sinne einer ganzen Einheit beobachtet hat. Eine Alternative kann es darstellen, Probanden konsequent zum lauten Denken anzuregen.

8. *Vorsicht vor Rationalisierungen:* Insbesondere „warum"-Fragen legen schon durch die Formulierung nahe, dass Probanden sich rechtfertigen oder zumindest auf einer rationalen Ebene antworten. Um dies zu vermeiden, sollte man lieber offener fragen, z. B. „was ging Ihnen durch den Kopf?" (siehe auch Abschn. 4.3).

Methoden qualitativer Markt- und Konsumforschung

5.1 Einleitung

In diesem Abschnitt geben wir einen Überblick über verschiedene empirische Methoden der qualitativen Markt- und Konsumforschung. Unser Augenmerk liegt dabei besonders darauf, die Vielfalt möglicher Zugänge darzustellen und mögliche Einsatzgebiete aufzuzeigen. Dazu flechten wir immer wieder Beispiele aus der Praxis und Tipps für die praktische Anwendung mit ein. Gleichwohl ist die Darstellung bewusst knappgehalten, um die Übersichtlichkeit zu wahren. Zahlreiche weiterführende Verweise bahnen dabei den Interessierten den Weg für eine noch intensivere Auseinandersetzung mit den einzelnen Methoden.

Die Landschaft der Methoden ist weit verzweigt und unübersichtlich. Es gibt nicht die eine Weltkarte, die allseits anerkannt ist. Vielmehr ist die Sicht auf Methoden nicht unabhängig von der eigenen Perspektive. Wir haben uns aber bemüht, unsere Darstellung nicht explizit nur an eine einzige theoretische Schule anzuknüpfen, sondern die ganze Breite von Ansatzpunkten zu berücksichtigen.

In diesem Sinne haben wir eine grobe Einteilung für unsere Darstellung gewählt, bei der wir vier in der Praxis weit verbreitete und relevante Bündel von Methoden unterscheiden: *qualitative Interviews* (Abschn. 5.2), *Befragungen und Diskussionen* in Gruppen (Abschn. 5.3), *ethnographische Ansätze und User-Experience* (UX)-Forschung (Abschn. 5.5) sowie *Semiotik* (Abschn. 5.6). Aufgrund ihrer in den letzten Jahren und Monaten rasant gestiegenen Bedeutung widmen wir *virtuellen (Online)-Gruppendiskussionen* als gruppenbezogener Forschung ein eigenes Unterkapitel (Abschn. 5.4).

Wir knüpfen damit direkt an die im vierten Abschnitt aufgestellten Ausführungen zu Befragung und Beobachtung als zentrale Zugänge der qualitativen Markt- und Konsumforschung an. Innerhalb der einzelnen Abschnitte gehen wir dabei

T. Kühn und K.-V. Koschel, *Qualitative Markt- und Konsumforschung,* Konsumsoziologie und Massenkultur, https://doi.org/10.1007/978-3-531-19430-1_5

auch näher auf Überschneidungen mit und Abgrenzungen zu anderen Methoden ein.

5.2 Qualitative Interviews

Qualitative Interviews und Gruppendiskussionen zählen zu den am häufigsten eingesetzten Methoden der qualitativen Markt- und Konsumforschung. Beide werden heutzutage sowohl analog/face-to-face als auch digital bzw. online-vermittelt durchgeführt.

In der Fachliteratur werden viele verschiedene Arten qualitativer Interviews unterschieden, deren Abgrenzung nicht immer systematisch voneinander erfolgt. In unserer einführenden Darstellung gehen wir bewusst auf diese Detail-Unterschiede nicht ein, sondern versuchen Gemeinsamkeiten herauszuarbeiten, welche Interviews in der Markt- und Konsumforschung ausmachen.

Aus der Vogelperspektive kann man grob die qualitativen Interviewvarianten nach der Art der Interaktion in drei Varianten unterteilen:

- *Offen-narratives, non-direktives Interview*, d. h. der Gesprächsverlauf wird durch eine*n sehr zurückhaltend auftretenden Interviewende*n weitgehend frei laufengelassen, der Interviewverlauf orientiert sich vor allem an Wortbeiträgen der Befragten,
- *„semi-strukturiertes" Interview*, d. h. Interview anhand eines Leitfadens, der eine thematische und zeitliche Orientierung bietet. Ein Beispiel ist das „problemzentrierte" Interview.
- *Strukturiertes, direktives Interview*, d. h. der/die Interviewende spielt eine direktive Rolle. Das Interview ist durch klar formulierte Fragen in einer bestimmten Reihenfolge weitgehend vorbestimmt.

In der qualitativen Markt- und Konsumforschung sind vor allem die sogenannten „semi-strukturierten" Interviews verbreitet, weil sie zum einen durch den Leitfaden eine klare thematische Eingrenzung ermöglichen, zum anderen den Befragten Offenheit ermöglichen, eigene Bezüge in das Gespräch einzubringen.

Das halb-strukturierte oder semi-strukturierte Interview
Aber was verbirgt sich eigentlich hinter dem Begriff halb-strukturiertes oder semi-strukturiertes Interview? Es soll damit darauf verwiesen werden, *dass eine gewisse*

Struktur durch den Gesprächsleitfaden vorgegeben wird, aber das Interview gleich-sam offenbleibt, weil nicht alle darin aufgeführten Fragen gestellt werden müssen, der Wortlaut abweichen kann und auch die Reihenfolge flexibel ist[1].

Unseres Erachtens ist der Begriff des halb- oder semi-strukturierten Interviews sehr unglücklich gewählt und sogar irreführend. Denn es entsteht leicht der Ein-druck, dass mit so einem Interview „halbe Sachen" gemacht werden – und das passt nicht recht zum Anspruch von Forschung, Unbekanntem systematisch auf den Grund zu gehen. Ein bisschen Struktur, ein bisschen Offenheit – das klingt nach Wischiwaschi oder dem Versuch, von allem ein bisschen zu haben, unent-schieden zu sein, nichts weglassen zu können – auf der einen Seite die Struktur nicht ganz aufgeben zu können, auf der anderen Seite dem Freiheitsbedürfnis zumindest ein bisschen nachgeben zu können. Forschung als fauler Kompromiss?

Dem möchten wir entschieden entgegentreten. Leitfadengestützte Interviews sind keine Notlösung und auch nicht aus der Angst geboren, nicht loslassen zu können. Sie sind im Gegenteil auf der Grundlage erkenntnistheoretischer Überlegungen mehrerer Jahrhunderte als die *beste Möglichkeit, das eigene Vor-wissen mit einer offenen Grundhaltung zu verbinden,* gewachsen. Diese Struktur ist wohlüberlegt und keineswegs eine halbe Lösung. Irreführend ist der Begriff des semi-strukturierten Interviews außerdem, weil er unsichtbar macht, wie unterschiedlich verschiedene leitfadengestützte Interviews bezüglich des Rol-lenverständnisses von Interviewenden und Befragten sein können. Es gibt im Rahmen verschiedener Verfahren zum Beispiel unterschiedliche *Freiheitsgrade für Interviewführende,* eigene Eindrücke und Erfahrungen einzubringen. Es reicht deshalb bei weitem nicht aus, nur einen Leitfaden als „Semi-Struktur" zu haben. Für eine gelungene Interviewführung ist es vielmehr wichtig, sich mit sei-ner eigenen Rolle und seinem eigenen Vorwissen im Vorfeld selbst-reflexiv auseinandergesetzt zu haben (vgl. Abschn. 4.3).

Das Tiefeninterview
Neben der Bezeichnung der semi-strukturierten Interviews ist der Begriff des „Tiefeninterviews" in der Markt- und Konsumforschung sehr geläufig – und aus unserer Sicht ebenso problematisch und vieldeutig. Der Begriff verweist zum einen auf das Potenzial qualitativer Forschung, Sachverhalten auf den Grund

---

[1] Wenn man sich mit Fachliteratur zu qualitativen Methoden näher auseinandersetzt, stellt man fest, dass es eigentlich keine entwickelte Methode des semi-strukturierten Interviews gibt, sondern dass es sich dabei um einen Sammelbegriff handelt, der verschiedene Metho-den wie im deutschsprachigen Raum das problemzentrierte, themenzentrierte oder fokus-sierte Interview bündelt. Häufig wird er aber als Synonym für eine Methode gebraucht, was zumindest aus der Perspektive wissenschaftlicher Forschung kritisch zu betrachten ist.

zu gehen, sich nicht mit Oberflächlichem zufrieden zu geben, sondern metaphorisch tiefer zu explorieren (vgl. Kap. 3). In diesem Bedeutungskontext ist
auch der im Englischen sehr gebräuchliche Term *In-Depth-Interview* (IDI) ein-
zuordnen. In diesem weiten Sinne sind also alle qualitativen Interviews auch als
Tiefeninterviews zu verstehen. Zum anderen verweist der Begriff „tiefenpsychologisch" auf ein theoretisches Grundverständnis, das in der Psychoanalyse seine
Wurzeln hat, die Bedeutung des Unbewussten für menschliches Handeln betont
und in den Fokus der Aufmerksamkeit rückt. In diesem engeren Sinne sind nicht
alle qualitativen Interviews per se Tiefeninterviews. Und obwohl der Name des
Tiefeninterviews eine gewisse Nähe zum tiefenpsychologischen Grundverständnis suggeriert, gibt es innerhalb verschiedener tiefenpsychologischer Strömungen
unterschiedliche ausgearbeitete methodische Ansätze der Interviewführung, die
aber andere Namen als „Tiefeninterview" tragen (z. B. das themenzentrierte
Interview, Schorn 2000).

Wenn wir deshalb als Markt- und Konsumforschender in der Auftragsforschung mit dem Wunsch konfrontiert werden, Tiefeninterviews durchzuführen,
ist es als erstes wichtig zu klären, welches Grundverständnis dem zugrunde liegt,
weil Form und inhaltliche Ausgestaltung des Tiefeninterviews in der Praxis sehr
unterschiedlich und variabel sind.

Ernst Salcher definiert Tiefeninterviews in der psychologischen Marktforschung folgendermaßen:

> „*Unter Tiefeninterview definieren wir letztlich jene Befragungsform, die sich mit einem
> weitgehend unstrukturierten Gesprächsleitfaden (Themenliste) und mit Hilfe gründlich
> und geschulter Interviewer an den Verbraucher wendet. Das Tiefeninterview ist in
> dieser Form als Intensiv-Gespräch zwischen zwei Partnern zu verstehen und nicht
> als Frage-Antwortspiel zwischen Interviewenden und Testperson. Nur die Atmosphäre
> eines lockeren, freien und weitgehend unbeeinflussten Gesprächs kann sich Tiefe und
> Dichte entwickeln, die dem Tiefeninterview seine eigentliche Bedeutung gibt.* " Und
> weiter: „*...so möchten wir Tiefeninterview definieren als ein langes und intensives
> Gespräch zwischen Interviewer und Befragten über vorgegebene Themen, das der
> Interviewer in weitgehend eigener Regie so zu steuern versucht, daß er möglichst
> alle relevanten Einstellungen und Meinungen der befragten Person zu diesen Themen
> erfährt, auch wenn es sich um Aspekte handelt, die der befragten Person zu diesem
> Zeitpunkt selbst nicht klar waren.* " Salcher (1995: 34)

Wenn wir uns exemplarisch mit dieser Definition auseinandersetzen, sehen wir,
wie die Metapher der Tiefe hier im doppelten Sinne genutzt wird. Zum einen
arbeitet Salcher Bestandteile heraus, die wir als zentral für qualitative Befragungen insgesamt halten. Dazu zählen das Bemühen, ein Frage-Antwortspiel zu
vermeiden und dem Befragten Raum zu geben, Gedanken zu entfalten und über

eigene Erlebnisse zu berichten. Zum anderen gibt es Elemente, die insbesondere aus tiefenpsychologischer Perspektive wichtig sind. Dazu zählt *der Fokus des Aufdeckens von unbewussten, verborgenen Motiven, Werten und Sinnstrukturen des Konsumverhaltens auf der Grundlage eines intensiven Gesprächs.* Dem liegt eine zentrale Annahme der qualitativen Konsumforschung zugrunde, *dass nämlich unser Denken, Fühlen und Handeln weniger rational und utilitaristisch begründet ist, sondern vielmehr weniger bewussten, „inneren Bedürfnissen" und kulturell geprägten Ritualen und Interaktionsmustern folgt.* Das Interview dient dem Verständnis des Konsums und darauf bezogener Nutzung unterschiedlicher Angebote.

Daneben finden sich im Definitionsversuch Salchers aber Formulierungen, die wir vor dem Hintergrund Grundannahmen qualitativer Forschung kritisch beleuchten, die aber in der Methodenliteratur zum Teil sehr verbreitet sind. Bereits weiter oben haben wir uns dem Aspekt des weitgehend Unstrukturierten gewidmet und gezeigt, *dass das Fehlen einer klaren Reihenfolge von Fragen nicht mit Strukturlosigkeit gleichgesetzt werden darf*[2]. Gleichermaßen muss bezweifelt werden, dass ein qualitatives Interview locker, frei und weitgehend unbeeinflusst erfolgen kann, *weil gesetzte Rahmenbedingungen und wechselseitige Rollenerwartungen immer Einfluss auf den Gesprächsverlauf haben.* Daher kann es nicht darum gehen, so zu tun, als gäbe es diese Rahmenbedingungen nicht, sondern darum, sie in bestmöglicher Form zu strukturieren und zu reflektieren. Und drittens ist die Hoffnung, alle relevanten Einstellungen und Meinungen eines Menschen zu einem Thema zu erfahren, noch sehr stark an ein mechanistisches Container-Modell des Menschen gebunden, als ob es darum ginge, diesen Container im Verlauf des Interviews mit geeigneten Hilfsmitteln am besten zu entleeren ist. Wenn wir aber davon ausgehen, dass die Erfahrung und das Erleben von Wirklichkeit immer dynamisch zu sehen und als Konstruktion in einem bestimmten Kontext und aus einer bestimmten Perspektive heraus zu verstehen ist, kann diese Hoffnung im Forschungsprozess auch durch ein Tiefeninterview nicht eingelöst werden. Wohl aber lassen sich bestimmte Perspektiven und Haltungen gerade in der Auseinandersetzung mit konkreten Kontexten des Alltagslebens herausarbeiten und in ihrer Wirkung verstehen.

Was bedeutet dies alles nun für empirisch-arbeitende Markt- und Konsumforschende? Man sollte sich immer bewusst sein, dass Begriffe wie semistrukturiertes oder Tiefeninterview mehrdeutig sind und unterschiedliche Formen

---

[2] Dies gilt auch für tiefenpsychologisch und narrativ orientierte Interviews, bei denen im Vorfeld der Leitfaden weniger detailliert ausgearbeitet wird als etwa bei problemzentrierten Interviews.

qualitativer Forschung repräsentieren können. Im Kontext von wissenschaftlich ausgerichteten Projekten sollte man sich deshalb intensiver mit verschiedenen Spielarten von Interviews wie dem problemzentrierten, themenzentrierten oder narrativen Interview auseinandersetzen und den selbst gewählten Ansatz klar benennen. Dadurch wird Transparenz für das eigene Vorgehen geschaffen. Allerdings wird man auch hier bei internationalen Projekten feststellen, dass sowohl Bewusstsein und Benennung von Ansätzen sehr stark variieren.

Auf gar keinen Fall sollte man sich durch die Vielfalt im Bedeutungsgehalt überlappender Bezeichnungen für verschiedene Formen qualitativer Interviews abschrecken lassen, sondern immer das eigene Vorgehen reflektieren und nach Verbesserungen streben, unabhängig davon, wie man es benennt. Gerade wenn man etwa in der Auftragsforschung mit Auftraggebenden, die nicht Expertinnen und Experten in qualitativer Forschung sind, das Gespräch über den Zweck der Erhebung und die dafür angedachten Interviews sucht, kann dies eine Möglichkeit sein, sowohl das Ziel der Studie zu schärfen als auch Vertrauen eines möglichen Auftraggebers oder einer möglichen Auftraggeberin zu gewinnen. Dafür ist es sinnvoll, sich der *Stellschrauben qualitativer Interviews* etwa hinsichtlich der Rolle des Interviewführenden bewusst zu sein. Sich nur aus Prinzip in Auseinandersetzungen um das richtige Label für ein Interview zu stürzen, bringt dagegen nichts.

Das narrative Interview
Bereits im Begriff der „Lebensgeschichte" wird nicht nur deutlich, dass Erzählungen und Leben unzertrennlich sind, sondern auch wie wichtig eine biographische Perspektive für die richtige Einordnung und Bewertung von einzelnen Erzählungen ist.

In diesem Sinne gibt es in den Sozialwissenschaften eine weit verbreitete Methode, die „narratives Interview" heißt und Mitte der 1970er Jahre von dem deutschen Soziologen Fritz Schütze vor allem für die Erhebung von Lebensgeschichten (Biografieforschung) entwickelt wurde:

> „Das narrative Interview ist ein sozialwissenschaftliches Erhebungsverfahren, welches den Informanten zu einer umfassenden und detaillierten Stegreiferzählung persönlicher Ereignisverwicklungen und entsprechender Erlebnisse im vorgegebenen Themenbereich veranlaßt ... Oberstes Handlungsziel des narrativen Interviews ist es, über expandiertes Erzählen die innere Form der Erlebnisaufschichtung des Informanten hinsichtlich der Ereignisse zu reproduzieren, in welche er handelnd und erleidend selbst verwickelt war." (Schütze 1983, 49)

Die Exploration von (Konsum-)Biographien ist nicht nur aus dem Blickwinkel der Sozialforschung, sondern auch der Perspektive von Markt- und Konsumforschung relevant. Zum Beispiel: Wie kamen Nutella, Persil und Nivea in unser Leben? Welche Kindheitserinnerungen sind mit den Produkten verbunden? Und wie kommt es, dass eine Marke/ein Produkt zum Lebensbegleiter geworden ist? Welche Rolle spielt und spielte die Marke X im Leben? Welche Rollen spielen Tätigkeiten wie Backen, Putzen, Umgang mit Geld, welche Rolle spielen Entscheidungen wie der Kauf des ersten Autos für das eigene Selbstverständnis?

Die Hauptaufgabe der biographisch-narrativen Interviewführung besteht deshalb darin, Narrationen von biographisch verorteten Erlebnissen und Erfahrungen zu ermöglichen. Als Interviewende*r sollte man Befragten die Möglichkeit geben, *einen eigenen Erzählstrang entwickeln zu lassen* und nur in die Erzählung eingreifen, wenn der „rote Faden der Geschichte" verloren zu gehen droht (vgl. Mayring 2016). Fragen sollten im erzählgenerierenden Sinne zunächst darum dienen, den Modus des Erzählens bei Befragten aufrechtzuerhalten. Deshalb sollten „Warum-Fragen" möglichst vermieden werden, dagegen fördern konkretisierende „Nachfragen" wie „Wie war das damals genau?", „Erzählen Sie doch noch etwas ausführlicher davon!", „Wie ging es dann genau weiter?", „Wie war ihre Stimmung zu der Zeit in der Regel den Erzählfluss" (vgl. Kap. 4). Erst im Anschluss sollten weitere verständnisgenerierende Fragen kommen, die dazu dienen, eigene Nachfragen äußern zu können und das Gehörte in die eigene Wahrnehmungs- und Verständnisstruktur zu überführen.

Das problemzentrierte Interview
Uns geht es in diesem Buch nicht um eine systematische Differenzierung der verschiedenen Methoden qualitativer Forschung – uns ist es aber wichtig, dass in der qualitativen Forschung insgesamt und der Markt- und Konsumforschung im Besonderen nicht mit Begriffen um sich geschmissen wird, ohne sich über deren methodologische Verortung bewusst zu sein.

Auch wenn die Bedeutung von Narrationen für qualitative Interviews unbestritten ist, sind nicht alle Interviews, in denen Erzählungen im Mittelpunkt stehen, narrative Interviews im Sinne von Schütze. Beim „narrativen Interview" handelt es sich um eine Interviewmethode, welche etwa bezüglich der Rolle des Leitfadens und Interviewführender andere Vorgaben macht als das „problemzentrierte Interview". Bei beiden Methoden geht es aber um das Verständnis sowohl von Erzählungen als auch Lebensgeschichten.

Das problemzentrierte Interview wurde von Andreas Witzel (1982, 1985, 1996, 2000) und Herwig Reiter (Witzel und Reiter 2012) entwickelt und weiter ausgearbeitet und gehört zu den meist verwandten Verfahren in der deutsch-sprachigen qualitativen Sozialforschung. Im Vergleich zu narrativen Interviews kommt der Entwicklung eines Leitfadens auf Grundlage des eigenen Vorwissens eine höhere Bedeutung zu. Außerdem werden dem Interviewer oder der Inter-viewerin Möglichkeiten reflektierter Beteiligung an der Interviewsituation, etwa in Form durch gezielte Nachfragen oder Paraphrasierungen eingeräumt, die in Einklang mit unseren Ausführungen zu Befragungen in diesem Buch stehen.

Drei Grundpositionen sind für problemzentrierte Interviews charakteristisch:

- *Problemorientierung:* Im Mittelpunkt steht eine Frage, die für Befragte in ihrem Alltag relevant ist und die Bezüge zu einer gesellschaftlich relevanten Problemstellung aufweist. Das Vorwissen von Forschenden wird systematisch in den Prozess der Befragung eingebunden.
- *Gegenstandsorientierung:* Die Art und Weise, wie befragt wird, wird dem Forschungsgegenstand angepasst. Dies kann sich etwas auf die Struktur und Länge von Leitfäden beziehen, aber auch auf die Kombina-tion mit anderen Methoden. Es geht darum, Erzählungen zu generieren. Welche Techniken dazu verwandt werden, steht ebenfalls in Verbindung mit dem untersuchten Gegenstand.
- *Prozessorientierung:* Fragen und Gesprächssequenzen im Interview dür-fen nicht unabhängig von ihrer Einbindung in den Gesprächsverlauf und den Forschungsprozess verstanden werden. So ist die Reihenfolge und Verbindung verschiedener Fragen zu Blöcken genau zu reflektie-ren. Bestimmte Fragen und Themen sollten an verschiedenen Stellen im Interview mehrfach aufgeworfen werden. Außerdem sollte es im Interview für alle Beteiligten die Möglichkeit geben, mögliche Missver-ständnisse anzusprechen und zu klären. Durch eine prozessorientierte Interviewführung soll bei Befragten Vertrauen geschaffen und gestärkt werden und es ihnen ermöglichen, einen für sie relevanten thematischen Horizont in eigenen Worten zu schildern.

Das kognitive Interview

Unter „kognitivem Interview" wird in der Markt- und Konsumforschung ein Verfahren der offenen Befragung verstanden, das insbesondere zur detaillierten Rekonstruktion von Erlebnissen dient (z. B. Dagneaud 2019). Es findet häufig bei der Analyse von *Customer Journeys* (vgl. Abschn. 4.3 und 5.4), dem Nachvollziehen von *User Experience* (vgl. Abschn. 5.4) oder größeren Kaufentscheidungen, wie z. B. dem Autokauf, Anwendung.

Entwickelt wurde dieses Interviewverfahren Mitte der 1980er-Jahre von den beiden kognitiven Psychologen Ed Geiselman und Ron Fisher zur Verbesserung von polizeilichen Zeugenaussagen (Fisher et al. 1989). Die zugrunde liegende Idee basiert auf psychologischer Grundlagenforschung von Donald M. Thompson und Endel Tulving (1973): Etwas wird besser erinnert, wenn Wörter, Gerüche, Geräusche oder innere Zustände als *Gedächtnisstütze* genutzt werden, die auch bei der Encodierung (Einspeicherung) des Erlebten im Kontext vorkamen.

Die Anwendung des kognitiven Interviews soll im Folgenden am Beispiel einer Befragung zum Kauf eines Bettes veranschaulicht werden:

1. *Setup/Fokussierte Konzentration:* Es sollte alles getan werden, um die Konzentration der Teilnehmenden zu fördern, z. B. durch einen reizarmen Test-Studio-Raum, und die Bestärkung darin, sich Zeit zu nehmen sowie zur Förderung der Erinnerung und der Introspektion in bestimmten Phasen des Interviews die Augen zu schließen. Wichtig für die Interviewführung ist es, die Befragten immer zu Erzählungen anzuregen, ruhig zu sprechen, sie immer aussprechen lassen, Pausen und Nebensächliches zulassen, wenig direkten Augenkontakt zu suchen, während die Befragten dabei sind, ihre Erinnerungen zu schildern.

2. *Freies Erinnern, freie Narration:* Zuerst den oder die Befragten bitten – ohne Zeitdruck – alles zu berichten, an was sich erinnert wird, auch wenn es unwichtig erscheint. Dies dient der Aktivierung des assoziativen Netzes. Die Aufgabe der Interviewenden besteht darin, sich Notizen zu machen, sie sollten deutlich sichtbar zuhören, aber keine Nachfragen stellen.

3. *Kontext-Rekonstruktion, Nachfragen:* Die beschriebene Gesamtszene im Detail rekonstruieren: „Wie gingen Sie beim Kauf des Bettes genau vor?", „Wie kamen Sie auf die Idee?", „Was führte Sie in das Geschäft?", „Wie spät war es?", „Wie war das Wetter?", „Wie fühlten Sie sich?", „Wie voll war es?", „Nahmen Sie bestimmte Werbeanzeigen wahr?" etc. Hier ist die Aufgabe der Interviewenden, bezüglich relevanter Details nachzufragen und Aussagen konkretisieren zu lassen. Bei der Rekonstruktion und Analyse der Customer Journey ist auch eine Zeichnung oder sonstige Visualisierung (Metaplan) sehr hilfreich (vgl. Abschn. 4.4).

4. *Erinnerungsreisen:* Anschließend wird versucht, die Erinnerung aus verschiedenen Blickwinkeln abzurufen und dabei verschiedene Sinnesebenen (z. B. taktil, visuell) einzubeziehen: Wie war es, als Sie das Produkt in die Hand

nahmen und es anschauten?", „Nehmen Sie sich eine Minute Zeit, gehen Sie zurück in die Zeit und versuchen sich an alles zu erinnern, wo sie hinsahen und wie das Produkt aussah!", „Erinnern Sie sich daran, wie es sich anfühlte in ihren Händen!".

Das Experteninterview

Von besonders hoher Bedeutung im Rahmen qualitativer Markt- und Konsumforschung sind Experteninterviews. Hier scheint schon der Name auf einen Blick zu verdeutlichen, worum es geht: die Befragung von Expertinnen und Experten, zu denen in der Praxis insbesondere *Menschen mit hoher Verantwortung und Entscheidungsgewalt im Kontext von Organisationen gezählt werden, sowie zu bestimmten Fachthemen aus Wirtschaft, Medien, Politik und Wissenschaft.* Wenn man dem ersten noch einen zweiten Blick folgen lässt, erkennt man, dass es gar nicht so leicht ist, zu bestimmen, was ein Experteninterview ausmacht. Das liegt erstens daran, dass es kein allseits geteiltes Verständnis davon gibt, was jemanden zum Experten oder zur Expertin macht und worin der Unterschied zu anderen Zielgruppen in der Befragung liegt.

In der Literatur gibt es dazu engere und weitere Bestimmungen von Expertinnen und Experten (vgl. z. B. Bührmann 2005). Im engeren Sinne gehören diejenigen dazu, die über eine herausgehobene Stellung im gesellschaftlichen Kontext verfügen, die sich insbesondere im Kontext beruflicher Aufgaben und Entscheidungsbefugnisse ergeben hat und die im Sinne von Wissen zu einer *außergewöhnlichen Expertise* geführt hat.

Im weiteren Sinne zählen alle dazu, die in besonderer Form an bestimmten sozialen Interaktionen beteiligt sind und in diesem Sinne „ein besonderes Wissen über soziale Sachverhalte" besitzen (Gläser und Laudel 2004: 10). In diesem Sinne könnte man etwa Studierende als Expertinnen und Experten für den Bereich des Studiums bezeichnen. In der Praxis der Markt- und Konsumforschung wird das Experteninterview unseren Erfahrungen gemäß häufig im Sinne eines eher eng gefassten Experten-Begriffs eingesetzt. Das liegt daran, dass das Potenzial des Experteninterviews darin gesehen wird, exklusives Wissen für laufende Projekte zugänglich zu machen und darauf gestützt voranzukommen.

In der Praxis der Markt- und Konsumforschung werden als Expertinnen und Experten sowohl Meinungsführer (Politiker, Professoren, Journalisten etc.), Manager, Entscheider und Führungskräfte in Unternehmen als auch Berufsgruppen Ärzte, Selbständige, Handwerker etc. (B2B-Zielgruppen).gesehen.

Das Ziel von Interviews mit Expertinnen und Experten ist es demnach, *das Wissen, die Erfahrungen sowie die subjektive Perspektive der jeweiligen Experten auf ein vorgegebenes Thema zu erfassen und zu explorieren* (vgl. z. B. Gläser und Laudel 2004; Bogner et al. 2014). Dabei geht es vorrangig um die konkreten Handlungs- und Entscheidungsfelder und weniger um die Persönlichkeit der Befragten. Dieser Anspruch führt zu einer zweiten Herausforderung, die dem Begriff Experteninterview innewohnt: Wir haben im vierten Abschnitt für alle Befragungen herausgearbeitet, dass Menschen im Interview nicht als Wissens-Container begriffen werden dürfen, die auf die jeweilige Frage das vorhandene bereichsbezogene Wissen zum besten geben, sondern dass die jeweiligen Antworten vor dem Hintergrund des Gesprächsverlaufs zu verstehen sind und von diesem auch in Form und Inhalt abhängen. Dies gilt auch für Experteninterviews. Die Vorstellung, dass es sich hier um eine Sonderform eines Gesprächs handelt, bei der die Interaktion zu vernachlässigen wäre und es nur auf die Inhalte ankomme, welcher vom Experten oder der Expertin benannt werden, ist trügerisch.

Gerade deshalb ist es wichtig, Expertinnen und Experten in ihrer Menschlichkeit zu begreifen, die sich *im Handeln in einer spezifischen Verbindung von rationalen Überlegungen und damit verbundenen emotionalen Befindlichkeiten* ebenso widerspiegelt wie bei anderen Menschen (vgl. auch Koschel und Barczewski 2009; Stoll et al. 2006).

Ein häufiger Fehler beim Einsatz von Experteninterviews besteht darin, diese Einsicht zu vernachlässigen, indem Expertinnen und Experten von vorneherein als rationale Entscheider betrachtet und angesprochen werden. Dies ist sowohl für den Verlauf des Interviews als auch in der Analyse problematisch, wenn die Antworten im Interview nicht bezüglich ihrer Einbindung in einen bestimmten Gesprächsverlauf hinterfragt werden. Bei einem Experteninterview gilt wie für alle anderen Interviews auch, dass ein Vertrauensverhältnis geschaffen werden muss und dass es einer systematischen Annäherung an verschiedene Themenbereiche inkl. Warm-Up geben muss. Dementsprechend betrachten wir das Experteninterview nicht als eine gesonderte Methode, sondern eine Form qualitativer Interviews, die auf den von uns bereits geschilderten Überlegungen aufbaut und nicht im Widerspruch dazu steht.

Dies gilt im besonderen Maße für die Rolle der Interviewenden, die ihre Präsenz nicht verleugnen und sich nicht als reine Frageneinwerfer verstehen sollten. Das setzt eine *intensive Einarbeitung in den Kontext der Fragestellung voraus:* Im Sinne einer „Kommunikation auf Augenhöhe" *sollten auch Interviewführende über Fachexpertise verfügen,* z. B. durch Vorbildung, Vorinformation oder Einarbeitung in das Fachthema. Dies ist die Voraussetzung, um passende Fragen zu stellen und Antworten zu verstehen, ohne durch die Fachsprache in der Antwort überfordert zu werden (Überforderung durch Fachsprache!) und darauf zu reagieren. Einem oberflächlich verlaufenden Interview wird entgegengewirkt, wenn das Gespräch durch kompetente Nachfragen vertieft werden kann. Interviewführende geben den befragten Expertinnen und Experten dadurch zu verstehen, dass sie zuhören und etwas von der Angelegenheit, um die es in der Befragung geht, verstehen. Dies kann von einigen Experten und Expertinnen als Voraussetzung angesehen werden, um sich überhaupt zu öffnen und um Zeit für das Gespräch aufzubringen, damit diese nicht als sinnlos vertan angesehen wird. So sollte z. B. ein Interview oder eine Gruppendiskussion mit Entscheidern zum Thema Börsengang oder Cloud-Computing nicht ohne intensive fachliche Vorbereitung durchgeführt werden.

Es gehört in bestimmten Berufsfeldern zum Habitus von Führungspersönlichkeiten, sich selbstbewusst, in der Tendenz gar selbstgefällig zu geben und die eigene Relevanz durch die Betonung der knappen Zeit zu unterstreichen. Insbesondere wenn Menschen in einer auf Leistung und Wettkampf ausgerichteten Organisationskultur aufgestiegen sind, kann es vorkommen, dass sie auch von den Interviewenden eine „Spitzenleistung" erwarten und sie am Anfang des Gesprächs diesbezüglich mit einigen Antworten auf seine Fach- und Präsentationskompetenz testen. Als Interviewerin oder Interviewer sollte man sich deshalb immer wieder bewusst machen, dass es nicht um einen Wettkampf der Expertise, sondern wie bei anderen qualitativen Interviews um aktives Zuhören geht, gleichzeitig aber auch darum, souverän mit derartigen Test-Situationen umzugehen. Dafür gilt es, den Fokus zurück auf dem Interview zu belassen und dafür eine vertrauensvolle, offene Atmosphäre zu schaffen. Denn andersherum kann es auch vorkommen, dass die Menschen, welche zu einem „Experteninterview" geladen wurden, sich wie in einer Testsituation begreifen und eigene Unsicherheiten durch besonders hochgestochene Antworten kaschieren wollen. Dementsprechend ist es wichtig, sich im Experteninterview zum einen nicht durch hochabstrakte, verworren erscheinende Ausführungen einlullen zu lassen, sondern selbstbewusst zu sein und nachzufragen, wenn man etwas nicht sofort versteht, und zum anderen auch dem Gegenüber durch eine gelungene Interviewführung und Körpersprache anerkennend zu verstehen zu geben, dass seine Antworten relevant und nachvollziehbar im Sinne des Projektkontexts sind.

Aufgrund der zumeist anspruchsvollen Themen ist es empfehlenswert, *leitfadengestützte Experteninterviews durchzuführen*. Dies fördert die Fokussierung des Gesprächs und beugt dem Abschweifen der befragten Expertinnen und Experten von Fragen, die für die Forschung weniger relevant sind, vor.

Bei Experteninterviews ist stets damit zu rechnen, dass Befragte recht ausführlich antworten. Sie sollten dafür Raum bekommen. Leitfäden sollten deshalb nicht überfrachtet sein und den Expertinnen und Experten die Möglichkeit geben, Zusammenhänge aufzuzeigen, ohne sich in ein Korsett von Fragen gepresst zu fühlen.

Im Rahmen von Projekten empfehlen wir, nur wenige erfahrene B2B-Interviewende einzusetzen, da sich dadurch ein zusätzlicher, thematischer Lerneffekt erzielen lässt. Das mit jedem Experteninterview gewachsene Wissen aufseiten der Interviewführenden kann für die weitere Erhebung und Auswertung genutzt werden.

Dies alles verlangt nach einer besonderen Vorbereitung. Vor Beginn der Experteninterviews ist ein sogenannter „Pretest" sinnvoll, also ein Probedurchlauf, der zeigen soll, ob das Interview den gewünschten Verlauf nimmt, ob die Fragen verstanden werden, die Zeitvorstellungen und alle relevanten Themenfelder zur Sprache kommen. Diese Erfahrungen können dann in die Überarbeitung des Interviewleitfadens eingehen.

Beim Umgang mit Experten, Entscheidern, Managern etc. ist es wichtig, sowohl schon bei der Vorbereitung der Erhebung als auch im Rahmen der Auswertung zu berücksichtigen, ob und in welchen Grenzen Befragte frei sind, sich zu bestimmten Sachverhalten zu äußern. So kann es sein, dass die Befragten aus Loyalitätsgründen nicht über bestimmte Facetten ihres Wissens (z. B. Unternehmensinterna: Strategien, Finanzen, Organisation etc.) sprechen möchten oder dürfen oder aber aus strategischen Gründen bestimmte Aspekte stark in den Vordergrund rücken. Im Sinne der Etablierung eines Vertrauensverhältnisses und der Schaffung von Transparenz ist es wichtig, im Vorfeld einer Befragung über Ziele einer Studie aufzuklären und mögliche Barrieren und Befürchtungen der befragten Expertinnen und Experten deutlich anzusprechen, um gemeinsam zu vereinbaren, über was im Interview geredet werden kann.

Experteninterviews können in verschiedenen Projektphasen zu unterschiedlichen Zwecken eingesetzt werden. In einer vergleichsweise frühen Phase geht es in der Regel um die Exploration unbekannten Terrains. Durch die Befragung von Expertinnen und Experten soll das Feld zunehmend besser übersehen werden, um auf der Grundlage dieses Überblicks die eigentliche Fragestellung und das Forschungsdesign zu schärfen oder festzulegen. In späteren Phasen dient die Befragung von Expertinnen und Experten eher der Systematisierung und Differenzierung von Wissen sowie einer darauf gestützten Modellierung bzw. Theoriebildung. Beispielsweise kann es darum gehen, inwiefern in einer bestimmten Branche neue Produkte oder Angebote von Firmen genutzt werden oder welche Marken für welche Art von Dienstleistung bevorzugt werden.

„Delphi-Methode" und *„Szenario-Technik"*

Häufig werden Experteninterviews in der Markt- und Konsumforschung eingesetzt, um Trends zu entdecken und Hinweise auf zukünftige Entwicklungsverläufe in bestimmten Branchen zu bekommen. Neben dem klassischen Experteninterview finden in diesem Zusammenhang die *„Delphi-Methode"* und die *„Szenario-Technik"* Anwendung.

Bei der Delphi-Methode werden für ein bestimmtes Themengebiet (z. B. Wertewandel, Wirtschafts- und Technologieentwicklung, Trends etc.) qualifizierte Expertinnen und Experten wiederholt eingeladen und befragt. Dies kann persönlich im Einzelgespräch, in Gesprächsrunden aber auch in kleinen, überregionalen Online-Communities geschehen (siehe Abschn. 5.3). Zumeist werden mehrere Befragungswellen geplant, so lange bis das Forschungsthema ausreichend „erschöpft" scheint, weil weitere Befragungsrunden keine grundsätzlich neuen Erkenntnisse mehr versprechen. Für die erst Runde einer „klassischen Delphi-Befragung" wird der Stimulus von den Forschenden vorgegeben, die nächsten ergeben sich häufig aus den Diskussionen der vorhergehenden Stufen. Dafür können etwa im Sinne von Moderation die Beiträge verschiedener Expertinnen und Experten aus der vergangenen Runde zusammengefasst und den Befragten widergespiegelt werden. Dies kann gleichzeitig ein Motivator zur weiteren Teilnahme der einbezogenen Befragten sein, die dadurch mit anderen Expertenmeinungen in Kontakt kommen, neue Perspektiven kennenlernen und den eigenen Standpunkt zunehmend differenziert formulieren können.

Im Zusammenhang mit Trends und Zukunftsfragen werden Expertinnen und Experten auch häufig mit der *Szenario-Technik* befragt. Szenarios stellen dabei mögliche Folgen von Ereignissen dar wie z. B. gesellschaftlicher Wandel, Wirtschaftskrise, Globalisierung, Digitalisierung etc. Diskutiert werden zumeist drei Hauptvarianten und damit verbundene Handlungsspielräume: ein optimistisches, realistisches und pessimistisches Szenario.

5.3   Befragungen und Diskussionen in Gruppen

Wenn es darum geht, den Wert von Gruppendiskussionen zu bestimmen, sollte man sich zunächst bewusst machen, dass der Mensch ein soziales Wesen ist[3].

---

[3] Zu Gruppendiskussionen als einer in der Markt- und Konsumforschung sehr verbreiteten Methode haben wir in den vergangenen Jahren bereits mehrere umfassende Veröffentlichungen erstellt (insbesondere Kühn und Koschel 2018a, b), in denen wir auf Feinheiten und die Prozess-Logik von Diskussionen in Gruppen im Detail eingegangen sin. Im Sinne dieser breiter angelegten Einführung wiederholen wir zum einen zentrale Passagen in Anlehnung an diese Veröffentlichungen, zum anderen legen wir einen noch stärkeren Fokus darauf, die

Der Bezug auf Andere ist ein fester Bestandteil unseres Lebens, in dem wir alle unterschiedlichen Gruppen angehören, ob wir es wollen oder nicht. Das bedeutet, dass Abwägungen und Diskussionen in Gruppen etwas Alltägliches sind, das es auch zu verstehen gilt, wenn es um Konsum geht. Gruppendiskussionen stellen eine Methode dar, mit deren Hilfe diese Prozesse der Forschung zugänglich gemacht werden, indem verschiedene Menschen miteinander in Kontakt gebracht werden und sie die Möglichkeit bekommen, sich auszutauschen und miteinander zu diskutieren.

Allerdings kann der Begriff „Gruppe" für Kontexte des Miteinander stehen, die sich deutlich voneinander unterscheiden. Die Dynamik in einer großen unübersichtlichen Gruppe von Fußballfans beim Public Viewing ist eine andere als die zwischen Schülerinnern und Schüler einer Klasse. Im Rahmen von qualitativer Forschung werden in der Regel Gruppen befragt, die so zugeschnitten sind, dass alle Beteiligten die Möglichkeit haben, zu Wort zu kommen und miteinander zu interagieren. Im Rahmen qualitativer Forschung kommt der Moderation von Diskussionen in Gruppen eine Schlüsselrolle zu, um den thematischen Bezug zu wahren und um sicherzustellen, dass Diskussionen nicht aus dem Ruder laufen. Deshalb definieren wir die Gruppendiskussion als ein qualitatives Erhebungsverfahren, bei dem mehrere teilnehmende Personen gleichzeitig miteinander diskutieren und interagieren und mindestens eine Person moderierend auf den Diskussionsverlauf einwirkt (vgl. Kühn und Koschel 2018a).

In der Praxis gibt es eine Reihe unterschiedlicher Möglichkeiten, Gruppen diskutieren zu lassen. Die Entscheidung, welcher Ansatz zum Einsatz kommen sollte, hängt letztendlich von der konkreten Forschungsfrage und den Vorteilen und spezifischen Grenzen der jeweiligen Methode ab. Stellschrauben ergeben sich insbesondere hinsichtlich der folgenden Kriterien, welche wir in der folgenden Übersicht präsentieren:

Stellschrauben von Gruppendiskussionen

- Gruppengröße/Anzahl der Teilnehmenden (z. B. Mini-Gruppen etc.),
- Zusammensetzung der Gruppe (z. B. eher homogene/heterogene Kriterien, natürliche oder ad-hoc Gruppe, Co-Moderation, Expert*innen),
- Dauer (z. B. 60, 90, 120 min oder länger),
- Art der Partizipation (Workshops, Barcamps, World-Café etc.),

---

Vielfalt möglicher Verfahren gerade angesichts der dynamischen Entwicklung im Kontext digitaler Transformation zu betonen.

- Sequentialität (z. B. Panel-Designs, längerfristig angelegte Gruppen, Online-Communities),
- Kontext (z. B. online, Teststudio, In-Home etc.),
- Inhalte (z. B. bewusst konsens- oder konfliktorientierte Moderation, Kreativtechniken, Psychodrama),
- Vor- und Nachbereitungen (z. B. Waiting-Room-Excercises, Cultural Probes, Hausaufgaben wie Diaries, z. B. zur Fremd- aber auch zur Selbstbeobachtung).

Im Folgenden skizzieren wir wichtige in der Praxis auftretende Varianten von Gruppendiskussionen in ihren Grundzügen, um mit den verschiedenen Stellschrauben verbundene Spielräume aufzuzeigen.

Vom Barcamp bis zur Fish Bowl, vom Experten-Roundtable bis zum World Café: Gruppenevents und Gesprächsformate, die einen großen Wert auf Dialog und Partizipationsbereitschaft der Teilnehmenden legen, liegen auch in der Konsumforschung im Trend und bieten eine analoge Alternative zu den digitalen Konferenzen und Marktforschungs-Online-Communities (MROC).[4]

Dyaden und Triaden
Am wenigsten trennscharf zwischen Interview und Gruppendiskussion sind Dyaden und Triaden verortet. Sie eignen sich insbesondere dann, wenn es zum einen darum geht, wie im Interview auf ausführliche Schilderungen individueller Erlebnisse bzw. Abwägungsprozesse abzuzielen, man sich aber gleichzeitig durch das Vorhandensein einer bzw. zwei weiterer Personen bereichernde Anregungen für derartige Schilderungen erhofft. Dies kann mit einem höheren Grad an Sicherheit und Vertrautheit aufseiten der Befragten verbunden sein oder mit dem Bestreben, dass die Befragung von zwei oder drei Personen dazu führt, dass bei komplexen Sachverhalten wichtige Facetten nicht versehentlich aus dem Blickfeld geraten.

Kennen sich die Teilnehmenden – wie dies z. B. bei der Befragung von Kindern und Jugendlichen in der Regel der Fall ist – dann werden diese Kleinstgruppen auch als *,Buddy-Interviews'* bezeichnet. Nicht alleine befragt zu werden, sondern jemand Vertrautes an seiner Seite zu wissen, kann die Bereitschaft erhöhen, eigene Erlebnisse und Sichtweisen zu schildern, da insbesondere bei Kindern und Jugendlichen Schüchternheit und Distanz hohe Barrieren für die Befragung darstellen können.

---

[4] Einen kurzen Überblick aktueller Veranstaltungsformate liefert Thorsten Knoll (2018).

Bei Jugendlichen sind außerdem auch bereits leichte Altersunterschiede häufig Indikatoren für Status in Gruppen und können die Entwicklung einer konstruktiven Atmosphäre behindern, in der sich Teilnehmende als gleichberechtigt erleben. Auch aus diesem Grund werden mit Jugendlichen häufig Triaden oder Dyaden als Setting gewählt, um verschiedene Kleingruppen in verschiedene Altersspannen aufzuteilen. Dyaden sind außerdem gut geeignet für ,Paar'-Interviews, z. B. mit Ehepaaren und Freunden. Sie werden insbesondere dann gewählt, wenn es darum geht, gemeinsame Informations-, Abwägungs- und Entscheidungsprozesse zu untersuchen. Der Moderierende kann dann zusätzlich zur Befragung auch die Paar-Dynamik beobachten.

Insgesamt gilt, dass Dyaden und Triaden besonders geeignet für Fragestellungen sind, bei denen das gemeinsame Erleben aus zwei unterschiedlichen Perspektiven beleuchtet werden soll. Aufgrund der kleinen Zahl der Teilnehmenden ist allerdings mit weniger Varianz und wechselseitiger Anregung als bei größeren Gruppen zu rechnen. Bei Triaden besteht außerdem die Gefahr der Ausgrenzung im Sinne zweier gegen einen. Auch bei Dyaden finden sich häufig klarer strukturierte Machtgefälle als bei Gruppendiskussionen, sodass einer oder eine der Teilnehmenden klar die Meinungsführerschaft übernimmt und der oder die andere folgt.

Stefan Busse und Erhard Tietel (2018) haben anhand des Felds der Beratung systematisch mit den Chancen triadischen Denkens und Handelns auseinandergesetzt und dies mit ihrem Titel „Mit dem Dritten sieht man besser" auf den Punkt gebracht. Ihre Ausführungen bieten auch für die qualitative Markt- und Konsumforschung einen reichhaltigen Fundus. Die Autoren zeigen auf, dass von Kindheit an Triaden im Sinne von Beziehungen zwischen Dreien unser Leben prägen. Nicht nur in der Beratung, sondern auch in der Befragung kann die Arbeit mit Triaden sinnvoll sein, um verschiedene Perspektiven, wie sie insbesondere für das Verständnis von Konflikten entscheidend sind, nachzuzeichnen. Dafür können Befragte gebeten werden, in der Befragung unterschiedliche Rollen einzunehmen und zum Beispiel zwischen der Beobachtungs- und Beteiligungsperspektive zu wechseln. Diese Nutzung verschiedener Perspektiven wird in der Forschung auch im Sinne von *Triangulation* (vgl. auch Abschn. 6.2).

Mini-Gruppen

Eine Mini-Gruppe setzt sich aus vier bis fünf Teilnehmenden zusammen, d. h. deutlich weniger als bei einer klassischen Gruppendiskussion.

Mit Mini-Gruppen soll der Rahmen für eine konzentrierte und tiefgehende Diskussion geschaffen werden. Denn im Kontext einer Mini-Gruppe haben einzelne Teilnehmende deutlich mehr Raum, eigene individuelle Erfahrungen und

Haltungen ausführlich auszubreiten, weil insgesamt *mehr Sprechzeit pro Person* zur Verfügung steht als bei größeren Gruppen. Dies ist insbesondere dann relevant, wenn mehrere Expertinnen oder Experten (z. B. Ärzte, Journalisten, Manager) miteinander ins Gespräch kommen sollen und anzunehmen ist, dass deren Wortbeiträge relativ ausführlich oder detailliert ausfallen werden. Auch wenn es darum geht, individuelle Erfahrungen und Entscheidungen im Einzelnen zu explorieren, ist die Durchführung von Mini-Gruppen gegenüber einer Gruppendiskussion vorteilhaft, um einer hektischen Atmosphäre vorzubeugen, bei der Teilnehmende mehr und mehr um Redezeit konkurrieren. Auch forschungspragmatische Gründe können die Durchführung von Mini-Gruppen ratsam erscheinen lassen, insbesondere dann, wenn Angehörige einer bestimmten gesellschaftlichen Gruppe nur schwer zu rekrutieren sind, ist es deutlich leichter, vier statt acht Personen zur selben Zeit zusammenzubringen. Kennen sich die Teilnehmenden, dann spricht man bei Minigruppen auch von ‚Freundschaftsgruppen‘. Bei derartigen Gruppen können besser authentische Eindrücke von vielen Gemeinschaftserlebnissen (z. B. Fußball schauen, Gaming, ausgehen, Verkostungen aller Art, Partys etc.) nachvollzogen und in ihrer Dynamik miterlebt werden.

Eine Schwäche von Mini-Gruppen kann darin bestehen, dass die Gruppendynamik insgesamt weniger lebhaft und stärker durch individuelle Charaktere bestimmt wird als die bei größeren Gruppen der Fall ist. Dadurch haben nicht nur Ausfälle und Fehlrekrutierungen besonders starke Implikationen; auch bei einer ordnungsgemäßen Rekrutierung wird der Rückschluss von der Diskussion auf soziale Gruppen erschwert, weil die Entstehung einer Wir-Perspektive im Zusammenhang gemeinsamer Erfahrungsräume nicht immer gegeben ist. In einer größeren Gruppe wird die Ausbildung einer Wir-Perspektive, die im Zusammenhang mit den Kriterien steht, nach denen die Teilnehmenden rekrutiert wurden, eher gefördert. Generell gilt, dass einzelne entstehende Teilnehmenden-Rollen, wie z. B. Meinungsführerschaft und Schweigende, die im Zusammenhang mit der Persönlichkeitsstruktur einzelner Teilnehmenden stehen, die Diskussion stärker prägen als bei klassischen Gruppendiskussionen. Eine weitere Herausforderung besteht darin, dass es schnell zu Polarisierungen und einem insgesamt eher kontroversen Diskussionsklima kommen kann. Relativ schnell kann es passieren, dass der Eindruck von ‚einer oder eine gegen alle‘ entsteht, der zu Rückzügen von Teilnehmenden und emotionaler Aufheizung des Diskussionsklimas führen kann. Schließlich ist noch anzumerken, dass bei größeren Gruppen in der Regel schneller eine Vielfalt an thematischen Facetten deutlich wird.

Gruppendiskussion/Fokusgruppe

Die „klassische" Gruppendiskussion besteht aus sechs bis zehn Teilnehmenden, die in einer Runde versammelt sind und miteinander interagieren können. Dieses Setting bietet die besten Voraussetzungen dafür, dass die Diskussion nicht durch einen einzelnen Teilnehmenden dominiert wird, sondern dass der Austausch verschiedener Perspektiven gesichert ist und ausreichend Raum besteht, dass jeder sich aktiv mit Wortbeiträgen beteiligen kann. In der Markt- und Konsumforschung werden dabei deutlich häufiger sogenannte *Ad-hoc-Gruppen* durchgeführt, bei der Teilnehmende nach bestimmten Auswahlkriterien bestimmt und eingeladen werden, ohne sich vorher zu kennen. Deutlich seltener werden „natürliche" Gruppen befragt, in denen die Teilnehmenden auch im Alltag eine Gruppe bilden. Neben der leichteren Realisierbarkeit angesichts der größeren Zahl der ansprechbaren Personen liegt ein Vorteil in diesem Ad-hoc-Design darin, dass Teilnehmende an einer Diskussion frei von strategischen Überlegungen auftreten können, während bei „natürlichen" Gruppen ihre Beiträge die weiteren Beziehungen zu den anderen Gruppenmitgliedern beeinflussen könnten.

Ähnlich wie bei Interviews bieten auch Gruppendiskussionen die Möglichkeit zu unterschiedlichen Ansätzen und damit verbundenen Kommunikationsstrategien in der Moderationsrolle. Analog zum problemzentrierten Interview sprechen etwa Kühn und Koschel (2018a) von problemzentrierten Gruppendiskussionen (vgl. auch Kühn 2015a für eine ausführlichere Auseinandersetzung mit diesen Formen problemzentrierter Befragungen). Aber auch andere Formen wie z. B. der morphologische (Dammer und Szymkowiak 2008), tiefenpsychologische (Volmerg 1977) oder rekonstruktive (Bohnsack et al. 2010) sind in der Praxis verbreitet.

In der Praxis der Auftragsforschung ist die Unterscheidung meist weniger deutlich bestimmt. Neben Gruppendiskussionen sind weitere Begriffe wie Fokusgruppen, Fokusgruppeninterviews, focus groups oder group discussions gebräuchlich. Diese sind nicht klar voneinander abgegrenzt. Eine wesentliche Aufgabe zu Beginn des Forschungsprozesses oder noch während der Erstellung eines Angebots besteht in der Auftragsklärung (vgl. Abschn. 6.1 und 6.2). Dabei sollte insbesondere besprochen werden, welche Ziele mit einem gruppenorientierten Verfahren verbunden werden und welche Rolle die Gruppendynamik besitzt.

Denn unterschiedliche Erwartungen und dementsprechend auch unterschiedliche Ansätze in der Praxis gibt es insbesondere dahingehend, wie das Verhältnis von Gruppendynamik zu diskutierten Inhalten gesehen wird, welche Rolle dem Moderierenden im Verhältnis zu den Teilnehmenden zugeschrieben wird und in welchem Maße Gruppen eher homogen oder heterogen zusammengesetzt sein sollten. Wenn etwa Forschung darauf ausgerichtet ist, in Gruppen ein „Wir"-Gefühl auszulösen, damit vor dem Hintergrund gruppenspezifischer Werte und Normen argumentiert wird, ist eine diesbezüglich homogene Rekrutierung ratsam, etwa wenn zwischen weiblichen und männlichen Perspektiven unterschieden werden soll. Wenn es aber darum geht, gerade die durchaus spannungsgeladene Argumentation in ihrer Dynamik zwischen Teilgruppen zu beobachten, kann eine eher heterogene Zusammensetzung empfehlenswert sein (etwa im Sinne eines Streitgesprächs zwischen Männern und Frauen). Wichtig ist in jedem Fall, sich bewusst zu sein, dass eine Gruppe immer mehr als eine bloße Ansammlung von Einzelpersonen ist und die Diskussion einer spezifischen Dynamik folgt. Deshalb sollte man sich im Vorfeld immer sorgfältig Gedanken über die Zusammensetzung machen und auch in während Auswertung dieser Dynamik immer Berücksichtigung schenken, selbst wenn es vorwiegend um das Zusammenfassen von diskutierten thematischen Bezügen während der Diskussionsrunde gehen sollte (vgl. Kühn und Koschel 2018a).

Wichtig ist es aber immer, sich vor Augen zu führen, dass es sich *bei Gruppendiskussionen nicht um Parallelinterviews mehrerer Personen* handelt. In dieser Hinsicht sollte dafür sensibilisiert werden, dass in einer Gruppendiskussion mit Fragen Gruppen und nicht isolierte Individuen angesprochen werden. Natürlich beeinflussen Aussagen von Mitgliedern der Gruppe nachfolgende Sprecherinnen und Sprecher. Gerade deshalb ist die Annahme, dass man durch eine Gruppendiskussion schneller mehr Einzelpersonen befragen kann als dies durch aufeinanderfolgende Interviews möglich wäre, eine Fehlannahme. In dieser Hinsicht könnte man tatsächlich von „Verzerrungen" sprechen, die durch das Gruppen-Setting entstehen. Aber wenn man sich von diesem Gedanken befreit, sondern gerade die Dynamik, die in Gruppen entsteht, in den Blick nehmen möchte, sind Gruppendiskussionen die richtige Methode (vgl. ausführlich Kühn und Koschel 2018a). Beispielsweise kann es von Interesse zu sein, welche emotionale Resonanz verschiedene Konzeptalternativen auslösen, oder welche Deutungen oder Narrative eher polarisieren etc.

Workshop-Settings
Von einem Workshop kann gesprochen werden, wenn neben den thematischen Diskussionen eigene gemeinsame Aktivitäten der Teilnehmenden in Form von kleinen Aufgaben oder Projekten systematisch integriert werden. Zielsetzung ist in jedem Fall die Nutzung des dynamischen und kreativen Potenzials der Gruppe zur praxisnahen Ideen- bzw. Lösungsfindung. Workshops setzen von den Teilnehmenden eine grundsätzliche Bereitschaft voraus, sich mit dem Thema tiefgehend, differenziert und engagiert auseinanderzusetzen. Zentrales Element eines

jeden Workshops sind *Kreativitätstechniken*, wie z. B. *Brainstorming, freie Asso-ziationen, projektive Techniken, Mind-Mapping, Collagen, Rollenspiele* und die *Identifikation von Analogien oder Methapern,* mit deren Hilfe neue Ideen und innovative Problemlösungen erschlossen werden.

Workshops dauern länger als Gruppendiskussionen, in der Regel mindestens drei Stunden, in ausgewählten Einzelfällen auch länger bis hin zu mehreren Tagen. Im Rahmen der digitalen Produktentwicklung werden bei *Design-Sprints* oder *Design-Thinking-Workshops* gut 5 Arbeitstage veranschlagt. Sie können in Teststudios, Konferenzräumen oder an Orten, welche zur Kreativität anre-gen sollen, durchgeführt werden, wie z. B. Lofts, Bars oder Werkstätten. Um kreative Prozesse durch Multi-Perspektivität anzuregen, ist es durchaus üblich, zu den Veranstaltungen Angehörige verschiedener Zielgruppen einzuladen, wie z. B. Angehörige kreativer Berufe, Umsetzer*innen (Produktentwickler*innen) und Kommunikatoren (Szenegänger, Journalistinnen und Journalisten etc.).

Dass ganze Workshops und Gruppendiskussionen mit Workshop-Elementen seit Anfang der 1990 Jahre in der qualitativen Marktforschung enorm an Bedeu-tung gewonnen haben (vgl. z. B. Naderer und Balzer 2011), hängt damit zusammen, dass auf der Auftraggeberseite bei der Entwicklung und Konzep-tion neuer Produktideen und Innovationen der Einbezug von Sichtweisen der Kunden/Nutzer wichtiger geworden ist (vgl. Babic und Kühn 2008). Dabei geht es nicht nur um konkrete technische Details, sondern auch um die Erforschung wichtiger Grundhaltungen, Erwartungen sowie branchen- und produktspezifischer Wahrnehmungsweisen: „Für die Hersteller geht es darum, die Interpretation des Produktes im Kopf des Konsumenten zu antizipieren" (Spiegel und Chytka 2007: 574). Besonders verbreitet sind in der Marktforschung Markenworkshops (z. B. zur Analyse des Markenkerns, der Markenpositionierung, des Markenimages etc.) sowie sogenannte Kreativ- bzw. Innovationsworkshops.

Diskussion in Großgruppen
Eine Möglichkeit, möglichst viele Menschen parallel zu befragen und zur wech-selseitigen Diskussion anzuregen, stellen *Großgruppenverfahren* dar. Aufgrund der hohen Zahl an Teilnehmenden handelt es sich streng genommen nicht mehr um eine Gruppendiskussion, sondern vielmehr um eine Gruppenbefragung, bei der in der Regel nicht alle Teilnehmenden zu Wort kommen und miteinander interagieren können. Aufgrund dieser Einschränkung ist das Verfahren als solches in der qualitativen Marktforschung weniger verbreitet als Gruppendiskussionen. Gleichwohl gibt es einige relevante Verfahren wie World Cafés oder Barcamps, die wir im Anschluss kurz skizzieren.

World Café

Ein besonders im angelsächsischen Raum verbreitetes Verfahren ist es, mehrere Minigruppen inkl. Moderatorenteam zeitgleich in einem großen Raum zu versammeln und abwechselnd Diskussionen im Plenum und Vertiefungen im Rahmen von Kleingruppenarbeiten an den einzelnen Tischen der Minigruppen durchzuführen. Unterschiedliche Zielgruppen werden in diesem Kontext an eigenen Tischen platziert. Der Vorteil dieses Verfahrens liegt darin, dass es einen schnellen Überblick über vorhandene Grundhaltungen und typische Praktiken im Alltag ermöglicht. In der Regel wird durch die zeitgleiche Diskussion einer Fragestellung in mehreren Untergruppen und den anschließenden Vergleich im Plenum sichergestellt, dass ein breites Spektrum relevanter Gesichtspunkte zu Tage gefördert wird. Allerdings wird es durch die vergleichsweise rigide zeitliche und thematische Vorstrukturierung erschwert, als Gruppe einen selbständigen Diskurs zu entwickeln, sodass die Diskussion sich stärker an einem Frage-Antwort-Schema orientiert als bei klassischen Gruppendiskussionen.

Die Methode des World Cafés stellt eine Abwandlung dieses Settings da. Es handelt sich um ein interaktives Großgruppenevent, welches Workshop- und Gruppendiskussions-Elemente miteinander kombiniert. Der iterative Ansatz beruht auf Ideen von Juanita Brown und David Isaacs und wurde ursprünglich im organisatorischen und politischen Meinungsbildungs- und Partizipationsprozess eingesetzt (vgl. Brown und Isaacs 2007). In der Marktforschung wird dieses Verfahren unter unterschiedlichen Begriffen und Variationen angewendet. Die kreative Vernetzung von Konsumentinnen und Konsumenten wird dabei im Wesentlichen zur Ideengenerierung, zur kreativen Problemlösung oder zur Einholung von Kundenfeedback genutzt.

Der World Café-Ansatz in der klassischen Variante mit Fokus auf Gesprächskreisen kann folgendermaßen skizziert werden: Die Teilnehmeranzahl liegt bei ca. 25 und max. 50 Teilnehmenden, die an insgesamt fünf bis acht Tischen für rund zwei bis drei Stunden versammelt werden.

Die Grobstruktur des World Cafés basiert auf vier Phasen:

1. Nach einer kurzen Einführung in die Veranstaltung und die Erläuterung einer Aufgabe durch jeweils eine*n Moderierende*n/Gastgeber*in diskutieren die Teilnehmenden in Klein- oder Minigruppen ein vorgegebenes Thema.
2. Die Gruppen formieren sich neu. Die an den Tischen zurückgebliebenen Moderierenden/Gastgeber informieren die neue Gruppe über

den bisherigen Gesprächsverlauf. Dann wird erneut dieselbe Frage diskutiert.

3. Die Gruppen formieren sich zum dritten (und meist letzten Mal) neu. Sie erörtern entweder nochmals die Ausgangsfrage oder eine weiterführende Frage.

4. Im Plenum erfolgt die Abschlussrunde. Hier werden die wichtigsten Diskussionsschwerpunkte, Erfahrungen und Ergebnisse zusammengetragen und diskutiert.

In der angewandten Markt- und Konsumforschung ist es durchaus üblich, dass die „Gastgeber*innen" von den auftraggebenden Unternehmen stammen und sich an der Diskussion als Fragenstellende beteiligen. Sie leiteten vorwiegend die Zwischenmoderation, bleiben ansonsten neutrale Zuhörer*innen, dürfen aber Fragen stellen.

Neben dem klassischen Setting ist auch eine stärker am Format von Workshops orientierte Variante anzutreffen. Auch dafür werden auf vier bis fünf Tische je fünf bis sechs Teilnehmende verteilt. Das World Café wird von ein bis zwei Moderierenden für insgesamt drei bis vier Stunden geleitet. Für die jeweiligen Runden wird den Gruppen eine Aufgabe gestellt, an der sie arbeiten und die sie im Anschluss im Plenum präsentieren. Anschließend wird gemeinsam über die Ideen diskutiert. Danach geht es wieder in neuer Gruppenzusammensetzung in die Kleingruppenarbeit, bis ein ansprechendes Ergebnis gefunden wurde. Es können auch verschiedene Aufgaben durchgeführt werden, die aufeinander bezogen sind, etwa von der Idee zum Konzept.

Barcamps
Ein Barcamp ist ein Großgruppenevent, das im besonderen Maße auf die Eigeninitiative, das Engagement und die Partizipationsbereitschaft aller Teilnehmenden setzt. In der klassischen Form gehen sämtliche Themenvorschläge und Diskussionsbeiträge ausschließlich von den Teilnehmenden aus (vgl. Feldmann und Hellmann 2016; Hellmann und Koschel 2018). Internetpionier Tim O'Reilly führte 2003 die ersten Barcamps durch. Auf seiner Farm in der Nähe von San Francisco versammelte er über Tage hinweg die Internetszene des Silicon Valley – nicht in einem schicken Konferenzraum, sondern in Zelten mit Lagerfeuer, so die Legende. Es ging ihm darum, sich ohne vorab festgelegte Agenda mit den „brightest minds" über allerneueste Geschäftsmodelle, Ideen, Innovationen, Technologien und Trends möglichst kreativ auszutauschen. Was und wie diskutierte wurde, legten die Teilnehmenden erst am Morgen jedes neuen Tages

im Barcamp selber selbst fest. Eine zentrale Eigenschaft der Barcamps besteht im Anschluss darin, Teilnehmende selbst Inhalte und Format der Diskussionen bestimmen („completely customer-driven").

Als ein innovatives, modernes Diskussionsformat werden Barcamps seit einigen Jahren auch in der Marktforschung genutzt, zum einen in der klassischen, traditionellen Barcamp-Variante (z. B. als Brand-Camp, Design-Camp, Fashion-Camp, Innovation-Camp, Trend-Camp etc.) und zum anderen in einer hybriden Variante, z. B. als „Insight-Camp" aus einer Kombination von Barcamp-Elementen, Gruppendiskussion und Kreativ-Workshops.

Aus Marktforschungsperspektive besteht der Reiz von Barcamps in hoher Partizipationsbereitschaft und Motivation von Teilnehmenden, die dieses Format als „das ihrige" erleben und sich frei fühlen, das zu artikulieren, was sie im Moment denken und fühlen. Charakteristisch für Barcamps ist der Versuch, Vielfalt produktiv zu nutzen. Sie verlaufen insbesondere dann fruchtbar, wenn die Diskussionen nicht durch Hierarchien bestimmt sind. Zum Barcamp gehören ebenfalls „Pre-Events" (wie z. B. die Ankündigung des Events in einschlägigen Blogs, Foren und sozialen Medien) und Post-Event wie ein offenes Ende, zum Beispiel in einer „langen Nacht der Kreativität".

Psychodrama

Beim *Psychodrama* handelt es sich ursprünglich um eine von *Jakob L. Moreno* (1889–1974) im Rahmen der Psychotherapie entwickelte Methode mit Anlehnungen an das Stegreiftheater (z. B. von Ameln et al. 2014). Im Rahmen von Marktforschung wird es im Rahmen eines tiefenpsychologisch ausgerichtetes Gruppensettings angewandt, bei dem mithilfe verschiedener Techniken wie z. B. Rollenspielen, Aufstellungen, Analogien, Vorstellungsübungen etc. versucht wird, über die reine Verbalisierung hinaus Erlebnisse, Gedanken und Gefühle zu relevanten Fragestellungen (z. B. Produktnutzung, Markenimage, Kommunikation, Positionierung) ganzheitlich nachvollziehbar zu machen (vgl. dazu ausführlich Weller und Hartlaub-Müller 2014).

Panel-Settings und Communities

Von einem *Diskussionspanel* (Reconvened Groups) spricht man bei Gruppen, die zu zwei oder mehreren Sitzungen (z. B. wöchentlich oder alle 14 Tage) zusammenkommen und diskutieren. Ihr besonderer Vorteil liegt darin, dass die regelmäßigen Treffen und das wiederholte Reflektieren über ein Thema ein größeres Involvement der Teilnehmenden ermöglicht. Außerdem lassen sich veränderte Haltungen feststellen, was insbesondere für die Erforschung von Wirkungen verschiedener Angebote und der Wahrnehmung von Marken bedeutsam ist. Gelegentlich können auch Aufgaben wie „Wie wäre mein Leben ohne..." oder Tagebücher in der Zwischenzeit zum Bearbeiten durchgeführt werden. Nicht zuletzt gewinnt durch die digitale Transformation *der Aufbau von online-basierten Themen-Communities* enorm an Bedeutung. Der Nachteil liegt darin begründet, dass wie bei allen ‚natürlichen' Gruppen gruppendynamische Effekte, wie z. B. die strategische Positionierung der eigenen Person in der Gruppe, den thematischen Bezug zunehmend überlagern können. Auch die Gewöhnung der Teilnehmenden aneinander und die damit verbundene Ausrichtung und Ausformulierung eigener Beiträge kann problematisch werden, wenn zum Beispiel gemeinsame und unterschiedliche Positionen zunehmend vorausgesetzt und nicht mehr angesprochen werden.

Research Community (MROC)
In einer moderierten *Market-Research Online Community* (MROC) tauschen sich Teilnehmende auf einer zeitlich-begrenzten Online-Plattform über bestimmte Themen untereinander aus. Auch Vertreterinnen und Vertreter von Auftraggeberseite können in diese Diskussionen einbezogen werden. Die Dauer und Teilnehmerzahl sind flexibel und zielabhängig, von einigen Wochen bis zu mehreren Monaten, Jahren, von ca. zehn bis tausenden Teilnehmenden.

Methodisch kombiniert der Community-Ansatz verschiedene digitale Kommunikations- und Motivationstools, wie z. B. Tagebücher, Foren, ethnographische Interviews, Chats bzw. Online-Gruppendiskussionen, Gaming bzw. Wettbewerbselemente/Gewinnspiele. Im Rahmen von Online-Communities können Medien wie White Boards, Mappings, visuelle Drag- und Drop-Aufgaben und „Picture-Sorts" zum Einsatz kommen. Diese Methoden unterstützen dabei, interessante Einzelthemen zu vertiefen oder zu hinterfragen. Sie helfen auch dabei, neue Ideen zu entwickeln oder zu verfeinern (vgl. Kühn und Koschel 2018a: 284 ff.).

Communities haben gegenüber Einzelbefragungen den Vorteil, dass Gruppeneffekte die Teilnehmenden zu engagierter Teilnahme motivieren. Die in Vergleich zu vielen anderen Verfahren längere zeitliche Ausdehnung ermöglicht, dass zahlreiche Themen diskutiert und ggf. nach interner Rücksprache oder auch dem Austausch zwischen Forschenden und Auftraggebenden weiter vertieft werden können. Für die Moderierenden ergeben sich verschiedene Möglichkeiten, steuernd in Diskussionen einzugreifen, z. B. durch das Stellen von Aufgaben oder Leitfragen. Community-Teilnehmende können von Moderierenden auch einzeln angesprochen und weiter motiviert werden.

Im Rahmen einer Community stehen den Teilnehmenden verschiedene Bereiche zur Verfügung. In einem „privaten" Bereich können sie ihre Beiträge analog wie bei einem Online-Diary eintragen. Dieser Bereich ist den anderen Teilnehmenden nicht zugänglich, kann aber vom Team der Forschenden eingesehen werden. Die Mitglieder der Community können die eigenen Beiträge aber auch in ein Diskussionsforum setzen, und darin mit anderen Teilnehmenden ihre Erfahrungen austauschen. Beispielsweise können Autokäuferinnen und Käufer sich in dem Forum dazu austauschen, welche Erfahrungen sie im Kaufprozess insgesamt oder speziell in Autohäusern gemacht haben.

Die Materialfülle, die im Rahmen MORCs entsteht, ist eine große Bereicherung für den gesamten Forschungsprozess. Communities werden dabei häufig nicht als Ersatz, sondern als ergänzenden Resonanzraum für die klassische qualitative Forschung genutzt. In diesem Sinne kann eine Community auch zur Vorbereitung von Interviews oder Gruppendiskussionen zum Einsatz kommen, wenn dort an Befunde aus den Debatten in der Community angeknüpft wird.

Durch die Teilnahme von Zuhause vermitteln Research Communities zu dem einen unmittelbaren Einblick in den Alltag von Konsumentinnen und Konsumenten. Als *Co-Creation Plattform* eignen sie sich insbesondere für Kreativprozesse, da den Teilnehmenden Zeit und Raum gegeben wird, Ideen zu entwickeln und zu diskutieren.

Ihre Verwendung ist nicht auf die Institutsmarktforschung beschränkt. Viele Unternehmen, darunter insbesondere Konsumgüterhersteller, nutzen den *Community-Ansatz auch als Grundlage eines zeitgemäßen Kundenkontakts,* um auf direktem Wege mehr über die Erfahrungen der Konsumenten und Konsumentinnen mit den eigenen Angeboten zu erfahren und Kunden aktiv in den Produktentwicklungsprozess (Co-Creation, Crowdsourcing) zu integrieren. Diese Entwicklung der zunehmenden Einbindung von Nutzerinnen und Nutzern in die Angebots und Produktentwicklung wird in der Soziologie nicht nur positiv gesehen, sondern kritisch beleuchtet, etwa durch G. Günter Voß und Kerstin Rieder, die sich mit „arbeitenden Kunden" (Voß und Rieder 2005) und „arbeitenden Nutzern" (Voß 2020) auseinandergesetzt haben (vgl. Kap. 7).

Beispiele aus der Praxis

Short-Term Community zum Thema Körperpflege: Projekt von ca. 3–4 Wochen Laufzeit, mit 60 Teilnehmenden (verschiedene Altersgruppen und Markenverwender*innen). Im Rahmen von drei aufeinanderfolgenden Modulen werden

zunächst Usage & Attitude-Fragen zur bisherigen Kategoriennutzung diskutiert, im zweiten Modul Verbalkonzepte bewertet sowie abschließend Test-
produkte, die den Teilnehmenden nach Hause geschickt werden, ausprobiert
und bewertet. Ziel der Research-Community: Einblick in Konsumgewohnheiten und Bedürfnisse von Konsumentinnen und Konsumenten, Ausarbeitung
eines Verbalkonzepts für einen quantitativen Folgetest.

Long-Term Community zum Thema Neugestaltung eines Fachmagazins: Zeit-
raum: Dauerhaft mit ca. 800 Teilnehmenden (verschiedene Altersgruppen und
Lesegewohnheiten). Regelmäßige qualitative und quantitative Befragungen
in der Community zu: Coveralternativen, Produktzufriedenheit, Lesegewohn-
heiten, Computernutzung und allgemeine Konsumgewohnheiten, Ideen und
Themenvorschläge etc. Ziel der Community ist die Aufwertung der Consumer
Experience, Stärkung von Kundenzufriedenheit, Generierung redaktioneller
Inhalte, Produktoptimierung, Trend-Scouting.◄

5.4   Virtuelle Gruppendiskussionen

Online-Gruppendiskussionen bzw. Online-Fokusgruppen ebenso wie online
geführte qualitative Einzelinterviews gibt es in der qualitativen Marktforschung
schon seit Mitte der 1990er Jahre. Jedoch befand sich „qualitativ-online"
anschließend lange Zeit lediglich in einem Experimentierstadium.

Selbst Jahre später konnte bei einer Online-Gruppendiskussion von echter
„Diskussion" noch lange keine Rede sein, da die Praxis eher ein mühsamer *Austausch von schriftlichen Textnachrichten in der Gruppe* war (vgl. z. B.: Epple
und Hahn 2003). Dennoch fand dieser schriftliche Informationsaustausch (z. B.
via Chat-Tools) immer häufiger Anwendung, vorwiegend als Teil von Online-
Communities in der qualitativen Marktforschung. (vgl. Kühn und Koschel 2018a:
284 ff.).

Den Durchbruch schafften online-geführte Gruppendiskussionen erst mit
der deutlichen Erhöhung der Internetgeschwindigkeit (Bandbreite, Datenübertragungsrate), der zunehmenden Digitalisierung und der Verbesserung der Nutzer-
freundlichkeit von virtuellen Meeting- und Konferenz-Plattformen. So ist es erst
seit wenigen Jahren zufriedenstellend möglich, technisch-stabile *audio-visuelle
Gesprächsrunden* und Workshops mit mehreren Teilnehmenden über mehrere
Stunden und in Echtzeit per Videokonferenz durchzuführen.

Aus heutiger Sicht ist es zudem wichtig zu betonen, *dass die frühen online geführten Gruppendiskussionen, in der Teilnehmende ihre Beiträge schriftlich über die Tastatur eintippen mussten, nicht mehr viel mit der modernen, multimedialen, audio-visuellen Online-Gruppendiskussionen der 2020 Jahre zu tun haben.*[5]

Zur besseren Differenzierung schlagen wir deshalb im Folgenden für die moderne, online-geführte audio-visuelle Gruppendiskussion den Begriff „virtuelle Gruppendiskussion" vor.

Erst *die moderne, virtuelle Gruppendiskussion ist das digitale Pendant zur klassischen Face-to-Face-Gruppendiskussion.* Bei virtuellen Gruppendiskussionen treffen sich die Teilnehmenden und der/die Moderierende online in einem virtuellen Diskussionsraum, der technisch an die speziellen Bedürfnisse der Marktforschung (z. B. für die Präsentation von Diskussionsstimuli wie Konzepte, Graphiken, Fotos oder Videos, Fragebögen) angepasst wurde. Die ideale Gruppengröße für eine Diskussion liegt unserer Erfahrung nach bei 6–8 Teilnehmenden, sie kann aber fast beliebig zur „großen" Videokonferenz (mit mehreren 100 Teilnehmenden) vergrößert werden.

Planung & Organisation: Was ist bei der virtuellen Gruppendiskussion anders?
Die rasante technische Entwicklung, die Digitalisierung und nicht zuletzt die weltweite Corona-Pandemie und Lockdown ab 2020 haben dazu geführt, dass viele potenziell Teilnehmende bereits Erfahrungen mit Videokonferenzen gesammelt haben und so die Akzeptanz virtueller Diskussionsrunden in breiten Bevölkerungsschichten hoch ist. Nicht zuletzt haben sich auch die Moderierenden an die onlinespezifischen Herausforderungen und Spielregeln gewöhnt.

Neben den üblichen Vorbereitungen einer Gruppendiskussion (vgl. auch Kühn und Koschel 2018a: 77 ff.) gibt es einige technische Details, auf die bei der Planung und Organisation von virtuellen Befragungen bei der Rekrutierung von Teilnehmenden hingewiesen werden sollte:

- *Ausreichende Bildschirmgröße:* Es mag selbstverständlich sein, aber es muss explizit darauf hingewiesen werden, dass nicht mit einem Smartphone an der Diskussion teilgenommen werden sollte. Selbst bei einem normalen stationären Bildschirm sind die Gesichter der Teilnehmenden oft auf nur Briefmarkengröße reduziert. Und bei einer Diskussion ist

---

[5] Gute Zusammenfassung der Vor- und Nachteile der frühen textbasierten Online-Gruppendiskussion findet sich bei Lamnek und Krell 2016: 433 ff.).

es wichtig, dass sich alle Teilnehmenden (an)sehen können. Auch das Stimulusmaterial sollte für alle gleichermaßen gut lesbar sein.

- *Stationäre Durchführung einfordern* (keine mobile Teilnahme erlauben): Unsere Kommunikation ist mobiler geworden. Es ist zudem dank Smartphone und Tablets schon vorgekommen, dass sich jemand mobil aus einem Auto, einem Zug oder dem Sonnenurlaub vom Pool zugeschaltet hat und an der Diskussion teilnehmen wollte. Vor allem wegen der instabilen Verbindung sollte dies ein „No-go" sein. Empfehlenswert ist bei der Rekrutierung ein Hinweis: Am besten vom heimischen PC von einem ungestörten Platz (Home-Office) teilnehmen.
- *Auf ausreichende Belichtung und Tonqualität achten:* Auch sollten Vorgaben an die Beleuchtung und den Sound vermittelt werden, d. h. idealerweise zwei Lichtquellen, eine sollte das Gesicht erhellen; bitte möglichst keine Kopfhörer benutzen und Lautstärke an den Boxen so einstellen, dass Rückkoppelungen vermieden werden.
- *Hinweis auf ein „Get together":* Der virtuelle Raum sollte bereits eine Viertel-Stunden vor Beginn der eigentlichen Veranstaltung freigeschaltet werden. Hier besteht die Möglichkeit einer ersten Beziehungsgestaltung und auch zum Check, ob Moderierende alle Teilnehmenden gut sehen und hören können.

Vor- und Nachteile von virtuellen Gruppendiskussionen

Die früheren technischen Probleme bei Videokonferenzen wie etwa Verzögerungen beim Sprechen und Antworten, Verbindungsprobleme, Abstürze, langsames Internet etc. sind heutzutage weitgehend behoben. Dennoch existieren weiter einige methodische Vorteile und Nachteile bzw. Herausforderungen, die hier kurz angesprochen werden sollen.

Vorteile

- *Ortsunabhängigkeit:* Virtuelle Gruppendiskussionen werden ortsunabhängig durchgeführt. So können auch schwierige Zielgruppen (z. B. Ärzte und Ärztinnen, IT-Spezialist*innen, bestimmte Handwerker*innen etc.) einfacher „an einen Tisch" gebracht werden. Selbst internationale Studien werden immer häufiger vom eigenen „Home-Office" aus durchgeführt, vor allem bei besonderen Business-Zielgruppen, deren Angehörige europa- oder weltweit verteilt sind.

- *Komfort:* Viele am Forschungsprozess Beteiligten begrüßen die neue Bequemlichkeit, die Einsparung von Reisekosten und die entfallenen Reisezeiten. Zudem sind virtuelle Gruppen unter diesem Gesichtspunkt auch noch klimaneutral.
- *Kontextinformationen:* Video macht Konsumverhalten sichtbar. Gespräche über Video bedeuten auch, dass Forschende leicht authentische Einsichten in die Welt der teilnehmenden Konsumentinnen und Konsumenten integrieren können, die das diskutierte Thema zum Leben erwecken. Zum Beispiel: Gestatten Sie uns doch einen kurzen Blick in Ihren Kühlschrank; zeigen Sie mir bitte, wie Sie Zuhause einen Long-Drink mixen etc.
- *Transkriptionen:* Transkriptionen der virtuellen Befragungen können heute einfach und schnell unter zur Hilfenahme von *Speech-to-Text-Programmen* umgewandelt und gespeichert werden. Die Transkripte sind jedoch nur eine erste Grundlage und müssen vom Forscherteam noch weiter verfeinert werden.

Nachteile/Herausforderungen

- *Höhere Belastung für die Moderierenden:* Nachteilig ist die zusätzliche technische Belastung für die Moderierenden, denn, wenn es zu Problemen kommt, schauen alle Teilnehmenden auf die Moderierenden und erwarten eine schnelle Lösung. Ein technischer Support im Back-Office stellt dafür einen Lösungsansatz dar.
- *Fehlende Körperlichkeit bei der Moderation:* Den Körper einzusetzen ist ein wichtiges Mittel der Moderation und der Beziehungsgestaltung. Techniken wie Aufstehen, Zeigen, Mimik, Gestik, Stimmvariationen etc. können bei virtuellen Gruppendiskussionen nicht gleichermaßen angewandt werden. Auch das Beobachten der non-verbalen Reaktionen der Teilnehmenden ist schwieriger.
- *Fehlende Gruppendynamik:* Bei der Diskussion im virtuellen Raum entsteht zwischen den Teilnehmenden in der Gruppe schwieriger eine eigene anregende Dynamik im Sinne eines gegenseitigen miteinander ins

Gespräch Kommens. Für die Moderation wächst die Herausforderung, der Entstehung von mehreren Einzelinterviews statt einer Gruppendiskussion entgegenzusteuern.

Praxistipps für die Moderation von virtuellen Gruppendiskussionen
Wer eine Gruppendiskussion in einem Teststudio moderieren kann, kann auch eine virtuelle Gruppendiskussion meistern. Im Folgenden einige Praxistipps speziell für die online geführte Gesprächsvarianten:[6]

- *Professionelle Vorbereitung:* Moderierende sollten das Videokonferenzsystem, mit dem die Gruppendiskussion durchgeführt wird, gut kennen, damit sie sich bei kleineren technischen Problemen selbst behelfen können (z. B. Restart, erneutes Einladen von Teilnehmenden, Einspielen von Stimulusmaterial etc.). Sie sollten selbst für gute eigene Sichtbarkeit durch ausreichend Beleuchtung (möglichst zwei Lichtquellen!) sorgen und im Vorfeld einen Soundcheck durchführen. Moderierende sollten das Tragen von Kopfhörern vermeiden und z. B. am Arbeitsplatz oder im Home-Office dafür sorgen, dass man für die Zeit der Moderation ungestört ist.
- *Mit eingeschalteter Kamera beginnen:* Starten Sie einige Minuten vor Beginn der Veranstaltung mit eingeschalteter Kamera. Zeigen Sie, dass Sie anwesend sind. Beginnen Sie ein erstes informelles Gespräch mit den ersten Anwesenden. Machen Sie hier schon mit den Teilnehmenden einen Sprechtest bzw. bitten Sie die Teilnehmenden, die Einstellungen von Mikrofon und Lautsprecher zu justieren.
- *Körpersprache:* Setzen Sie Körpersprache ein, wie Lächeln, öffnende Handbewegungen, aktives Zuhören, Stimmvariationen.
- *Augenkontakt:* Schauen Sie bei der Moderation in die Kamera, nicht auf den Bildschirm (Illusion von Augenkontakt).
- *Reihenfolge der Meldungen beachten:* Unbedingt der Reihenfolge der Meldungen Beachtung schenken und Vornamen zur direkten Ansprache nutzen. Wenn aufgrund der Dynamik (z. B. Wunsch nach direkter Erwiderung auf voriges Statement) im Sinne einer gelungenen Moderation von der Reihenfolge abgewichen wird, sollte dies durch die Moderierenden kurz erläutert und in der Logik transparent gemacht werden.

---

[6] Zur Einführung in die Moderation von Gruppendiskussion siehe auch Kühn und Koschel 2018b.

- *Zeitdruck vermeiden:* Nehmen Sie sich ausreichend Zeit für die Themen der Diskussion, für die Begründung der Argumenten; vermeiden Sie Zeitdruck, damit die Diskussion nicht oberflächlich wird
- *Spaß haben:* Die Moderation einer Gruppendiskussion sollte allen Spaß machen. Seien sie nicht zu ernst (aber auch nicht zu witzig!)

Ist Online der neue Standard für qualitative Befragungen?
Sowohl die klassische Gruppendiskussion im Teststudio als auch die virtuelle Gruppendiskussionen haben ihre Existenzberechtigung in der modernen empirischen Forschung. Beide haben spezifische Stärken und Schwächen, die es bei der Methodenwahl zu berücksichtigen gilt.

Online und offline ergänzen einander, sind aber nicht einfach substituierbar: Eine Datenerhebung über eine virtuelle Gruppe in virtuellen Räumen mit nur digitaler Nähe ist nicht das Gleiche wie die klassische, körperliche Gruppendiskussion am runden Tisch.

Grundsätzlich schlagen wir vor, für einfache, spontane Themen virtuelle Gruppendiskussionen in die engere Wahl zu nehmen und die klassischen Studio Settings, dann zu wählen, wenn Erkenntnistiefe und das Verstehen der Psychodynamik von Konsumentinnen und Konsumenten gefragt ist.

5.5　Ethnographische Methoden und User-Experience Forschung

Wenn es um den Einsatz ethnographisch orientierter Methoden in der Markt- und Konsumforschung geht, sollte eher von einem *Methoden-Mix* als von einzelnen Methoden geredet werden. Denn *Multi-Perspektivität* und die damit verbundene Triangulation verschiedener Blickwinkel ist seit jeher typisch für diesen Ansatz. Schon die frühen Feldstudien beruhen auf Methodenkombinationen, jedoch ohne es explizit als *„Triangulation"* zu benennen (Flick 2011: 51 ff.).

Ein Schwerpunkt liegt darin, sich in vergleichsweise offener und breit ausgerichteter Art und Weise dem Alltag und der sozialen Lebenswelt von Menschen zuzuwenden. Es geht darum, zu verstehen, wie der Alltag von ausgewählten sozialen Gruppen aufgebaut ist, was Menschen bewegt, wie verschiedene Bereiche des Lebens miteinander verbunden werden, welche Routinen es gibt etc. (vgl. Abschn. 4.5).

Social Media Monitoring

Die Relevanz eines als vertrauenswürdig eingeschätzten Meinungsaustauschs zwischen Konsumentinnen und Konsumenten – „Word of Mouth" – im Prozess der Kaufentscheidung ist in vielen Produktkategorien hoch. Die bewährte Methode, Freundinnen, Freunde und Bekannte zu konsultieren und auf deren Rat zu hören, wird häufig durch ein aktives Informationssuchverhalten im Internet ergänzt. Dabei verlassen sich viele Menschen nicht ausschließlich auf die Websites der jeweiligen Anbieter, sondern begeben sich gezielt auf die Suche nach Bewertungen und Erfahrungsberichten Anderer. *Soziale Medien, Foren und Blogs sind so zu einer wichtigen Informationsquelle für Meinungsaustausch und Verbraucherstimmen geworden.* Und noch nie zuvor haben sich Verbraucherinnen und Verbraucher so aktiv öffentlich ausgetauscht wie heute: Immer mehr Menschen kommunizieren ihre Erfahrungen und Erwartungen an Unternehmen, Produkte, Dienstleistungen in den sozialen Medien.

Auch im Auswahlprozess von Dienstleistungen haben soziale Medien, Foren und Blogs eine hohe Bedeutung. Sie gelten als glaubwürdigere und unabhängigere Informationsquelle als die zielgerichtete Kommunikation, wie z. B. Werbung durch die Dienstleister selbst. Besonders wichtig sind sie für Angebote, die einerseits als besonders komplex und beratungsbedürftig angesehen, andererseits aber mit viel Misstrauen beäugt werden, weil man den professionellen Vertreterinnen und Vertretern der Zunft nicht immer vollends vertraut.

Ein Paradebeispiel sind Versicherungsdienstleistungen, die für viele Kundinnen und Kunden mit einem unübersichtlich erscheinenden und schwer durchschaubaren Dickicht an Klauseln und Vertragsbedingungen in Verbindung gebracht werden. Soziale Medien und insbesondere themenbezogene Online-Foren bieten den nach Versicherungsangeboten Suchenden eine Möglichkeit, eigene Erwartungen und Zweifel unverbindlich im Rahmen einer nicht auf Vertrieb ausgerichteten Community zu besprechen, Erfahrungen auszutauschen und den eigenen Entscheidungsprozess bezüglich eines Versicherungsangebots selbstgesteuert voranzubringen. Sie bieten ein Medium, in dem man auch seinen eigenen Gefühlen freien Lauf lassen kann, indem z. B. Befürchtungen und Wünsche in Verbindung mit Versicherungen diskutiert werden (vgl. z. B. Kühn et al. 2007).

Soziale Medien, Verbraucherforen und Blogs stellen für die Markt- und Konsumforschung eine Chance dar, neue Wege zu beschreiten und den bisher nur schwer zu erfassenden Bereich des Word of Mouth genauer zu beobachten und zu analysieren. Zusätzlich zu in Befragungen geäußerten Reflexionen von Entscheidungsprozessen und Handlungen steht den Marktforschenden nun breites Informationsmaterial im Internet zur Verfügung, das verschiedene Haltungen und

Handlungen widerspiegelt und damit eine reichhaltige Datenquelle darstellt, aus der die qualitative Markt- und Konsumforschung schöpfen kann.

Auch die Möglichkeiten der *automatisierten Beobachtung* im Web haben sich rasant weiterentwickelt. Mit Social Listening-Programmen (wie z. B. Brandwatch) kann das Unternehmen seinen Zielgruppen im gesamten Social Web „zuhören" und so schneller und besser Trends beobachten und auf Image- und Reputationsproblemen frühzeitig reagieren. Mittels *automatischer Bilderkennung* lassen sich soziale Netzwerke danach untersuchen, in welchen Kontexten bestimmte Gegenstände und Marken präsentiert werden. Die dafür vorhandenen Software-Angebote werden kontinuierlich verfeinert und erlauben zunehmend, dass individualisiert werden kann, was zu erkennen ist (z. B. Teller im Restaurant oder Zuhause). Derartige Ergebnisse automatisierter Beobachtungen können im Prozess der Marktforschung den Ausgangspunkt für darauf aufbauende weiterführende Untersuchungen, etwa mittels Befragungen, bilden.

Ethnographische Interviews
Um Einblicke in den Alltag und der Lebenswelt der Konsumentinnen und Konsumenten zu bekommen, werden häufig sogenannte *ethnographische Interviews durchgeführt, die nicht mit klassischen In-Home-Befragungen verwechselt werden dürfen.* Dabei werden die Konsumentinnen und Konsumenten nicht in einem Teststudio, sondern in ihrem natürlichen Umfeld, z. B. zuhause, im Fahrzeug, bei der Mediennutzung oder auf der Straße beobachtet und anschließend zu Gewohnheiten und Bedürfnissen befragt.

In der Regel ist das ethnographische Interview grundsätzlich wie ein Leitfadeninterview (vgl. Abschn. 5.2) aufgebaut. Gleichzeitig werden systematisch Teile eingeplant, in denen Raum für das Beobachten des Alltags, der Lebenswelt oder einer Konsumpraktik besteht, über die dann im weiteren Verlauf des Interviews reflektiert werden kann. Neben (Fremd-)Beobachtung durch Forschende können auch Methoden der Selbstbeobachtung, z. B. als vorgeschaltete *Hausaufgabe bzw. „cultural probes"* (Tagebücher, Collagen, Fotos, Videos, Sammlung alltagskulturellen Materials) verwandt und miteinander kombiniert werden. Häufig werden „Hausaufgaben" dem eigentlichen Interview vorgeschaltet. Dies können themenbezogene Tagebücher, kleine Aufgaben (wie z. B. „Deprivation-Exercises": „Verzichten Sie bitte darauf eine Woche lang Kaffee zu trinken und berichten Sie uns über Ihre Erfahrungen)", Selbst-Dokumentationen via Video etc. sein. Auf diese verschiedenen Methoden werden wir im Folgenden näher eingehen.

Mobile Ethnographie

Die mobilen, digitalen Medien (Smartphones) ermöglichen es breiten Bevölkerungsgruppen, Szenen des eigenen Alltags und darin verorteten Konsum anhand von selbst aufgenommenen Sprach- und Videosequenzen zu dokumentieren. Beliebte Themen für eine derartige *Smartphone–Ethnographie* sind z. B.: „Mein Leben", „Vorstellung meiner Familie", „ein Tag in meinem Leben" oder themenspezifischer: „Ich und mein Kühlschrank".

Selbst-Dokumentationen können mit kleinen Alltagsaufgaben gekoppelt werden, um deren Wirkung zu untersuchen. Beispiele dafür sind in der Marktforschung etwa Verzichts-Übungen, wie z. B. „30 Tage ohne Jeans".

Gerade bei der Selbst-Dokumentation mittels Smartphones sollten sich Forschende darüber im Klaren sein, dass die Selbsterfassung zwar spontan und direkt erscheinen mag, aber immer auch Bewusstheit, Inszenierung und Selbstreflexion beinhaltet, diese also nicht als „ungefiltert" eingestuft werden darf. Deshalb empfiehlt sich häufig ein mehrstufiger Methoden-Mix, welcher zum Beispiel mit mobiler Ethnographie beginnt und von Gruppendiskussionen oder einer Online-Community gefolgt wird, um die zusammengetragenen Erfahrungen vertiefend zu reflektieren.

Tagebuchmethode/„Cultural Probes"

Die Anwendung von Forschungstagebüchern – zum Beispiel als vorbereitende Übung einer Diskussionsrunde (pre-task) oder den eigenen Alltag dokumentierende Hausaufgabe – hat in den letzten Jahren in der qualitativen Markt- und Konsumforschung stark an Bedeutung gewonnen. Dieses Forschungstool kann klassische Methoden, wie Gruppendiskussionen, Interviews und teilnehmende Beobachtungen um Selbstbeobachtungen und Selbstreflexionen des Konsumenten sinnvoll ergänzen. Der Aufschwung steht auch in Verbindung mit dem Auftrieb von Ansätzen wie *Design Thinking,* auf die wir im Rahmen dieses Abschnitts noch eingehen werden. Die Dokumentation von Ausschnitten des eigenen Alltags mittels Tagebüchern, Aufnahmen, Zeichnungen, Alltagsgegenständen etc. stellt eine wichtige Quelle für die Vorbereitung von Design-Prozessen dar. Dies wird unter dem Begriff der „cultural probes" (Gaver et al. 1999) gefasst.

Mithilfe von Forschungstagebüchern werden Handlungen, Wahrnehmungen, Erlebnisse, Emotionen etc. eines Menschen über einen bestimmten Zeitraum verfolgt, häufig bezogen auf Nutzungsgewohnheiten und Kaufentscheidungen (z. B. Wunner und Koschel 2017; Bartlett und Milligan 2015).

Grundsätzlich können Forschungstagebücher als eine Papier-Version, als ein digitales Online-Tagebuch oder im Rahmen einer mobilen Smartphone-App erstellt werden.

Ausgedruckte *Papier-Tagebücher* sind die klassische und unkomplizierteste Form des Forschungstagebuchs. In der Regel bekommen die Teilnehmenden an der Studie ein kleines „Booklet" ausgehändigt oder zugeschickt, welches sie entsprechend den Anweisungen der Forschenden eigenständig ausfüllen. Dieses Booklet enthält verschiedene Fragen und Aufgaben für eine bestimmte Periode, die im Vorfeld bestimmt wird. Wichtig ist, dass die einzelnen Aufgaben klar und verständlich gestellt und formuliert werden. Auch das Design/Layout der einzelnen Seiten sollte so gestaltet sein, dass es zum Ausfüllen motiviert und Teilnehmende dazu anleitet. In der Praxis kann man zwischen eher „quantitativen" und „qualitativen" Fragestellungen unterscheiden. Grundsätzlich ist der Grad der Strukturierung der einzelnen Tagebücher bei quantitativen Fragestellungen höher als bei qualitativen. In „quantitativen" Tagebüchern werden vorwiegend metrische Daten erhoben und standardisierte Fragen mithilfe von Fragebatterien zum Ankreuzen gestellt (z. B. „Wie beurteilen Sie die Attraktivität des Angebots XY auf einer Skala von 1 bis 10?"). Bei qualitativen Forschungstagebüchern überwiegen offene Fragestellungen, die den Teilnehmenden Raum für längere und kreativere Ausführungen gewähren.

Das *digitale Online-Tagebuch* wird auf speziell dafür erstellten Internetseiten zur Verfügung gestellt. Softwareanbieter erleichtern die Programmierung von solchen Online-Tagebüchern, indem sie fertige Vorlagen zur Verfügung stellen, die Forschende mit wenigen Klicks individualisieren können. Teilnehmende erhalten einen eigenen Zugang per E-Mail zugeschickt. Mit diesem können sie sich anmelden und eigene Beiträge verfassen. Zusätzlich unterstützt die Online-Plattform das Hochladen von Bild- und Videomaterial. Während der Studiendauer können alle Projektbeteiligten die bisherigen Beiträge einsehen und gegebenenfalls individuelles Feedback geben.

Eine weitere Form der Umsetzung für das Online-Tagebuch sind Research-Communities (vgl. Abschn. 5.3). Hier lässt sich ein Online-Tagebuch als ein Teil einer Community integrieren.

Smartphones und *Applikationen* erweitern die Anwendungsmöglichkeiten von Forschungstagebüchern enorm. Als App kann das Tagebuch zu jeder Zeit und zu jedem Ort mitgeführt werden. Dadurch dass Smartphones mit hochauflösenden Kameras (Video) sowie Aufnahmegeräten (Sprache) ausgestattet sind, wird der authentische Zugang zu Szenen live im Moment ihrer Entstehung ermöglicht.

Grundsätzlich kann man zwischen *zeit-basierten, event-basierten* oder *signal-basierten Ansätzen* unterscheiden. Bei zeit-basierten Forschungstagebüchern definieren die Forschenden bestimmte Zeitintervalle (z. B. stündlich, „morgens – mittags – abends" etc.) Diese Zeitfenster können randomisiert oder fix sein. Für dieses Verfahren spielt der Zeitpunkt des Eintrags eine wichtige Rolle.

Manche Ereignisse finden unregelmäßig im Alltag der Teilnehmenden statt und lassen sich dementsprechend nur schwer zeitlich vorbestimmen, beispielsweise Einkauf, Störungsfälle, Tanken, Kaffeetrinken etc. Für solche Fälle setzt man event-basierte Forschungstagebücher ein. Im Vorfeld wird ein Event (z. B. Störungsfall im Nahverkehr – Verspätung, Gleiswechsel, etc.) klar definiert. Je genauer das Ereignis definiert ist, desto wahrscheinlicher ist es, dass Teilnehmende zum richtigen Zeitpunkt aussagekräftige Informationen sammeln.

Bei signal-basierten Forschungstagebüchern werden die Teilnehmenden mittels Signalgebern dazu aufgefordert, einen Eintrag zu tätigen. Hier besteht auch die Möglichkeit, die Signalgeber auf feste oder auf zufällige Zeitpunkte zu programmieren. Als Signalgeber dient z. B. die Alarmfunktion von tragbaren Geräten wie Smartphones oder Wearables. Forschende können aber auch selbst zum Signalgeber werden, indem sie Nachrichten z. B. via SMS, WhatsApp oder per E-Mail verschicken oder die Teilnehmenden anrufen.

Mit den verschiedenen Varianten sind spezifische Vor und Nachteile verbunden, die wir in Tab. 5.1 zusammenfassen:

Anwendungsfelder ethnographischer Methoden
Für die hier überblicksartig aufgeführten ethnographischen Methoden gibt es zahlreiche Anwendungsfelder, die wir im Folgenden zu drei Schwerpunktbereichen zusammenfassen, die jedoch nicht strikt voneinander getrennt sind, sondern eng miteinander verbunden und sogar Hand in-Hand gehen können:

1. Beobachtung von Alltag und Lebenswelt,
2. Beobachtung des Kaufverhaltens,
3. Beobachtung von Konsumpraktiken und Produkt-Nutzung.

1. Fokus: Beobachtung von Alltag und Lebenswelt
Studien, in denen es darum geht, den Fokus auf die Exploration des Alltags oder darin verorteter Bereiche zu legen, werden häufig im Kontext von Grundlagenstudien zur Gewinnung allgemeiner sogenannter *consumer bzw. customer insights* oder im Rahmen internationaler Studien zur Differenzierung unterschiedlicher kultureller Praktiken genutzt. Sie sind beispielsweise sehr wertvoll dafür, wenn es darum geht, neue Angebote zu entwickeln oder auch um zu lernen, wie bestimmte Angebote einer Produktkategorie oder Markenfamilie in unterschiedlichen Situationen genutzt und miteinander verbunden werden. Im Kontext von Markt- und Konsumforschung sind sogenannte *In-Home-Visits* (Hausbesuche) von besonders hoher Bedeutung für diese Art von Studien.

Tab. 5.1 Vorteile und Nachteile verschiedener Formen von Tagebüchern

	Vorteile	Nachteile
Papier-Tagebuch	• intuitive, einfache Nutzung, • Alternative für nicht technisch affine Zielgruppen, • emotionale und kreative Inhalte wie Collagen oder Fotos aus Zeitschriften etc., • längere, tiefere und narrativere Einträge	• Hoher Materialaufwand bei Tagebucherstellung, • logistischer Aufwand für Tagebuchversand, • kaum Einfluss auf Tagebuchqualität in der Feldphase, bedingte Implementierung von Videos, • Gefahr der Retrospektion, • Selbstprotokollierung (macht eigenes Verhalten bewusster, Selbstreflexion = Bias)
Digitales Online-Tagebuch	• Moderation und Analyse während Feldarbeit, • längere Einträge und tiefergehendere Beiträge, • Vielfalt an Foto- und Videomaterial aus Internet- und privatem Videoarchiv,	• Hoher Programmieraufwand, • mögliche technische Probleme, • schweres Abschätzen der generierten Datenmenge, • hoher Analyseaufwand für Foto- und Videomaterial, • Gefahr der Retrospektion, • Selbstprotokollierung (macht eigenes Verhalten bewusster, Selbstreflexion = Bias)
Tagebuch über Mobile-App	• Moderation, Feedback und Analyse während Feldarbeit, • Beobachtung/Dokumentation in Echtzeit, • authentisches Foto- und Videomaterial von den Teilnehmenden selbst aufgenommen	• Mögliche technische Probleme, • schweres Abschätzen der Datenmenge, • knappere Sätze durch kleines Display des Smartphones (Tippbarriere), • hoher Analyseaufwand für Foto- und Videomaterial, unterbricht tägliche Alltagsroutinen, • ist nicht unbedingt lebensnah, spontan, unverfälscht, oft selbstgewählte Momente und gelegentlich auch Inszenierungen

(vgl. Wunner und Koschel 2017)

Hausbesuche (In-Homes)

Ein Hausbesuch (In-Home Visit) soll helfen, Einblicke in die Lebenswelt, den Lebensstil und den (Konsum-)Alltag von Menschen und ihren kulturgebundenen Wertvorstellungen zu gewinnen. Denn: *„Jede Wohnung ist einmal mehr, mal weniger gewolltes Selbstportraits ihres Besitzers"* (Miller 2010: 11). Häufig gibt es zwei Beobachtungsschwerpunkte: erstens den Stil der Einrichtung und die Einbettung von Produkten oder Marken darin, zweitens die Beobachtung konkreter Produktnutzung im heimischen Umfeld. Auch hier ist häufig eine Methodenkombination aus teilnehmender Beobachtung, anschließender Befragung und/oder gemeinsamem späteren Einkaufen anzutreffen. Beim Hausbesuch ist es nicht ungewöhnlich, dass eine Vertreterin oder ein Vertreter eines Auftraggebers, z. B. aus der Abteilung für Marketing oder Produktentwicklung, das Forschungsteam begleitet und selbst an der Beobachtung mit teilnimmt.

In der Praxis typische Fragestellungen sind z. B.: In welchem Zusammenhang steht die Nutzung bestimmte Waschmaschinen-Marken wie Miele und Siemens zu unterschiedlichen Lebensstilen? Wie werden Lautsprecher-Systeme in die häusliche Umgebung eingefügt?

Ein mögliches *Analyse-Framework* für „Beobachtungen bei einem Hausbesuch" sollte mindestens 4 Perspektiven integrieren und könnte folgendermaßen aufgebaut sein:

1. *Handelnde/Subjekte:* Wie kann die Zielgruppe beschrieben werden? Bilder, Geschichten, Soziodemographie, Bedürfnisse/Ziele/Visionen etc.
2. *Kontext/Dinge/Zeit:* In welchen Räumen (Haus, Zimmer, Garten, Stadtteile etc.) leben die Menschen? Mit welchen Dingen (Möblierung etc.) umgeben sie sich? Welche sind Ihnen besonders wichtig und welche Bedeutung haben sie? Welche Bedürfnisse werden damit erfüllt? Was soll verändert werden und was nicht? Wie ist das Arbeitssetting?
3. *Stimmung/Atmosphäre:* Welche Stimmungen herrschen vor? Welche Emotionen können in bestimmten Kontexten beobachtet werden?
4. *Handlungen/Interaktionen:* Dokumentation der einzelnen Handlungen (z. B.: Interaktionen mit Produkten und anderen wie Ehepartner, Kinder etc.), Video, Beobachtungsprotokoll/Mitschriften.

2. Fokus: Beobachtung des Kaufverhaltens (online, offline)

In der ethnographischen Praxis nimmt die Beobachtung und Analyse des sich wandelnden Einkaufsverhaltens eine entscheidende Rolle ein. Dabei stehen insbesondere Prozesse im Vordergrund der Aufmerksamkeit, bei denen die Verbindung von Informations-, Auswahl- und Entscheidungsprozessen in ihrem Verlauf untersucht wird. In der qualitativen Markt- und Konsumforschung spricht man in diesem Zusammenhang von *customer journey und moment-of-truth*. Die Metapher der Reise steht dabei für den Weg der Kundeinnen und Kunden von dem Erspüren eigener Bedürfnisse oder der inneren Auseinandersetzung damit, vorbei an den verschiedensten Kontaktpunkten bis zum Kauf. Es geht darum, diese „Reise" und damit verbundene Erlebnisse (Stimmungen, Zweifel, Emotionen etc.) nachzuvollziehen, den Kaufprozess darzustellen und den Einfluss von unterschiedlichen Einflussgebern wie Internetseiten, Freunden, Werbemitteln/Werbebotschaften etc. zu verstehen (Koschel und Berkensträter 2013). Durch sich dynamisch verändernde mobile und digitale Informations- und Kaufmöglichkeiten ist die Komplexität dieser Prozesse in den letzten Jahren und Jahrzehnten gestiegen.

Die im Folgenden beschriebenen Bausteine sind im Rahmen der Methodenkombination, mit deren Hilfe customer journeys verfolgt werden, von besonderer Bedeutung.

Vox Pops

Vox Pops sind kurze (i. d. R. zwischen zwei- und fünfminütige) persönliche Interviews, meistens mit spontan rekrutierten Käuferinnen und Käufern. Sie werden am sogenannten Point-of-Sale (PoS), am Regal oder beim Verlassen des Geschäfts „on-exit" auf der Einkaufsstraße durchgeführt. Vox Pops eignen sich besonders zum Verständnis von „frischen", d. h. noch ohne weiteres der eigenen rückblickenden Reflexion zugänglichen Kaufentscheidungen und den damit verbundenen Situationen. Typische einfache Fragen sind z. B.: „Wie kam es, dass Sie das Produkt gewählt haben?" „Wie haben Sie es gefunden?" etc.

Bei der Durchführung ist zu beachten, dass es ruhig und windgeschützt sein sollte und im vornherein bedacht werden muss, dass man nicht berechtigt ist, überall spontan Befragungen durchzuführen. Wenn dies im Umfeld von Geschäften erfolgt, sind vorab sogenannte Genehmigungen (Store-Permission) einzuholen.

Begleitendes Einkaufen (Accompanied Shopping)

Um mehr über Auswahlprozesse und das Verhältnis von den geplanten und spontanen Entscheidungen der Konsumentinnen und Konsumenten zu erfahren, können diese im Rahmen von „Accompanied Shopping" bei einem gemein-samen Einkaufs- / Shopping-Trip von einem oder einer Forschenden begleitet werden. Dabei geht es auch darum zu ergründen, wie Wahrnehmungsprozesse verlaufen und wie die Anordnung verschiedener Produkte und Marken in Ein-kaufsumgebungen bewertet wird. Häufig ist das Accompanied Shopping Teil einer Methodenkombination aus Begleitung, Interviewsequenzen und teilnehmen-der Beobachtung, um das Einkaufsverhalten aus verschiedenen Perspektiven zu beleuchten.

Die Einkaufsbegleitung erfolgt nicht verdeckt wie z. B. beim *Shadowing* (siehe unten), sondern offen. Die Dauer ist i. d. R. auf ca. 45–60 min begrenzt. Für diesen Ansatz werden Teilnehmende vorausgewählt und eingeladen.

Diese Methode stellt besondere Anforderungen an begleitende Marktfor-schende: Sie müssen gleichzeitig feinfühlig beobachten und Fragen stellen bzw. das laute Denken der Teilnehmenden anregen können.

Beobachtung am PoS/Shadowing
Beobachtungen am PoS (Point of Sale) können mithilfe einer (apparativen) Videoaufzeichnung durchgeführt werden (so wie es häufig in vielen Geschäf-ten zur Überwachung aber auch zur Kaufanalyse, Analyse der Kundenlaufwege etc. gemacht wird) oder aber durch einen Forschenden.

Die Beobachtungen können dabei verdeckt (biotisch) oder offen (nicht-biotisch) sein. Verdeckt bedeutet, dass die beobachtete Person nur indirekt, z. B. durch ein Schild mit dem Hinweis auf Videoüberwachung vor dem Geschäft, dar-auf hingewiesen wird, dass sie beobachtet werden Priorität; offen bedeutet, dass die Zielperson über die Beobachtung direkt, z. B. durch den Forschenden, infor-miert wird. Die Entscheidung, ob und wie Shadowing verwandt wird, darf nicht losgelöst von forschungsethischen Fragen erfolgen (vgl. Abschn. 6.3). In diesem Sinne empfehlen wir generell immer ein offenes Verfahren.

Beim Shadowing eines Einkaufsprozesses ist es wesentlich, dass Beobach-tende nicht Teil der Kundenreise sind (wie z. B. beim begleitenden Einkaufen), sondern wirklich nur beobachten. Oberstes Prinzip des Shadowings ist, die beobachtete Person möglichst nicht zu stören, damit deren Verhalten möglichst natürlich bleibt. Fragen an die Beobachteten sind deshalb während des Entschei-dungsprozesses nicht erlaubt. Der Begriff des „Shadowing" stammt ursprünglich aus der Arbeitspsychologie, wo der Forschende den Mitarbeiterinnen und Mitar-beitern insbesondere bei der Beobachtung komplexer Arbeitstätigkeiten „wie ein Schatten" folgen, während diese wie gewohnt mit ihrer Arbeit fortfahren (vgl. auch Czarniawska 2007).

Befragung am Point of Sale (PoS)

Bei Befragungen am PoS können non-verbale Methoden w*ie Eye-Tracking* (Blickaufzeichnung mit Datenbrille) oder das Smartphone zur „mobilen Ethnographie" und Dokumentation hinzugezogen werden. Eye-Tracking bedeutet hier die Aufzeichnung von Blickbewegungen, z. B. beim Einkauf, beim Betrachten von Werbung, von Produkten und Regalen am POS. Eye-Tracking hilft, Aufmerksamkeitsschwerpunkte zu identifizieren und Blickverläufe beim Einkaufsprozess nachzuzeichnen. Dies gibt jenseits von Reflexionen Einblicke in Wahrnehmungsprozesse.

Mystery Shopping

Das sogenannte Mystery Shopping ist eine Evaluationsmethode, die Informationen am PoS über Atmosphäre, Produkte, Dienstleistungen und Beratung sammelt. Marktforschende betreten dabei – ohne sich als solche auszugeben – ein Geschäft, wie ein Restaurant-Kritiker, der Sterne vergibt und die Qualität von Service, Ambiente und Speisen evaluiert. Ihre Beobachtungen und Bewertungen werden häufig anhand eines standardisierten Evaluations-Bogen durchgeführt, beinhalten aber auch qualitative Elemente, in denen die eigenen Eindrücke und der Verlauf des jeweiligen Besuchs geschildert werden.

Häufig anzutreffen ist diese Methode bei der *Evaluation von Kommunikationsmaßnahmen,* z. B. um die Einhaltung von Vorgaben rund um Promotion-Kampagnen und Sales-Aktionen zu überprüfen. Auch als ein verdeckter Testkauf zur Analyse der Service- und Beratungsqualität z. B. im Bereich Produktneuheiten, Telekommunikation- und Finanzdienstleistungen sind Mystery Shopping oder auch *Mystery Calling* von Bedeutung.

Sowohl mit Mystery Shopping als auch mit Mystery Calling sind jedoch noch höhere ethische Auflagen verbunden als mit dem Shadowing. Verbände wie der MSPA (Mystery Shopping Professionals Association) sprechen diese direkt an, um Qualitätsstandards zu etablieren und eine Trennlinie zwischen vergleichsweise seriösen und unseriösen Anbietern zu ziehen. In diesem Kontext wird darauf hingewiesen, dass Mystery Shopping dazu dienen soll, Servicequalität sicherzustellen und Vertrauen in der Geschäftswelt zu fördern. Gleichwohl bleibt aus unserer Perspektive kritisch anzumerken, dass diese Methoden leicht der Marktforschungsethik widersprechen, wenn nicht das Einkaufserlebnis im Vordergrund steht, sondern mit verdeckten Methoden bestimmte Verkäuferinnen oder Verkäufer überprüft werden sollen. Hier sprechen wir uns für deutliche Grenzen aus, die man als Markt- und Konsumforschender nicht überschreiten sollte. In der Praxis werden derartige Verfahren deshalb häufig nicht von Marktforschungsinstituten, sondern von anderen Anbietern durchgeführt.

3. Fokus: Methoden zur Beobachtung von Konsumpraktiken und Produkt-Nutzung
In diesem Punkt steht die faktische Nutzung von Konsumgütern im Alltag *(U&A: Usage & Attitude)* im Fokus der Beobachtung. Dieser Bereich hat in den letzten Jahren durch die wachsende Bedeutung digitaler Medien als auch damit verbundener *UX/CX-Forschung* erheblich an Bedeutung gewonnen, ohne dass er immer systematisch mit qualitativer Markt- und Konsumforschung in Verbindung gebracht wird. Im Folgenden widmen wir uns wieder den verschiedenen Bausteinen und gehen dabei am Ende auch auf prominente Ansätze wie Design Thinking näher ein.

Hausbesuch und „Home-Use" (Beobachtung von Konsumpraktiken)
Im Mittelpunkt eines „Hausbesuchs" steht das Beobachten von Konsumentinnen und Konsumenten bei deren Angebots- und Produktnutzung im heimischen Umfeld (Home Use), z. B. bei der Durchführung einer bestimmten Aufgabe oder Handlung, wie z. B. Hausputz, Wäsche waschen, Kochen, Party etc. Dieser „Hausbesuch" kann heutzutage etwa klassisch „analog" durch teilnehmende Beobachtung oder vermittelt durch digitale Selbstdokumentationen („lautes Denken" + Selfie-Video per Smartphone) stattfinden. Die Methode der Selbstbeobachtung via Smartphone etc. bietet den Vorteil, dass von den Teilnehmenden all diejenigen Dinge dokumentiert werden können, die für sie jeweils persönliche Relevanz besitzen. Um bewusst einen Bruch mit Ritualen und Routinen zu bewirken, sodass eigene Bedürfnisse und Gewohnheiten bewusst reflektiert und verbalisiert werden können, werden die Teilnehmenden bei manchen Studien bewusst in einer anderen als der heimischen Umgebung beobachtet, zum Beispiel im Rahmen eines Küchentauschs.

In Folge der Möglichkeiten, Konsumentinnen und Konsumenten aus Online-Panels zu rekrutieren, sind solche digitalen Home-Use-Tests heute von zentraler Stelle nahezu weltweit durchführbar. Der besondere Vorteil der modernen digitalen Möglichkeiten liegt dabei in der kurzfristigen Durchführbarkeit internationaler Vergleichsstudien. Wenn etwa die Frage gestellt wird, wie ein Kühlschrank einer bestimmten Marke in Deutschland, Brasilien oder China genutzt wird, kann dies heutzutage innerhalb weniger Wochen empirisch beantwortet werden.

Die Beobachtung von Konsumentinnen und Konsumenten im heimischen Umfeld durch Forschende in Form einer Fremdbeobachtung kann meist nur punktuell als Momentaufnahme geschehen. Ein längerer Beobachtungszeitraum ist aber häufig erforderlich, um ein umfassenderes Bild des Alltags bzw. von Handlungen zu erhalten. Dies wird aber aufgrund des damit verbundenen Aufwands und des Überschreitens von Intim-Barrieren eher selten als sogenanntes *Live-In* verwirklicht.

Marktforschungs-Communities (MROC)

In einer zeitlich begrenzten Markforschungs-Community (siehe auch Abschn. 5.3) tauschen sich die Teilnehmenden auf einer ad-hoc Online-Plattform über bestimmte Themen untereinander (und mit Vertreter*innen von Unternehmen) aus. Meist sind es sogenannte Usage & Attitude Fragestellungen rund um spezifische Themen, wie z. B. Kochen, Heimwerken, Babypflege, Online-Brokerage etc.

Der Community-Ansatz kombiniert verschiedene digitale Kommunikationstools, wie z. B. Tagebücher, die die Beobachtung von Nutzungsgewohnheiten oder Informations- und Entscheidungsprozessen im Verlauf mehrerer Tage oder Wochen ermöglichen, mit einem Forum, das den Rahmen für einen Erfahrungsaustausch und die Diskussion zu vorgegebenen Ideen und Themen bildet, sowie Chats bzw. Online-Gruppendiskussionen, die besonders interessante Einzelthemen vertiefen oder hinterfragen helfen und dazu beitragen, neue Ideen entwickeln oder verfeinern.

User Experience & Usability

Die kundenzentrierte Entwicklung von Webseiten aber auch jeglicher technologiebasierten Produkte, Dienstleistungen und Geschäftsmodelle macht die frühzeitige Integration des Nutzerfeedbacks unabdingbar. Es geht dabei nicht um die subjektive Interpretation und Nutzung von Technik sowie die damit verknüpfte Interaktion zwischen Nutzer*innen und technischer Bedienoberfläche. Unter *User Experience* wird dementsprechend das Erlebnis von Anwenderinnen und Anwendern bei der Interaktion mit der „Mensch-Maschine-Schnittstelle" (Interface) verstanden. Neben der eigentlichen *„Usability"* oder Gebrauchstauglichkeit sind vor allem auch Einstellungen und Erwartungen verschiedener Nutzergruppen wichtig (vgl. Koschel und Eickmann 2001).

Der Aufbau eines Usability-Tests umfasst in der Regel zumeist vier Stufen, dargestellt hier am Beispiel des Tests einer Website:

1. Spontane Anmutung/Verständnis des Nutzeroberfläche,
2. Individuelle Orientierung/spontane Nutzung/freies Surfen auf der Website,
3. Vorgegebene Testaufgaben/„Taskanalyse",
4. Schlussbeurteilung.

Bei der Lösung der Testaufgaben werden Teilnehmende in der Regel „in Ruhe gelassen", etwa wenn der oder die Interviewende den Raum verlässt, sich im Teststudio hinter den Einwegspiegel oder an einen Beobachtungsbildschirm begibt, sich Notizen macht und beobachtet: Was wurde beim Testen/Surfen gesagt? Wie und wo wurde gesucht, geklickt? Usability-Tests können mit „eye-tracking" verbunden werden, um den Blickverlauf nachzuvollziehen und dadurch feststellen zu können, welche Bereiche von Internetseiten in den Fokus der Aufmerksamkeit gerückt sind, z. B. indem mit einer „Heatmap" Zonen der Aufmerksamkeit visualisiert werden (z. B. Scheier und Koschel 2002). In den nachfolgenden Interviewsequenzen reflektieren Nutzerinnen und Nutzer ihre Erfahrungen. Dazu gehört zunächst die klassische Frage nach „Likes" und „Dislikes", darüber hinaus die Reflexion eigener Suchprozesse. Auch Verbesserungsvorschläge der Probanden und mögliche Alternativen werden im Gespräch evaluiert.

Design Thinking

Das „Design Thinking" hat seine Ursprünge in der Design-Forschung, in der es seit den 1990er Jahren darum ging, Arbeitsprozesse von Designerinnen und Designern nachzuvollziehen und herauszufinden, wie typische Denkprozesse bei ihnen verlaufen. Für die Übertragung des Begriffes vom einem relativ engen Forschungsfeld zu einer weltweit bekannten Methode hat der Industriedesigner Tim Brown, Vertreter der Design- und Innovationsberatung IDEO, eine zentrale Rolle gespielt. Er hat auf die Möglichkeiten des Wandels ganzer Branchen und darin verankerter Denkstrukturen durch Design Thinking hingewiesen (z. B. Brown 2008). Zur weiten Verbreitung der Methode hat insbesondere auch der SAP-Gründer Hasso Plattner beigetragen, insbesondere durch die Institutionalisierung von Ausbildungsmöglichkeiten, etwa am Hasso Plattner Institute of Design an der Stanford University und der HPI School of Design in Potsdam (vgl. z. B. Plattner et al. 2009; Seitz 2017).

Eine Grundlogik der Methode besteht in dem Durchlaufen eines iterativen Prozesses, der durch in regelgesteuerte Festhalten und Testen von Zwischenergebnissen geprägt ist. Für diesen Prozess ist der Einbezug von Rückmeldungen Angehöriger möglicher Zielgruppen von zentraler Bedeutung, um Angebote und Produkte zu entwickeln, die maßgeschneidert auf Bedürfnisse von zukünftigen Nutzern ausgerichtet sind. Dadurch sollen Innovationen vorangetrieben werden.

In diesen sogenannten *„Design Thinking-Prozessen"* werden von der Ideenfindung bis zum Usertest interdisziplinäre Teams gebildet, die gemeinsam in verteilten Aufgaben und gemeinsamen Workshops fünf bis sechs Arbeits- und Prozessschritte durchlaufen, die idealtypisch folgendermaßen beschrieben werden können.

1. *Verstehen:* Verstehen der Sachlage und Problemstellung: Was soll gelöst werden? Was bringt dies Nutzerinnen und Nutzern? Auseinandersetzung mit dem Kontext, Identifikation von Bedürfnissen, Ängsten und Emotionen (z. B. über Einzelinterviews, Customer Journey Mapping), die zur Konkretisierung der Fragestellung des Projekts führen.
2. *Beobachten:* Beobachtungen von Szenen und Interaktionen im Alltag, Differenzierungen, Entwicklung von *„Personas"* (User-Personas), in denen idealtypisch wichtige Charakteristika möglicher Nutzer gebündelt werden, Identifikation von „pain points", d. h. problematische und herausfordernde Aspekte, die bei der Entwicklung auf jeden Fall berücksichtigt werden sollen.
3. *Verortung:* Synthese zentraler Erkenntnisse der Phasen 1 und 2 und Definition des eigenen Standpunkts. Konkretisierung der Projektidee und der Zielgruppe (anknüpfend an die vorher entwickelten „Personas").
4. *Ideengenerierung:* Entwicklung von Ideen, die das Problem lösen könnten, die sich auf das Verstandene und Beobachtete beziehen. Dabei kommen vielfältige Kreativtechniken zum Einsatz.
5. *Prototyping,* d. h. die Ideen werden zum Leben erweckt, greifbar gemacht. Diese können in unterschiedlicher Form (von Papier bis hin zu 3-D-Druck oder computeranimiert) geschaffen und verändert werden
6. *Testen* mit den Nutzerinnen und Nutzern (User Experience), ob die Idee ankommt und Identifikation von Verbesserungsmöglichkeiten – z. B. durch Verbindung von Interview- und Beobachtungssequenzen.[7]

5.6   Semiologie/Semiotik

Abschließend wollen wir uns mit einer Methode beschäftigen, bei der es nicht um das Beobachten von Alltagsszenen geht, sondern um das *Aufspüren und Entschlüsseln von Zeichen, Codes und kulturellen Bedeutungen.* In der qualitativen Markt- und Konsumforschung findet sie zum Beispiel bei der Analyse von

---

[7] Die Phasen 1 und 2 werden im Englischen auch unter dem Stichwort „Inspiration" zu einer Phase zusammengefasst, die Phasen 3 und 4 unter „Ideation", die Phasen 5 und 6 unter „Implementation and Prototyping". Zum Teil werden die Phasen 1 und 2 auch unter einer einzigen Phase „Emphatize" zusammengefasst, wodurch die Notwendigkeit zum empathischen Verstehen betont wird.

Kommunikationsmedien wie Werbeanzeigen, Werbespots, Plakaten, Design, Farben, Verpackungen, Musik, Texten aber auch bei der Analyse von qualitativen Interviews, Collagen, Tagebüchern etc. Anwendung.

Semiotik und Semiologie sind beides im Kontext von Markt- und Konsumforschung weitgehend synonym gebrauchte Oberbegriffe für eine *interdisziplinäre Wissenschaft von Zeichen und Zeichensystemen.* Historische Wurzeln liegen in der französischen Tradition der *Semiologie* (insbesondere *Ferdinand de Saussure,* 1857–1913) und der angelsächsischen Tradition der *Semiotik* (insbesondere *Charles Sanders Peirce,* 1839–1914). Der Terminus an sich stammt von dem griechischen Worten semeion „Zeichen" und sema „Signal" ab (vgl. Nöth 2000 für eine ausführlichere Auseinandersetzung mit der Geschichte).

Umberto Eco definiert die Semiotik folgendermaßen:

> „Die Semiotik befasst sich mit allem, was man als Zeichen betrachten kann. Ein Zeichen ist alles, was sich als signifizierender Vertreter für etwas anderes auffassen lässt."
> (Eco 1987: 26)

Was vielleicht zunächst sehr abstrakt erscheinen mag, ist aus linguistischer Perspektive eine zentrale Grundlage unseres Lebens. Denn unser Verständnis der Welt beruht auf Zeichen, „sprachlicher und nichtsprachlicher Natur": *„Sprache als Welt der verbalen Zeichen, Bilder als Welt der visuellen Zeichen, Geräusche als Welt der auditiven Zeichen und Gesten als Welt der Körperzeichen"* (Woesler de Panafieu 2011: 179). Zeichen sind Träger von Bedeutungen. Um diese Bedeutungen zu erschließen, ist es unerlässlich mit dem Verhältnis zu beschäftigen, in dem diese Zeichen zueinanderstehen. Im Sinne der semantischen Theorie von Ferdinand de Saussure sind Zeichen immer relativ und in ihrer Bedeutung nur durch die Abgrenzung von anderen Zeichen zu begreifen: *„So ist die Farbe Rot etwas, das nicht grün oder blau ist."* (Puchta und Rüsing 2011: 165).

Zeichen können in Ikon, Index und Symbol unterschieden werden. Ein Zeichen ist dann als Ikon zu bezeichnen, wenn es auf Grund seiner Ähnlichkeit auf das Objekt verweist (z. B. Foto, naturrealistisches Gemälde, Piktogramm). Index steht in einem zeitlichen und räumlichen Bezug zu einem tatsächlichen Objekt (z. B. Rauch als Zeichen für Feuer). Ein Symbol wird lediglich durch eine Konvention mit einem Objekt verbunden (Kleeblatt = Glück, Herz = Liebe, Taube = Frieden).

In Anschluss an den französischen Zeichen- und Kulturtheoretiker *Roland Barthes* (1915–1980) ist *die Bedeutung von Zeichen in Denotation und Konnotation zu unterscheiden.* Unter Denotation werden die Grundbedeutung (z. B. eine Definition) und unter Konnotation die Nebenbedeutung oder der Bedeutungshof verstanden, „d. h. die mit ihm verknüpften kulturellen Assoziationen wie emotionale Untertöne, soziokulturelle Werte und soziologische Annahmen" (Puchta und Rüsing 2011: 166). Claudia Puchta und Olaf Rüsing veranschaulichen den Unterschied von Denotation und Konnotation plastisch in einem Beispiel:

> *„Mit dem Zeichen Fuchs wird ein Raubtier mit rotem Fell, buschigem Schwanz und spitzer Schnauze gekennzeichnet (Denotation). Der kulturelle Bedeutungshof geht aber darüber hinaus: Z. B. gilt ein Fuchs als schlaues und gerissenes Tier oder aber als cleverer Sparfuchs (Konnotation).* " (Puchta und Rüsing 2011: 166)

Zeichen sind demnach *„nicht wertfrei, sondern kulturell eingebunden und sozialem Wandel"* unterworfen (Woesler de Panafieu 2011: 182). Kultur darf nicht als ein in sich geschlossenes, spannungsfreies für alle Angehörigen einer Gruppe geltendes Korsett betrachtet werden. Vielmehr ist „Kultur" ebenfalls als ein Zeichen zu betrachten. Sie wird im Alltag aus verschiedenen Perspektiven unterschiedlich wahrgenommen, ihr Verständnis ist also stets perspektivgebunden (z. B. Geertz 1983. Zumindest in zeitgenössischen Gesellschaften sind Kulturen außerdem durch Hybridität und strukturell verankerte Ambivalenzen geprägt und niemals statisch, sondern dynamischen Wandlungsprozessen unterworfen (Kühn 2015a). Um sich kulturell verankerten Bedeutungshöfen zu nähern und die Konnotation von Zeichen zu verstehen, bedarf es deshalb der Auseinandersetzung mit subjektiven Wahrnehmungsweisen und damit verbundener Bedeutungsgebung von kulturellen Zusammenhängen, wie sie im Zentrum qualitativer Markt- und Konsumforschung stehen. *Die hohe Relevanz der Semiotik für die Marktforschung ergibt sich deshalb daraus, dass jedes Alltags- und Konsumobjekt, von der Limonadenflasche bis zum Automodell, auch eine Beschreibung der inneren Befindlichkeit von Kultur und Gesellschaft ist.*
Die Semiotikerin Helene Karmasin drückt dies folgendermaßen aus:

> *„Bedeutung resultiert immer aus dem Mitdenken eines ganzen Systems, einer Struktur, einer Ordnung zwischen Zeichen. Ein einzelnes Zeichen hat keine Bedeutung, es erhält seine Bedeutung durch seine Beziehung zu anderen Zeichen.* " (Karmasin 2004: 153)

Semiotik ist kein empirisches Erhebungstool. Sie ist in der Praxis i. d. R. eine Ergänzung zu empirischen Forschungsansätzen, z. B. in Kombination mit qualitativen Interviews.
In der qualitativen Markt- und Konsumforschung liegt ein Anwendungsschwerpunkt der Semiotik in Marken- und Kommunikationsanalysen. Denn Kommunikation funktioniert vermittels bedeutungsbeladener Zeichen, die von

Angehörigen der Zielgruppe in einem anderen Sinne interpretiert werden können als dies von Anbietenden beabsichtigt wird. *Semiotische Analysen können aufzeigen, welche impliziten und unbewussten Wirkungspotentiale in für die Kommunikation von Unternehmen in Konzepten, Anzeigen oder auch TV-Spots stecken und decodieren, welche kulturellen Bedeutungshöfe damit verbunden sind.* Dadurch werden im Rahmen von Auftragsforschung Ableitungen möglich, wie gut das für die Kommunikation vorgesehene Material mit der Markenidentität von Anbietern zusammenpasst. Wenn es aus semiotischer Perspektive beispielsweise um die Analyse einer Werbeanzeige geht, stehen nicht die persönlichen Einschätzungen im Vordergrund, was den Befragten daran gefällt oder nicht, vielmehr geht es das, unterschiedliche Deutungspotenziale der Anzeige sowie der diese konstituierenden Zeichen und ihrem Verhältnis zueinander herauszuarbeiten. Im Rahmen akademischer Markt- und Konsumforschung können derartige Auseinandersetzungen mit Material der Unternehmenskommunikation sehr gut genutzt werden, um Einblicke in soziale Wandlungsprozesse und zeitgenössischer Formen kultureller Praxis zu gewinnen. Dies kann auch mit einer kritischen Auseinandersetzung mit gesellschaftlichen sowie kulturellen Rahmenbedingungen und Konsum genutzt werden (vgl. Kap. 7).

Untersucht wird etwa bei einer Kommunikationskampagne das „Fundament" der Anzeige, also die *Codes* und *Mythen,* die im Hintergrund wirken. Codes sind textliche oder bildliche Zeichen, die in einer Gesellschaft kulturell bestimmte Assoziationen hervorrufen (z. B. der schlaue Fuchs). Mythen sind Geschichten, in denen sich menschliche Grunderfahrungen und urmenschliche Bedürfnisse verdichten. Sie sind stark verinnerlicht und uns häufig nicht bewusst, also schwer durch Konsumenten zu verbalisieren, gleichwohl hoch wirksam und relevant für unsere Handlungen, auch wenn sie bei der bewussten Reflexion des eigenen Alltags keine große Rolle spielen. Bereits Erich Fromm hat dies auf den Punkt gebracht und eine Analogie zu Traumwelten und darin verankerten Wünschen hergestellt:

„Jedenfalls gehören die Mythen – ob ignoriert, verachtet oder respektiert – einer Welt an, die unserem heutigen Denken völlig fremd ist. Dennoch bleibt die Tatsache bestehen, daß viele unserer Träume sowohl ihrem Stil als auch ihrem Inhalt nach den Mythen ähnlich sind, und wenn sie uns auch beim Erwachsenen seltsam und weit hergeholt vorkommen, so besitzen wir doch im Schlaf die Fähigkeit, diese mythenähnlichen Schöpfungen hervorzubringen. Auch im Mythos gibt es dramatische Begebenheiten, die in einer von den Gesetzen von Raum und Zeit beherrschten Welt unmöglich wären: Der Held verläßt Vaterhaus und Vaterland, um die Welt zu erretten, oder er flieht vor

seinem Auftrag und lebt im Bauch eines großen Fisches; er stirbt und wird wiedergeboren; der mythische Vogel verbrennt und steigt aus der Asche wieder hervor – schöner als zuvor." (Fromm, 1951/1999: 174).

Rhetorische und strukturelle Analyse
Insbesondere in der Werbekommunikation werden verschiedene rhetorische Stilfigurengen genutzt, um die Einprägsamkeit zu steigern, wie verbale oder visuelle *Metaphern* („Wir machen den Weg frei"), *Allegorien* (Glück + Personifizierung = Glücksgöttin), *Paradoxien* (lila Kuh), *Wortspiele* („Jetzt den Traum wagen", Mercedes Benz), *Repetitionen* („Damit einfach einfach ist"), *Metamorphosen/Verwandlungen* („Froschkönig", die Freundin in der Coke Zero Werbung, die zum Fußballer), *Archetypen* (der Held, die Liebende, der Zauberer etc.) zur Hilfe genommen. Dementsprechend geht es bei der rhetorischen Analyse darum, zu untersuchen, welche Bedeutung die gewählten rhetorischen Figuren besitzen und wie diese zum Kontext des beworbenen Konsumguts bzw. der Marke passen (vgl. z. B. Urban 1995).

Außerdem gilt es, die Verbindung der enthaltenen Zeichen zueinander zu bestimmen und zu verstehen, in welche Ordnung diese gebracht werden. Ordnungssysteme können etwa durch Gegensatzpaare gekennzeichnet sein (z. B. Leben/Tod, Natur/Kultur, männlich/weiblich, gut/böse, schwarz/weiß, oben/unten etc.). In der Werbekommunikation wurde etwa im Kontext der Marke Ariel „sauber" und „rein" über Jahre in Opposition gebracht, indem vermittelt wurde, dass „sauber" nicht immer auch „rein" sein muss, wie Helene Karmasin betont:

„Damit wird beim Rezipienten genau jenes semantische Merkmal aktiviert, das sauber von rein unterscheidet. Rein hat auch eine moralische Qualität, sauber nur eine funktionale. " (Karmasin 2004: 155)

Die rhetorischen und strukturellen Analysen werden in Verbindung mit einer Analyse der Sinninhalte gebracht, die in der Kommunikation vermittelt werden, wobei hier nach Sender (z. B. strategische Vision einer Marke), Botschaft (Inhalte, innere Kohärenz, verschiedene Ebenen) und Empfänger (Wahrnehmungs- und Interpretationsweisen der Botschaft) unterschieden werden kann (vgl. z. B. Woesler de Panafieu 2011).

Die praktische semiotische Arbeit
Die praktische semiotische Arbeit ist ein aufwendiger Recherche- und Strukturierungsprozess, der in der Regel in vier Hauptschritten durchgeführt wird:

Schritt 1: Bestimmung und Eingrenzung dessen, was untersucht werden soll (Corpus),
Schritt 2: Identifikation bestehender Zeichen und Bedeutungen (Semantik – Bedeutung),
Schritt 3: Untersuchung des Zusammenspiels mehrerer Zeichen und ihrer Bedeutung und der daraus resultierenden Botschaft (Syntaktik – Interaktion),
Schritt 4: Wirkung des Zusammenspiels auf den Betrachter (Pragmatik).

Schritt 1: Bestimmung und Eingrenzung dessen, was untersucht werden soll (Corpus)
Zunächst müssen relevante Quellen identifiziert und der Suchraum bestimmt werden. Es wird entschieden, welche Medien einbezogen werden sollen. Dafür erfolgt eine erste Sichtung, die Alltagsbeobachtungen ebenso wie die systematische Auseinandersetzung mit den identifizierten Medien beinhaltet (insbesondere TV-Spots, Print-Anzeigen, wissenschaftliche Arbeiten, Zeitschriften und Artikel, Trendanalysen, Alltagskultur etc. zum Thema). Nach dieser Sichtung kommt es zur weiteren Eingrenzung des Themas: Was gehört dazu, was nicht?

Schritt 2: Identifikation bestehender Zeichen und Bedeutungen (Semantik – Bedeutung)
Im zweiten Schritt geht es um die Identifikation von Zeichen und die Zuordnung von möglichen Bedeutungen. Im Zentrum steht die Identifikation von Einzelgegenständen.
Stellen wir uns ein typisches Hochzeitsbild mit einem glücklichen Paar vor. Hier könnte das klassische Arrangement z. B. aus lächelnden Gesichtern, dem Hochzeitskuss, einem Hochzeitskleid, Brautstrauß, Ringen etc. bestehen. Alles sind Zeichen mit eindeutiger Denotation. Das Lächeln und der Kuss stehen z. B. für die Bedeutungshöfe Aufmerksamkeit, Interesse, Verführung (Konnotation); Ringe, Blumenstrauß sind mit Ehe, Liebe und Treue konnotiert. Das Zusammenspiel aller Zeichen und der daraus entstehenden Bedeutung wird im nächsten Schritt angegangen.

Schritt 3: Untersuchung des Zusammenspiels mehrerer Zeichen und ihrer Bedeutung und der daraus resultierenden Botschaft (Syntaktik – Interaktion)
Nachdem die Konnotationen einzelner Zeichen und ihre Anordnung im Kontext der Kommunikation bestimmt wurden, geht es jetzt um die Analyse der Beziehungen, welche die identifizierten Zeichen zueinander haben (Syntax). Dies dient dazu, die damit verbundenen Botschaften herauszuarbeiten. Dies klingt eindeutiger, als es in der Praxis ist. Wenn man sich vor Augen führt, wie heterogen etwa Interpretationen von Geschichten, Märchen oder ganzen Romanen sind und wie darin enthaltenen Zeichen im Rahmen der Interpretation in unterschiedlicher Art und Weise miteinander verbunden werden, wird schnell klar, dass es häufig verschiedene Deutungsweisen gibt. Damit bewegen wir uns nun auf das weite Feld von Analysen qualitativer Daten, zu dem es eine Vielzahl theoretisch fundierter Ansätze von *Objektiver Hermeneutik* bis hin zu *Inhaltsanalyse* gibt (vgl. Abschn. 6.4). Festzuhalten ist an dieser Stelle, dass es verschiedene Perspektiven gibt, wie die Beziehung von Zeichen zueinander beschrieben werden kann. Dementsprechend können auch verschiedene alternative Deutungen herausgearbeitet werden. Dabei ist aber stets wichtig, dass diese Deutungen in sich stimmig sind und einen deutlichen Bezug zu den in der Kommunikation enthaltenen Zeichen aufweisen.

Schritt 4: Wirkung des Zusammenspiels auf den Betrachter (Pragmatik)
Im letzten Analyse-Schritt geht es um das Verstehen der Wirkung der Zeichen und deren Botschaft, d. h. der Ableitung möglicher Reaktionen der Betrachtenden. Dafür ist es in der Markt- und Konsumforschung sinnvoll, semiotische Analysen mit Befragungen zu verbinden, d. h. die Wahrnehmung der Botschaft mittels Gruppendiskussionen oder Interviews zu erheben. Dies schafft die Möglichkeit, die Ergebnisse der Befragung und der semiotischen Analyse aufeinander zu beziehen und dadurch im Sinne von Triangulation zwei Methoden zu kombinieren.

Forschungsplanung und Forschungsprozess

6

6.1 Die qualitative Forschungsreise

Im folgenden Abschnitt möchten wir den Forschungsprozess in der qualitativen Markt- und Konsumforschung praxisnah skizzieren. (Eine Übersicht über die Projekt-Meilensteine befindet sich im Anhang). Wir erläutern die wichtigsten Projektphasen und geben eine Übersicht damit verbundener Schritte, die man bei der Forschungsplanung berücksichtigen sollte. Exemplarisch tun wir dies anhand des Bereichs qualitativer Befragungen.

Dafür unterscheiden wir *vier zentrale Forschungsphasen:*

1. Project Set-Up: Definition der Forschungsfrage(n) und Festlegung des Forschungsdesigns
2. Datenerhebung und Feldmanagement
3. Analyse und Interpretation
4. Präsentation und Beratung

"Wir haben uns im Rahmen der Auseinandersetzung mit Gruppendiskussionen als Methode (Kühn/Koschel 2018a), mit der Moderation von Gruppendiskussionen (Kühn/Koschel 2018b) sowie dem Potenzial und der Prozesslogik qualitativer Forschung in der Sozialpsychologie (Kühn 2015a) bereits an anderer Stelle ausführlich mit diesem Themenkomplex auseinandergesetzt. In die hier vorliegende Darstellung sind deshalb an geeigneten Stellen Textbausteine aus diesen Werken eingefügt und zum Teil in leicht veränderter Form angepasst worden, ohne dass dies stets eigens gekennzeichnet wird."

161

T. Kühn und K.-V. Koschel, *Qualitative Markt- und Konsumforschung, Konsumsoziologie und Massenkultur*, https://doi.org/10.1007/978-3-531-19430-1_6

In der Praxis unterscheiden sich qualitative und quantitative Forschungsprojekte strukturell dahingehend, dass der „quantitative", standardisierte Forschungsprozess *immer linear* ist: Alle im voraus festgelegten Arbeitsschritte werden sukzessive abgearbeitet, erst die Formulierung der Forschungsfragen, dann die Bildung von Hypothesen, die Feldarbeit, darauf folgend die Auswertung etc. Die Überprüfung der Hypothesen erfolgt zum Schluss anhand der statistischen Analyse.

Der Prozess der qualitativen Forschung erlaubt hingegen die Möglichkeit der Nicht-Linearität bzw. ein *zirkuläres Arbeiten*. In concreto ermöglicht die Reflexivität der qualitativen Forschung, dass frisch gewonnene Erkenntnisse und Ergebnisse mit in die Gestaltung der darauffolgenden Forschungsschritte fließen können (vgl. auch Flick 1991; Kleining 2011; Mayring 2016.).

Insbesondere die Integration von Learnings (z. B. aus einem Interview, einer Gruppendiskussion, einer Beobachtung etc.) in die laufende Feldforschung ist durchaus üblich und typisch für die qualitative Markt- und Konsumforschung.

6.2   Project Set-Up

Befassen wir uns nun zunächst mit dem ersten Schritt des Forschungsprozesses: der Definition der Forschungsfrage und der Ableitung eines Forschungsdesigns.

Definition der Forschungsfrage und Ableitung eines Forschungsdesigns
Die Qualität qualitativer Studien hängt entscheidend von einer sorgfältigen Planung und durchdachten Vorbereitung ab. Denn die Organisation und Durchführung von qualitativer Forschung sind zeitaufwendig. Es ist ein folgenschwerer Irrglaube, wenn mit der Offenheit der Befragung Ungezwungenheit und Unverbindlichkeit bei der Projektvorbereitung verbunden wird.

Der erste Schritt der Planung eines Projekts betreffen die Auseinandersetzung mit der Problemstellung und die Konkretisierung des Forschungsgegenstands: Es geht darum, möglichst genau auf den Punkt zu bringen, was mit dem Forschungsprojekt herausgefunden werden soll.

Am Anfang des qualitativen Forschungsprozesses stehen ein Informationsbedarf, offene Fragen oder die Beobachtungen interessanter Phänomene, für die eine Erklärung gesucht wird. Dies gilt sowohl im akademischen Bereich als auch in der kommerziellen Auftragsforschung.

Unterschiede zwischen zeitritischer Auftragsforschung und akademisch verankerter Markt- und Konsumforschung
Grundsätzlich gelten für Forschung dieselben Qualitätskriterien, unabhängig davon, ob sie von einem Dritten beauftragt wurde oder ob sie als ein selbst initiiertes Projekt durchgeführt wird. Insbesondere bezüglich der eigenen Unabhängigkeit als Forschende oder Forschender und damit verbundener Transparenz bezüglich der durchgeführten Schritte eines Projekts darf es auch keine Differenzen geben. Von Erwartungen Dritter hinsichtlich bestimmter mehr oder weniger wünschenswerter Ergebnisse darf man sich nicht leiten lassen.

Beschäftigt man sich mit der Forschungspraxis in beiden Feldern, kann man sich gleichwohl einigen Unterschieden zwischen der kommerziellen und akademischen Forschungstradition vergegenwärtigen, wie dies im Zusammenhang der Konsumforschung z. B. Gerhard Kleining (2011) und Dominik Schrage (2008: 17 ff.) gemacht haben.

Kommerzielle Konsumforschung ist Forschung im Auftrag von Unternehmen (auch: Auftragsforschung). Die augenfälligste Besonderheit liegt darin, dass in der kommerziellen Forschung häufig der praktische Nutzen und die Verwertbarkeit des Forschungsergebnisses für den Auftraggeber im Vordergrund steht, während davon losgelöste sozialwissenschaftliche Reflexionen eher weniger bedeutsam für die Analyse und Präsentation sind. Dies steht auch damit in Verbindung, dass in der Regel ein vergleichsweise enges Timing zur Beantwortung einer Forschungsfrage besteht, wenn etwa von Projektstart bis zur Ergebnislieferung nur wenige Wochen liegen. Meist werden die Ergebnisse über den Projektkontext auch nicht veröffentlicht oder für daran anschließende Forschungen genutzt. Kühn (2004b) hat darauf hingewiesen, welch hohes Potenzial auch für sozialwissenschaftlich orientierte Fragestellungen darin besteht, sich derartiger Auftragsforschung noch stärker zu widmen als dies der Praxis akademischer Forschung entspricht. Eine stärkere Verzahnung der beiden Felder in der Praxis ist unserer Einschätzung nach auch heute noch ein nicht eingelöstes Desiderat (vgl. auch Abschn. 6.1 in diesem Buch).

In der institutionellen Markt- und Konsumforschung werden die relevanten Forschungsfragen und Forschungsziele zumeist schriftlich in einer *Anfrage, in Ausschreibungsunterlagen und/oder einem Briefing* des potenziellen Auftraggebers dargelegt (siehe ausführlich: Kühn/Koschel 2018a: 57 ff.).

Zur Verdeutlichung werden im Folgenden zwei typische Briefings skizziert:

1. Briefing „*Energiepark*“: Ein überregionales Energieunternehmen lädt
   zum Briefing. Als Vorabinformation ist bekannt, dass das Unternehmen
   eine Energieerlebniswelt für Kinder, Jugendliche und Familien mit dem
   Focus auf regenerative und zukünftige Energien schaffen möchte. Dafür
   sind verschiedene Erlebnisangebote geplant, die auf die Akzeptanz
   potenzieller Zielgruppen hin untersucht werden sollen.
2. Briefing „*Hochschule*“: Eine neue private Hochschule möchte mehr darüber erfahren, wie Studierende heutzutage eine Hochschule suchen,
   finden und welche Kriterien sie zu Auswahl anwenden („Pupil Journey“). Diese Grundlagenforschung, dient der Hochschule dazu, ihre
   Marketing-Aktivitäten zu überdenken, weiterzuentwickeln und neu zu
   strukturieren. Das übergeordnete Marketingziel ist die Steigerung der
   Zahl der Studienanfänger*innen/Bewerber*innen. Vor allem die Rolle
   geeigneter Social Media-Kanäle soll untersucht werden.

Insbesondere bei explorativen Grundlagenstudien ist es wichtig, sich nicht nur
auf die schriftlichen Briefinginformationen zu verlassen, sondern sich in einem
persönlichen Briefinggespräch über Problemstellungen, das Informationsbedürfnis, die Eingrenzung des Informationsbedürfnisses, bisherige Forschungen im
Unternehmen und das Forschungsziel eingehend auszutauschen. Im Rahmen
kommerzieller Markt- und Konsumforschung macht die Kommunikation mit dem
Auftraggeber einen Löwenanteil aus.

In diese erste Projektphase gehört ebenso die thematische Einarbeitung des
Teams der Forscherinnen und Forscher: So ist es sowohl in der Angebotsphase
als auch zu Beginn eines Projekts hilfreich, relevante Fragen, Probleme, Erfahrungen (z. B. bisherige Forschungen zum Thema, Alltagstheorien, potenzielle
Zielgruppen, aktuelle Entwicklungen etc.) schriftlich festzuhalten, z. B. in Form
eines *Brainstormings* oder einer *Mind Map*. Auch *Desk-Research* „was haben
Andere zum gleichen Thema geforscht haben und wie sie vorgegangen sind“ ist
wichtig, wird aber im Kontext angewandter Markt- und Konsumforschung nicht
immer ausreichend betrieben.

Desk-Research ist eine wichtige Grundlage der qualitativen Primärforschung
Überhaupt wird Desk-Research in Zeiten der zunehmenden digitalen Informa-
tionsflut immer wichtiger für Forschende und Unternehmen. Denn heutzutage
gibt es viele einfach verfügbare, komplexe und aktuelle Daten, die andererseits
aber zeitnah mit Sinn, Bedeutung und Relevanz angereichert und interpretiert

werden müssen, um sinnvoll genutzt werden zu können. Und dies sollte nicht ausschließlich der künstlichen Intelligenz überlassen werden. Darüberhinaus hat im digitalen Zeitalter die *Daten-Kuration* stark an Bedeutung gewonnen. Kuration ist dabei ein Ansatz, der in- und externe Daten und Informationen für ein Unternehmen zusammenträgt, sie neu erzählt und dadurch hilft, sie für konkrete unternehmerische Maßnahmen nutzbar zu machen. (Vgl.: Koschel/Frieß 2019).

Erst wenn die Forschungsfragen und das Informationsbedürfnis präzise definiert sind, kann mit dem nächsten Schritt, der *Konzeptualisierung des Forschungdesigns,* begonnen werden.

Forschungsdesign: Von der Forschungsfrage zur Forschungsmethode
Eng mit der Forschungsfrage verknüpft ist die Auswahl eines problemadäquaten Forschungsdesigns. Das Forschungsdesign bestimmt die Vorgehensweise von der Datenerhebung über die Analyse bis zur Berichtslegung. In der angewandten Marktforschung ist es häufig das Kernstück der Forschungskonzeption (Angebot) und hat eine immense Bedeutung für die Differenzierung von Wettbewerbern. Manche Studie erhält das Institut bzw. der oder die Forschende nur deshalb, weil der Auftraggeber von der Sinnhaftigkeit und Originalität des Forschungsdesigns überzeugt werden konnte. Die Bestimmung des Methodendesigns gehört zu den zentralen Aufgaben und Kompetenzen qualitativ Forschender.

Die wichtigsten Studien-Parameter, die für Studien im Bereich der Markt- und Konsumforschung bestimmt werden müssen sind: a. Methodenauswahl, b. Zielgruppe/Stichprobe sowie c. Zeit- und Kostenüberlegungen.

a. *Auswahl der Methoden und Erhebungsinstrumente*
Bei der Auswahl der Methoden müssen die jeweiligen Stärken und Schwächen, Vor- und Nachteile miteinander abgewogen werden, da es häufig die eine „beste Methode" oder Methodenkombination nicht gibt. Wichtig ist, dass die Methode zur Fragestellung passt. Wenn es etwa um die Rekonstruktion individueller Entscheidungspfade geht, ist ein Einzelinterview geeigneter als eine Gruppendiskussion. Die Frage ob Einzelinterviews, Gruppendiskussion, Online-Community, Beobachtung, Desk-Research, ob analog, digital oder hybrid geforscht werden soll, ob ein offener oder semi-strukturierter Leitfaden zum Einsatz kommt, mit teilnehmender oder nicht teilnehmende Beobachtung gearbeitet werden soll, welche Pre-works eingeplant werden, wie Social Media Analytics integriert werden kann etc., müssen im Marktforschungsalltag im Zusammenhang mit der Durchführbarkeit innerhalb eines gesetzten Zeitrahmens diskutiert werden.

In diesem Sinne können qualitative Markt- und Konsumforschungsstudien aus unterschiedlichen theoretischen Perspektiven durchgeführt werden. Davon hängt auch ab, wie die Ergebnisse am Ende beschaffen sind. Nehmen wir als Beispiel den Kauf eines Produkts. Wenn wir diesen aus entscheidungstheoretischer Sicht untersuchen, wird es uns darum gehen, verschiedene Kriterien herauszuarbeiten und zu verstehen, wie diese im Rahmen kognitiver und emotionaler Prozesse ins Verhältnis zueinander gesetzt werden. Aus einer sozialpsychologischen Perspektive könnte unser Interesse aber auch darauf gerichtet sein, wie ein Kauf damit zusammenhängt, sich einer bestimmten sozialen Gruppe zugehörig zu fühlen oder durch den Kauf sogar die Zugehörigkeit zu festigen. Aus einer tiefenpsychologischen Perspektive könnten wir den Kauf dahingehend beleuchten, inwiefern er uns unbewusst dazu verhilft, bestimmte innere Spannungen zu lindern oder uns temporär ein Gefühl von Ich-Stärke zu vermitteln. Angesichts der Vielfalt vorhandener Theorien kann an dieser Stelle jenseits dieser exemplarischen Veranschaulichung kein systematischer Vergleich unterschiedlicher theoretischer Zugänge erfolgen. Unabdingbar ist es aber, sich im Vorfeld klar zu werden, auf welcher Ebene die Ergebnisse verankert sein sollen, damit ein dazu passender Feldzugang gewählt wird.

Da es keine einzelne sozialwissenschaftliche Methode gibt, welche die Vorteile und das Potenzial aller anderen Methoden mindestens in gleichem Maße erfüllen könnte, kann es ratsam sein, in einem Projekt mit verschiedenen Methoden zu arbeiten, um die aus verschiedenen Perspektiven geführten Ergebnisse in der Analyse zusammen zu führen. Dies folgt dem *Grundgedanken von Triangulation* (vgl. z. B. Kelle 2007; Kelle 2019; Flick 2011; Frieß 2011). Von zentraler Bedeutung ist dafür aber, dass man sich im Vorfeld bewusst wird, wo das Erkenntnispotenzial der jeweiligen Kombination liegt. Es reicht nicht aus, aufs Geratewohl verschiedene Methoden anzuwenden, weil damit die Gefahr verbunden wäre, den Kern der Fragestellung zu verfehlen.

Auch die Verbindung mit einer quantitativen Befragung im Sinne eines Mixed-Methods-Ansatzes kann sinnvoll sein, wenn es etwa darum geht, Angaben zur Verteilung innerhalb einer Population zu machen oder im Rahmen einer qualitativen „Vorstudie" die Entwicklung einer standardisierten Fragebogens vorzubereiten, um relevante Items und angemessene Formulierungen sicherzustellen.

Außerdem fällt in diese Phase auch die Bestimmung des Stimulus-Materials für die folgende Feldarbeit wie z. B. Produkte, Werbematerialien, Website, Storyboards, Moodboards und Verbalkonzepte. Hierbei gibt es bestimmt „No-gos" bezüglich der Aufbereitung und der Sprache, z. B. Vermeidung von Werbe- und Marketingsprache (vgl. ausführlicher zum Thema Stimulus: Kühn/Koschel 2018a: 91 ff.).

b. *Fragen zur Zielgruppe und Stichprobe*
Mit der Wahl einer Methode ist die zentrale Frage nach den Kriterien verbunden, anhand derer die Teilnehmenden ausgewählt werden. Bei qualitativen Studien geht es nicht darum, eine bevölkerungsrepräsentative Stichprobe zu ziehen, welche die Grundlage für Angaben zur prozentualen Verteilung und zu mathematisch begründeten inferenzstatistischen Ableitungen bietet. Im Kontext qualitativer Forschung besteht die Zielsetzung in der Regel darin, Verborgenes aufzudecken, Zusammenhänge zu identifizieren und typische Muster zu verstehen (vgl. Abschn. 6.2 und 6.3). Damit die erzielten Ergebnisse über die konkrete Gruppe der ausgewählten Teilnehmenden hinaus gehen und zu verallgemeinerbaren Aufschlüssen führen, darf die Auswahl von Befragten nicht willkürlich erfolgen, sondern sollte auf einer im Vorfeld möglichst sorgfältig durchdachten Definition von Rekrutierungskriterien beruhen (z. B. Schreier 2020; Kelle und Kluge 2010).

Häufig sind Zielgruppenbeschreibungen von Auftraggeberseite und Agenturen jedoch recht vage: Performer, „Generation Y und Z", „Digital Natives", „jung, ökologisch, urban und vernetzt", „Konservativ-etablierte" etc. Diese Fragen werden spätestens im Screening-Fragebogen (Fragebogen zur Kontaktaufnahme und Selektion der relevanten Zielgruppe) geklärt und operationalisiert. Für diesen Klärungsprozess im Rahmen von Auftragsforschung ist es erneut sehr wichtig, sich intensiv mit dem Auftraggeber abzustimmen.

Es gehört zu den wichtigsten Schritten bei qualitativen Forschungsprojekten, sich genau zu überlegen, wen man in die Befragung einbezieht, um den Forschungsgegenstand möglichst genau zu erfassen. Neben thematisch begründeten sollten auch sozio-demographische Kriterien im Rahmen eines derartigen selektiven Samplings berücksichtigt werden, um ein möglichst klar definiertes Spektrum von lebensgeschichtlichen Hintergründen der Befragten einzubeziehen und damit Rückschlüsse auf die im Mittelpunkt des Forschungsinteresses stehende Zielgruppe zu ermöglichen.

Im Kontext von Mixed-Methods-Studien bieten sich weitere Auswahlmöglichkeiten, welche zu einer Verbindung der Teilstudien beitragen. Aus der Stichprobe einer standardisierten Befragung lässt sich eine Fallauswahl für eine qualitative Studie treffen. Dies bietet dann die Möglichkeit, durch die qualitative Befragung bestimmte im gesamten Sample beobachtete Antwortmuster besser verstehen zu lernen und begründete Zusammenhänge – etwa zwischen verschiedenen Items – zu erkennen.

c. *Zeit- und Kostenüberlegungen*

Bei allen vorangegangenen Entscheidungen (insbesondere Methodenauswahl und Stichprobengröße) ist eine Kosten-Nutzen-Abwägung ratsam. *Gerade Zeit und Budgetvorgaben durch den Auftraggeber sind die Regel in der Institutsforschung und prägen das finale Forschungsdesign.*

Dafür gilt es, aufgrund früherer Erfahrungen zum einen den eigenen Zeitaufwand für alle Projektphasen zu schätzen und gleichzeitig Fremdkosten zu antizipieren. Um externe Kosten einschätzen zu können, benötigt man im Rahmen von Auftragsforschung in der Regel Kostenvoranschläge oder zumindest Schätzungen von Kooperationspartnern. So gibt es zum Beispiel Teststudios, welche nicht nur Räume für die Durchführung von Befragungen zur Verfügung stellen, sondern die auch über ein Expertenteam verfügen, das bei der sogenannten „Rekrutierung" von Teilnehmenden nach den im Screener festgehaltenen Vorgaben untersützt oder diesen Prozess in Gänze übernimmt (vgl. Abschn. 6.3). Bei internationalen Projekten fallen zum Teil nicht unerhebliche Kosten für die Simultanübersetzung an, wenn internationale Kunden die Befragung mitverfolgen möchten. Externe Kosten fallen in der Regel auch für die Dokumentation an. Diesbezüglich macht es einen großen Unterschied, ob man Inhalte der Befragung für den eigenen Gebrauch protokollieren oder nachträglich transkribieren lässt oder ob man ein geprüftes und anonymisiertes Transkript anfertigt, das man an den Kunden weitergibt, wenn alle Teilnehmendem diesem zugestimmt haben.

1. Studiendesign „*Energiepark*": Beim Forschungsdesign haben wir uns für einen Mixed-Methods-Ansatz, einen mehrsstufigen Methodenansatz, entschieden, der digitale und analoge sowie quantitativ-standardisierte und qualitative Elemente verbindet. Mithilfe eines standardisierten Online-Fragebogens erfolgt eine regionale Einzugs- und Potenzialanalyse; im Rahmen einer analogen qualitativen Befragung sollen verschiedene alternative Konzepte hinsichtlich ihrer Attraktivität evaluiert werden. Dafür werden mehrere Minigruppen mit 4–5 Teilnehmenden a 2,5 h sowohl in einer Erwachsenenbildungseinrichtung am Ort des Energieparks als auch in einem 20 km entfernten städtischen Teststudio durchgeführt. Kernzielgruppen sind „Familien mit Kindern", Jugendliche und Senioren mit Enkelkindern, mit denen jeweils eigenständige Mini-Gruppen realisiert werden. Für die Mini-Gruppen werden für die einzelne Konzepte jeweils Stimuli vorbereitet, die im Vorfeld mit dem

Auftraggeber abgestimmt werden. Die Diskussionen im Teststudio können live durch einen Einwegspiegel von Vertreter*innen des Kunden
beobachtet werden.

2. Studiendesign „*Hochschule*": Wir führen eine exploartive Studie durch,
bei der wir mehrere qualitative Methoden verbinden. Erstens führen wir
„gamifizierte" kognitive Interviews zur Analyse der retrospektiven „Pupil Journey" mit Erstsemestern durch. Hier wird auf spielerische Art und
Weise der gerade erfolgreich beschrittene Weg ins Studium rekonstruiert, um daraus zu lernen. Zweitens moderieren wir über den Zeitraum
von sechs Monaten zwei eigens dafür eingerichtete Online-Communities
(MROCs) mit je 20 Schüler*innen und Schulabsolvent*innen in der Ent-
scheidungsphase. Während dieser Zeit werden außerdem eine Reihe von
qualitativen Interviews mit ausgewählten Teilnehmer*innen der Community durchgeführt, um die im Rahmen der Diskussionen gewonnenen
Erkenntnisse zu vertiefen. Diese Interviews erfolgen digital mithilfe
einer gängigen Software, sodass die Gesprächsteilnehmer*innen sich
wechselseitig per Videoübertragung sehen können. Drittens werden
im Sinne von Desk-Research während dieser sechs Monate öffentli-
che Foren beobachtet, die den Diskurs in verschiedenen Phasen der
Entscheidungsfindung nachzeichnen.

6.3   Datenerhebung und Feldmanagement

Nachdem das Studien- und Methodendesign abgestimmt ist, steht das konkrete
Feldmanagement und die Anwendung der qualitativen *Methoden* im Mittelpunkt.

Rekrutierung
Beginnen wir mit der *Rekrutierung,* bei der es darum geht, auf der Grundlage
bewusst selektiv festgelegter Kriterien Teilnehmende für die Studie zu gewinnen.
Dies erfolgt in der Praxis auf verschiedenen Wegen. So bieten sich vom Auftraggeber bereitgestellte Kundenadressen an, Kontakte von freien Rekrutierern
bzw. Felddienstleistern, Datenbanken von lokalen Teststudios oder überregionale
Online-Panels. In der kommerziellen Marktforschung gibt es Anbieter, die sich
auf Rekrutierung spezialisiert haben, und von Instituten im Rahmen von Projekten
dafür beauftragt werden. Wenn die Rekrutierung selbstständig durchgeführt wird,

sind Zeitungsanzeigen, Aushänge, Aufrufe in sozialen Medien (z. B. Facebook, Xing, Linkedin etc.) bewährte Zugänge.

Zur Rekrutierung wird ein sogenannter *Screener* erstellt. Dieses Instrument wird genutzt, um mit der Angehörigen der Zielgruppe Kontakt aufzunehmen und relevante Zielpersonen aufgrund vorher festgelegter Screening-Kriterien (Soziodemographie, Milieu- bzw. Segmentzugehörigkeit, Produktnutzung, Markenverwendung etc.) auszuwählen. Auch der Umgang mit unerwarteten Ausfällen, wie z. B. der Überrekrutierung, muss im Screener mitbedacht werden.

Zum Feldmanagment gehört eine genaue Zeitplanung aller Schritte während der Feldarbeit. Bereits vor Beginn der Rekrutierung sollte festgelegt sein, ob eine Befragung digital oder analog stattfindet, wann sie beginnt und wann sie endet. Dabei sind Pausenzeiten ebenso einzuplanen wie Gesprächsbedarf mit Vertreter*innen des Kunden, die die Feldarbeit beobachten. Bei einer analogen Befragung sollte feststehen, wo sie stattfindet, bei einer digitalen Befragung Links erstellt sein, über die der Zugang erfolgt.

Vor der eigentlichen Befragung sollte der Prozess der Rekrutierung laufend nachvollzogen und überprüft werden. Wenn etwa Teststudios dies für Institute übernehmen, senden sie regelmäßige sogenannte *Rekrutierungsupdates,* in denen aufgeführt wird, wer sich bereits zur Teilnahme an der Studie bereit erklärt hat. Falls der Rekrutierungsprozess stockender als erwartet verläuft, sollte im Kontext von Auftragsforschung möglichst frühzeitig mit dem Kunden abgeklärt werden, ob Kriterien für die Auswahl weniger restriktiv benannt werden können.

Forschungsethik und Verantwortung gegenüber den Teilnehmenden
Bereits mehrfach haben wir im Laufe dieses Buches darauf verwiesen, wie wichtig eine reflektierte und glaubwürdige ethische Grundhaltung für die qualitative Markt- und Konsumforschung ist. Dies soll an dieser Stelle noch einmal unterstrichen und in Bezug auf den Forschungsprozess näher ausgeführt werden.

Unabhängig davon, ob es sich um ein selbst initiiertes oder ein von Dritten beauftragtes Forschungsprojekt handelt, sind die Regeln guter wissenschaftlicher Praxis unbedingt einzuhalten. In diesem Sinne ist Wahrhaftigkeit gegenüber sich selbst und anderen geboten. Auch wenn die zutage geförderten Ergebnisse nicht den Wünschen eines Auftraggebers entsprechen, dürfen sie auf keinen Fall manipuliert werden. Außerdem sollte das eigene Vorgehen nachvollziehbar und damit auch überprüfbar und Kritik zugänglich gemacht werden.

Von besonders hoher Bedeutung sind ethische Gesichtspunkte im Umgang mit den Teilnehmenden an einer Studie. Diese sind in allen Phasen mit Respekt zu behandeln. Auf keinen Fall darf ihre Würde infrage gestellt werden. Als Studienleitende wie als Moderierende tragen wir ihnen gegenüber eine besondere Verantwortung.

Diese Verantwortung beginnt bereits bei der Rekrutierung: Mögliche Teilnehmende dürfen nicht überredet, manipuliert oder durch das Vorgaukeln falscher Ziele zur Teilnahme bewegt werden. Um Transparenz zu schaffen, empfehlen wir die Formulierung und Einhaltung strikter Regeln im Sinne eines Qualitätsmanagements der Rekrutierung (vgl. ausführlicher Kühn/Koschel 2018a). Voraussetzung für die Teilnahme an einer Studie ist die persönliche Einwilligung. Um diese einzuholen, empfiehlt es sich, eine schriftliche Einwilligungserklärung zu erstellen, in der in verständlicher Art und Weise über das geplante Forschungsvorhaben informiert wird. Neben dem Zweck der Forschung sollten die Rahmenbedingungen (z. B. Art der Befragung, geplante Dauer etc.) kurz zusammengefasst werden. Wichtig ist es, einen Hinweis darauf zu geben, dass die Teilnahme jederzeit beendet werden kann und dass auch die Möglichkeit besteht, im Nachgang die weitere Verwendung der in der Befragung getätigten Aussagen zu untersagen. Außerdem sollte darauf aufmerksam gemacht werden, dass die Befragung der Vorbereitung von Präsentationen und ggf. Veröffentlichungen dient und dass dafür wörtliche Zitate und zusammenfassende Analysen in anonymisierter Form verwendet werden.

Übersicht

Der Berufsverband Deutscher Psychologen und die Deutsche Gesellschaft für Psychologie fordern in ihren gemeinsam herausgegebenen berufsethischen Richtlinien Folgendes für die Einwilligungserklärung:

„Beim Einholen der auf Aufklärung basierenden Einwilligung klären Psychologinnen und Psychologen die teilnehmenden Personen über folgende Sachverhalte auf: (1) den Zweck der Forschung; (2) die erwartete Dauer der Untersuchung und das Vorgehen; (3) ihr Recht darauf, die Teilnahme abzulehnen oder sie zu beenden, auch wenn die Untersuchung schon begonnen hat; (4) absehbare Konsequenzen der Nichtteilnahme oder der vorzeitigen Beendigung der Teilnahme; (5) absehbare Faktoren, von denen man vernünftigerweise erwarten kann, dass sie die Teilnahmebereitschaft beeinflussen, wie z. B. potenzielle Risiken, Unbehagen oder mögliche anderweitige negative Auswirkungen, die über alltägliche Befindlichkeitsschwankungen hinausgehen; (6) den voraussichtlichen Erkenntnisgewinn durch die Forschungsarbeit; (7) die Gewährleistung von Vertraulichkeit und Anonymität sowie ggf. deren Grenzen; (8) Bonus für die Teilnahme und (9) an wen sie sich mit Fragen zum

> *Forschungsvorhaben und zu ihren Rechten als Forschungsteilnehmerinnen und Forschungsteilnehmer wenden können. Den potenziellen Teilnehmerinnen und Teilnehmern wird die Gelegenheit gegeben, Antworten auf ihre Fragen zum Forschungsvorhaben zu erhalten.*" (BDP/DGPs 2016, S. 23).

Befragungen werden in der Regel aufgezeichnet. Dieses darf aber nur mit der Einwilligung aller Teilnehmenden erfolgen, die darüber möglichst schon bei der ersten Kontaktaufnahme in Kenntnis gesetzt werden.

In vielen Studien werden mehr Teilnehmende eingeladen als eigentlich befragt werden sollen. Eine derartige *„Überrekrutierung"* folgt der Erfahrung, dass es vielfach zu kurzfristigen Absagen kommt oder Menschen, die eigentlich ihre Teilnahme zugesagt haben, nicht rechtzeitig erscheinen. Wenn aber doch alle Eingeladenen pünktlich vor Ort sind oder zumindest mehr potenziell Teilnehmende zur Verfügung stehen als nötig, sind neben forschungspragmatischen auch ethische Gesichtspunkte zu berücksichtigen. Dies kann am Beispiel von Gruppendiskussionen veranschaulicht werden.

Nehmen wir an, dass 12 Menschen eingeladen wurden, damit eine Gruppendiskussion mit 8 Teilnehmenden durchgeführt werden kann. Tatsächlich erscheinen aber alle Eingeladenen pünktlich. In Hinblick auf optimale Rahmenbedingungen für die Diskussion empfehlen wir forschungspragmatisch, die Gruppe trotzdem nur mit acht Teilnehmenden durchzuführen, um allen Teilnehmenden ausreichend Redeanteil zu sichern und eine erfahrungsgemäß produktivere Dynamik der Diskussion zu ermöglichen als dies in einer Gruppe mit 12 Teilnehmenden zu erwarten ist (Kühn/Koschel 2018a). Ein solches Vorgehen ist in der Praxis durchaus üblich. Den nicht berücksichtigten Teilnehmern wird die vereinbarte Aufwandsentschädigung (das *Incentive*) bereits zu diesem Zeitpunkt voll ausgezahlt. Ihnen wird für Ihre Bereitschaft zur Teilnahme gedankt, und sie werden mit dem Hinweis auf eine notwendige Überrekrutierung nach Hause geschickt. Vielen Eingeladenen ist dieses Vorgehen gut nachvollziehbar und persönlich durchaus recht. Allerdings gilt auch hier das Gebot, dass ethische Gesichtspunkte stets die höchste Priorität haben sollten. Insbesondere wenn es in der Studie um sensible Fragen geht, bei denen die Eingeladenen den Eindruck bekommen könnten, aufgrund persönlicher Defizite nicht in die Gruppendiskussion aufgenommen worden zu sein, sollte man auf jeden Fall allen Erschienenen auch die Möglichkeit einräumen, an der Gruppendiskussion teilzunehmen. In diesem Fall sollte man lieber schon während der Rekrutierung auf die Wichtigkeit des Erscheinens vor Ort hinweisen, ggf. mehrfach nachhaken, ob die Teilnahme gesichert ist und auf eine hohe Überrekrutierung verzichten.

Auch während der Befragung gelten für Moderator*innen und Interviewführende strenge ethische Regeln. Vor allem sollte man sich stets bewusst sein, dass eigene und fremde Reaktionen auf Äußerungen bei Teilnehmenden Gefühle und Denkprozesse auslösen, die auch nach der Befragung noch Wirkung zeigen können. Wir haben uns im vierten Abschnitt näher mit Befragungen beschäftigt und davor gewarnt, dass sie im schlimmsten Fall als Verhör wirken und eine demütigende Wirkung entfalten können. Um dies zu vermeiden, tragende Interviewende/Moderierende im Rahmen der Gesprächsführung die Verantwortung dafür, Befragte selbst wertschätzend zu behandeln und darauf einzuwirken, dass alle Teilnehmenden in Gruppen-Settings respektvoll und würdevoll miteinander umgehen. Erneut darf die eigene Haltung nicht durch das Bedürfnis, einem Problem möglichst tief auf den Grund gehen zu wollen, beeinträchtigt werden. So sollte etwa die Gruppe in einer Diskussionsrunde nicht als eine Art Legebatterie missverstanden werden, bei der die Teilnehmenden wie Hühner nur dazu dienen, möglichst viele goldene Eier der Erkenntnis zu legen. Es geht nicht darum, Teilnehmende mit durchdachten Methoden dazu zu verführen, etwas preiszugeben, das sie später bereuen.

Diese Haltung geht mit der Verpflichtung einher, auch nach einer Befragung die versprochene Vertraulichkeit strikt zu wahren. Insbesondere bei der Präsentation ist in der Regel darauf zu achten, dass Anonymität gewahrt bleibt und keine Rückschlüsse auf einzelne Personen möglich sind.

Gerade die Markt- und Konsumforschung ist von der Einhaltung dieser Standards abhängig. Wenn immer wieder Akteure in das Licht der Öffentlichkeit kommen, die unter dem Label „Marktforschung" eher Manipulation oder zumindest eine von vornherein in den Inhalten vorbestimmte Form der Öffentlichkeitsarbeit betreiben, schadet das dem Ruf einer ganzen Branche. Wenn damit verbunden immer weniger Menschen bereit sind, an einer Marktforschung teilzunehmen, weil sie dieser nicht vertrauen, gefährdet das mittel- und langfristig die Qualität der Studien. Dies wurde von einschlägigen Verbänden (z. B. ADM, ASI, BVM, DGOF) erkannt. Mit Standesregeln und damit verbundenen Sanktionsmöglichkeiten durch den Rat der Deutschen Markt- und Sozialforschung wird auf die Einhaltung ethischer Grundsätze geachtet.

Incentive

Im Zusammenhang mit möglicher Manipulation von Ergebnissen möchten wir auch die Frage des Incentives oder der Aufwandsentschädigung diskutieren. Für das Qualitätsmanagement beispielsweise professioneller Teststudios gehört es zu den wichtigen Aufgaben, sicherzustellen, dass Menschen nicht die Teilnahme an qualitativen Befragungen zu einer Art Nebenbeschäftigung oder einem Hobby auszuweiten versuchen. Zum Beispiel durch eine interne gut gepflegte Datenbank. Dafür ist es zum einen wichtig, sorgsam darauf zu achten, wer, wie oft und zu welchen Themen bisher eingeladen wurde. Das Incentive sollte nicht so hoch ausfallen, dass es schon durch seine Höhe Anreize zur Manipulation derartiger Standards gibt oder dazu führt, dass Befragte strategisch in einer Art und Weise auftreten, von der sie sich erhoffen, möglichst bald wieder eingeladen zu werden. Gleichzeitig ist es insbesondere im Kontext von Auftragsforschung nicht nur üblich, sondern auch angemessen, Teilnehmenden an der Studie eine finanzielle Anerkennung für ihren Aufwand auszuzahlen. Häufig wird etwa eine Befragung zur Angebotsentwicklung oder Optimierung genutzt, zu der die Teilnehmenden einen Beitrag leisten. Nicht alle Themen und Fragestellungen sind auf den ersten Blick für Teilnehmende gleichermaßen von Interesse, auch hier wird in der Praxis das Incentive genutzt, um eine ausreichende Beteiligung sicherzustellen. Gleichzeitig ist es für eine gute Studie in der Regel sinnvoll, die Bedeutung der Untersuchung zu erklären und die intrinsische Motivation zu fördern. Dazu kann der Spaß an der Produkt- und Dienstleistungsentwicklung zählen, der Wunsch, eigene Anforderungen auf den Punkt zu bringen oder auch Neugierde und Interesse am Austausch mit anderen. Die Höhe eines Incentives variiert stark je nach Zielgruppe. Wenn etwa eine Befragung mit Angehörigen freier Berufe wie Ärzt*innen oder Anwält*innen durchgeführt wird, ist der theoretische Einnahmeausfall für die Diskussionszeit beim Incentive einzuberechnen. Neben der Diskussionszeit sind stets auch Zeitaufwand und Kosten für An- und Abfahrt sowie ggf. Parkgebühren zu berücksichtigen.

Bei B2B-Befragungen sind Auszahlungen von Bargeld eher unüblich, weil dies Compliance-Anforderungen verletzen kann. Hier kann die Bereitschaft zur Teilnahme eher dadurch gewonnen werden, dass Befragten ein Bericht über Studienergebnisse zugesagt wird. Auch Spenden an eine gemeinnützige Organisation sind üblich. Bei Experteninterviews werden zum Teil auch individualisierte Geschenke, wie z. B. eine besondere Flasche Wein etc., gemacht. Bei Internationalen Forschungen wird häufig mit Gutscheinen (z. B. Tankgutschein) für die Teilnehmenden gearbeitet.

Erstellung eines Leitfadens
Der *Leitfaden* ist ein wichtiges Instrument zur Überführung der Forschungsfrage in die Praxis der Erhebung und damit das inhaltliche Kernstück der Feldarbeit (vergl. ausführlicher Kühn/Koschel 2018a). Er bildet gleichzeitig eine Grundlage

für die spätere Analyse und Interpretation der Ergebnisse. Im Leitfaden werden stichwortartig diejenigen Aspekte des Forschungsthemas aufgeführt, welche
in der Befragung zur Sprache kommen sollten. Auch enthält er Moderations-
anweisungen, Zeitangaben und Hinweise zur Anwendung von Kreativtechniken
etc.

Sinnbildlich werden Leitfäden häufig mit Landkarten verglichen, die uns auf
unserer Forschungsreise eine grobe Orientierung liefern sollen, aber nicht davon
abhalten sollten, kleine Umwege zu gehen und weiße Flecken zu erkunden:

> „Der Leitfaden sollte als eine erste vorläufige Landkarte mit weißen Flecken und noch
> nicht bekannten Untiefen angesehen werden. Er dient einer vorläufigen Orientierung
> und sollte als lernender Leitfaden stets mit Erkenntniszuwachs ergänzt werden. Die
> Landkarte liefert Groborientierungen und Ziele, aber während der Wanderung orien-
> tiert man sich an den tatsächlichen Gegebenheiten vor Ort." (Dammer/Szymkowiak
> 2008: 103 f.)

In diesem Sinne sollte der Ablauf eines Interviews oder einer Gruppendiskussion nicht in das Korsett eines strukturierten Leitfadens gepresst werden, sondern
den Anregungen der Gesprächspartnerinnen und Gesprächspartner folgen, um
zu vermeiden, dass es zu einer Frage-Antwort-Struktur kommt, in welcher die
Befragten nur kurz und knapp auf Fragen antworten. Stattdessen sollen die
Befragten zu Erzählungen angeregt werden und dadurch die Möglichkeit erhalten, ihre Sicht und Verarbeitungsweise zu den untersuchten Themenkomplexen
detailliert darzulegen. Bei der Konstruktion des Leitfadens ist deshalb darauf zu
achten, den Befragten ausreichend Raum zu lassen, selbst neue Aspekte einzubringen, verschiedene thematische Gesichtspunkte miteinander zu verknüpfen und
einen eigenen roten Faden zu entfalten.

Im Sinne eines „sensitizing concepts" (Witzel/Reiter 2012: 44 ff.) unterstützt
die Erstellung eines Leitfadens die sorgfältige Auseinandersetzung mit dem Themengebiet im Vorfeld von Diskussionen. Durch den Leitfaden wird sichergestellt,
dass in der Vorbereitungsphase einer Studie als wichtig erachtete Themen und
Fragestellungen während der Befragung berücksichtigt werden. In den Leitfaden
fließt deshalb eigenes Vorwissen ein und wird für die Erhebung genutzt. Die
Leitfadenerstellung ermöglicht es in diesem Sinne außerdem, unterschiedliche
Perspektiven von beteiligten Forschenden und Kooperationspartnern im Vofeld
einer Befragung abzustimmen und damit auch die eigentliche Fragestellung
weiter zu schärfen.

Typischer inhaltlicher Aufbau eines Leitfadens

Phase 1: Begrüßung, Erläuterungen, Warmwerden, Spiegelsituation im Teststudio und Video-Aufnahme erklären, Datenschutzhinweise, kurze Vorstellung des Moderierenden, Erklärung der Spielregeln
Phase 2: Kurze Vorstellung der Teilnehmenden (z. B. Name, Alter, Familienstand, Beruf, Hobbies etc.), eventuell: Warm-up-Übung. z. B. gegenseitiges Vorstellen
Phase 3: Allgemeine Heranführung an das Thema, z. B. die Besprechung von aktueller Produktnutzung mit Sammlung von wahrgenommenen Vor- und Nachteilen im Vergleich
Phase 4: Spezielle Themenfelder, häufig mit Stimulusmaterial (z. B. Verbalkonzepte mit Moodboards, Storyboards, Packungsdesigns, Kostproben etc.)
Phase 5: Abschlussrunde, evtl. individuelle Schluss-Resümees.

Vorbereitung und Durchführung von Befragungen
Die Vorbereitung und Durchführung von Befragungen ist eine spezifische Form einer Prozess-Steuerung. Um die damit verbundenen Aufgaben zu veranschaulichen, kann von Moderation gesprochen werden. Nach Seifert geht es dabei „immer um die Gestaltung von Kommunikationsprozessen" (Seifert 2003: 75 f.). Deshalb bedarf es für eine gute Moderation „Prozesskompetenz" (vgl. Sperling et al. 2007: 12).

Der Prozess beginnt bereits vor der eigentlichen Moderations-Situation: Der oder die Moderator*in muss sich ausführlich mit dem Thema vertraut machen, wenn er oder sie es als Projektleitende*r nicht bereits ist. Eine gute Vorbereitung ist die Voraussetzung dafür, Beiträge der Befragten hinsichtlich ihres Aussagegehalts und ihrer Relevanz verstehen und einordnen zu können. Sie schützt außerdem davor, vermeintlich Neues heraus zu finden, das bereits bekannt ist.

Zu einer guten Vorbereitung gehört eine bewusste Gestaltung der zeitlichen und räumlichen Rahmenbedingungen einer Befragung. Wenn die Befragung virtuell durchgeführt wird, sollte man selbst mit den Möglichkeiten des verwandten Programms gut vertraut sein. Es sollte sichergestellt werden, dass man sich selbst in einer ruhigen Umgebung mit einer leistungsstarken Internetverbindung befindet. Mit den Befragten sollte im Vorfeld abgestimmt werden, ob ein Interview mit eingeschalteter Webcam akzeptabel ist. In der Regel führt dies zu einer persönlicheren Atmosphäre und ermöglicht es, auf Mimik und atmosphärische Eindrücke während der Befragung besser eingehen zu können als wenn Befragungen ohne Bildübertragung durchgeführt werden.

Für face-to-face Befragungen muss ein geeigneter Raum gefunden werden. Dies kann zum Beispiel ein Veranstaltungsraum an einer Universität sein, der dafür reserviert wird, oder ein Raum in einem Teststudio. Vor der Befragung sollte sichergestellt werden, dass die gewünschte Ausstattung bereit steht (Testmaterial, Flipcharts, Papier, Stifte, Stellwände, TV, Computer, Tablets, Beamer etc.). Am Tag der Befragung sollte man als Moderator oder Moderatorin rechtzeitig vor Ort sein, um das Vorhandensein der gewünschten Ausstattung noch einmal zu überprüfen und ggf. ergänzen zu können. Auch die Sitzordnung sollte nicht dem Zufall überlassen, sondern im Vorfeld durchdacht und vorbereitet werden. Bei Diskussionen mit mehreren Befragten empfiehlt sich in der Regel eine symmetrische Aufteilung, bei der sich alle wechselseitig anschauen können. Es sollte vermieden werden, dass durch eine asymmetrische Anordnung einer Spaltung der Gruppe Vorschub geleistet wird. Schließlich sollte auch Zeit eingeplant werden, um vor der Befragung noch ein finales gemeinsames Briefing mit dem Forschenden- und Kundenteam stattfinden zu lassen. Durch eine sorgfältig geplante Vorbereitung vermittelt ein Moderator oder eine Moderatorin auch beteiligten Projektpartnern einen professionellen, kompetenten und souveränen Eindruck sowie damit verbunden ein Gefühl von Sicherheit bei allen Beteiligten.

Während der Befragung sollte der Moderator oder die Moderatorin das Gespräch nicht durch die Darstellung eigener Positionen verzerren, sondern überparteilich bleiben. Die damit gebotene Neutralität könnte als Anforderung ausgelegt werden, sich im Prozess der Befragung als Moderatorin oder Moderator möglichst unsichtbar zu zeigen, um eine alltagsnahe, selbstläufige Diskussion der eingeladenen Teilnehmerinnen und Teilnehmer zu fördern, die durch jedes Eingreifen durch Moderierende gestört würde. Ein solches Verständnis beruht auf der Forschung mit standardisierten Methoden, bei der mit einem feststehenden Fragebogen gearbeitet wird und jeder Einfluss des Fragestellenden zu einer Verzerrung der Ergebnisse führen würde. Im Rahmen von qualitativen Befragungen gilt aber, dass selbst Schweigen eine Form der Kommunikation darstellt, die von Befragten in verschiedener Art und Weise interpretiert wird und Einfluss auf die gegebenen Beiträge nimmt. Eine Moderatorin oder ein Moderator ist immer präsent und sollte sich deshalb nicht als als einen Störfaktor oder eine bloße Randfigur im Geschehen der Befragung verstehen. Damit wäre auch die Gefahr verbunden, Unsicherheit nach außen auszustrahlen. Allerdings darf die Beteiligung nicht mit missionarischer Überzeugungsarbeit verwechselt, sondern sollte als Möglichkeit verstanden werden, das eigene Interesse zum Ausdruck zu bringen und als jemand aufzutreten, „der etwas erfahren und wissen will" (Leithäuser/Volmerg 1988: 212).

Unter der für qualitative Befragungen zentralen Prozesskompetenz verstehen wir die Fähigkeit, bei der Moderation aufmerksam und empathisch nach innen und außen zu sein. Insbesondere gilt es dafür, miteinander verwobene Prozesse auf der zeitlichen, thematischen und Beziehungs- Ebene zu beachten und zu steuern:

- *Zeitliche Ebene:* Vorher vereinbarte Bedingungen des zeitlichen Rahmens sind bestmöglich einzuhalten. Wenn mehrere Themenbereiche als Gegenstand der Befragung definiert wurden, sollte durch Steuerung von Prozessen dafür Sorge getragen werden, dass für alle Themen ausreichend Zeit zur Verfügung steht und gleichzeitig keine hektische Atmosphäre durch den Moderator oder die Moderatorin verbreitet wird.
- *Thematische Ebene:* Fragen sollten nicht nur kurz angerissen werden, sondern möglichst erschöpfend und aus verschiedenen Perspektiven beantwortet werden. Die an der Studie Teilnehmenden sollten Raum haben, von sich aus Aspekte einzubringen, die mit der Forschungsfrage verbunden sind. Gleichzeitig ist vom Moderator oder der Moderatorin darauf zu achten, dass der Bezug zur Forschungsfrage gewahrt bleibt und genügend Raum für die Diskussion verschiedener Themen besteht.
- *Beziehungsebene:* Der Moderierende trägt die Verantwortung für die Aufstellung und Einhaltung von Grundregeln, die es ermöglichen, die Befragung in einer möglichst angstfreien und respektvollen Atmosphäre durchzuführen. Moderierende sollten die Stimmung in der Befragungssituation wahrnehmen und in der Lage sein, diese den Teilnehmenden ggf. widerszupiegeln. Sie sollten darauf achten, dass Diskussionen in der Regel in einer nicht verbissenen, lockeren, gleichzeitig aber auch ernsthaften und nicht albernen Art und Weise verlaufen.

Während der Moderation sollte man immer auch schon an die folgende Forschungsphase der Analyse und Auswertung denken. Dafür sollte man sich die leitenden Forschungsfragen innerlich immer wieder vor Augen führen und prüfen, ob die Diskussionsbeiträge diesbezüglich aussagekräftig erscheinen. Deshalb ist es wichtig, sich nicht nur damit zu beschäftigen, wie man moderierend auf den weiteren Verlauf der Befragung einwirken kann, sondern auch inhaltlich genau zuzuhören.

Auf keinen Fall sollte man sich im Vertrauen auf die Aufzeichnung der Diskussion und damit verbunden Möglichkeiten, die Argumentation zu einem späteren Zeitpunkt inhaltlich nachvollziehen zu können, nur auf die Gesprächsführung konzentrieren.

Dokumentation von Befragungen und Beobachtungen
Im Laufe der Moderation sollte man sich nicht damit überfordern, alles festhalten zu wollen, was gesagt wird. Stattdessen ist es ratsam, Befragungen per Audio- und ggf. Videoaufnahme aufzeichnen zu lassen. Trotzdem kann man sich während der Diskussion Notizen machen, welche auf Inhalte und szenische Beobachtungen gerichtet sind, die man für die weitere Auswertung als potenziell relevant erachtet.

Empfehlenswert ist es auf jeden Fall, möglichst zeitnah im Anschluss an eine Befragung ein *Postskript* anzufertigen, in dem man aus der Erinnerung und anhand der selbst angefertigten Moderationsnotizen sowohl wichtige Erkenntnisse als auch beobachtete szenische Auffälligkeiten festhält, die für die Deutung des Interviews bzw. des Gruppengeschehens von Bedeutung sein könnten (vgl. ausführlicher Kühn/Koschel 2018a). Ein solches Posktkript fördert dank der unmittelbaren Erinnerung an den Verlauf der Befragung die inhaltliche Auseinandersetzung und dient damit einer späteren Sensibilisierung für den Auswertungsprozess: Es stellt dann eine wichtige Gedankenstütze dar, an die bei weiteren Analyseprozessen angeknüpft werden kann.

Am Schluss der Feldarbeit erfolgt die *Datensicherung/Datenerfassung* (Video, Audio) und die Transkription der Befragung. Häufig kommt in der Praxis die *wörtliche Transkription* zur Anwendung. Bei internationalen Studien ist es nicht ungewöhnlich, dass die Transkripte auch übersetzt werden müssen.

Nicht immer jedoch werden in der Praxis Transkripte erstellt. Zum Teil wird stattdessen auch mit Simultanprotokollen oder nachträglich auf Grundlage von Aufnahmen erstellten Protokollen gearbeitet. Dies hat meist zeitliche oder finanzielle Gründe, wenn ein enger Zeitrahmen oder ein knappes Budget für ein Projekt gegeben ist. Selbst ein von einem geschulten Mitarbeiter oder einer geschulten Mitarbeiterin angefertigtes Protokoll bietet aber selbstverständlich nie den Detaillierungsgrad eines im Nachhinein angefertigten vollständigen Transkripts. Die Entscheidung zwischen einem Protokoll oder einem Transkript hängt daher immer von der Forschungsfrage und der damit verbundenen Zielsetzung ab. Wenn etwa im Sinne einer Vorstudie lediglich das Spektrum möglicher Antworten ausgelotet werden soll, reichen Protokolle in der Regel aus. Wenn es aber beispielsweise um die differenzierte Analyse ambivalenter Haltungen und ihrer Bedeutung für individuelle Entscheidungsprozesse geht, sind Transkripte empfehlenswert, anhand derer Standpunkte genau nachvollzogen und in der Analyse rekonstruiert werden können. Eine Transkription erhöht immer die Nachvollziehbarkeit der Auswertung.

Zur Erstellung von Transkripten gibt es unterschiedliche Vorgaben, die sich insbesondere hinsichtlich der Genauigkeit unterscheiden, mit der sprachliche Nuancen wie Pausen, Versprecher, Stimmlagen etc. erfasst werden. In der Praxis werden meist szenische Auffälligkeiten wie Lachen etc. notiert, ansonsten geht es vor allem darum, Aussagen in ihrem Wortlaut wiederzugeben. Eine Ausnahme stellen insbesondere sogenannte konversationsanalytische Ansätze (z. B. Deppermann 2020; Buchholz 2019) da, bei denen es explizit darum geht, verschiedene Modi der Konstruktion von Sinnstrukturen in Gesprächen zu unterscheiden und für die eine detaillierte nach einem eigens dafür ausgefeilten Regelsystem ausgeführte Erfassung von Informationen zur Interaktion von zentraler Bedeutung ist.

Bei Befragungen in Gruppen macht es einen großen Unterschied, ob ein personalisiertes Transkript erstellt wird oder ob bei der Kennzeichnung einzelner Beiträge lediglich aufgeführt wird, ob die Aussage von einem Mann oder einer Frau stammt. Personalisierte Transkripte bieten deutlich mehr Möglichkeiten, die Gruppendynamik zu verfolgen, verursachen aber auch einen wesentlich höheren Zeitaufwand bei der Erstellung, weil es bei bestimmten Passagen nicht ohne weiteres möglich ist, einzelne Sprecher*innen genau zu identifizieren. Transkriptionen von virtuellen Befragungen können auch einfach und schnell unter zur Hilfenahme von Speech-to-Text-Programmen erstellt werden.

6.4   Analyse und Interpretation

Nachdem die Erhebungsphase abgeschlossen ist, kann mit der Datenaufbereitung, der Analyse und der Interpretation begonnen werden. Das Feld der qualitativen Forschung ist durch zahlreiche unterschiedliche Schulen geprägt, die jeweils eigene Ansätze der Analyse entwickelt haben. Ein systematischer Vergleich dieser Ansätze würde den Rahmen der Darstellung sprengen.

Für Interessierte bieten die folgenden Werke einen guten Einstieg in die jeweilige Forschungstradition:

Bohnsack, Ralf (2021): **Rekonstruktive Sozialforschung – Einführung in qualitative Methoden.** 10. Auflage. Stuttgart: UTB.

Braun, Virginia/Clarke, Victoria (2022): **Thematic Analysis: A Practical Guide.** London: Sage.

Breuer, Franz/Muckel, Petra/Dieris, Barbara (2018): **Reflexive Grounded Theory: Eine Einführung für die Forschungspraxis.** 4. Auflage. Wiesbaden: Springer VS.

Kelle, Udo/Kluge, Susann (2010): **Vom Einzelfall zum Typus. Fallvergleich und Fallkontrastierung in der qualitativen Sozialforschung.** 2. Auflage. Wiesbaden: Springer VS.

König, Julia/Burgermeister, Nicole/Brunner, Markus/Berg, Philipp/König, Hans-Dieter (2018): **Dichte Interpretation: Tiefenhermeneutik als Methode qualitativer Forschung.** Wiesbaden: Springer VS.

Kuckartz, Udo/Rädiker, Stefan (2020): **Fokussierte Interviewanalyse mit MAXQDA: Schritt für Schritt.** Wiesbaden: Springer.

Mayring, Philipp (2015): **Qualitative Inhaltsanalyse. Grundlagen und Techniken.** 12. Auflage. Weinheim: Beltz.

Przyborski, Aglaja/Wohlrab-Sahr, Monika (2021): **Qualitative Sozialforschung. Ein Arbeitsbuch.** 5. Auflage. Berlin: De Gruyter.

Wernet, Andreas (2009): **Einführung in die Interpretationstechnik der Objektiven Hermeneutik.** 3. Auflage. Wiesbaden: Springer VS.

Witzel, Andreas/Reiter, Herwig (2012): **The Problem-Centered Interview.** London: Sage.

An dieser Stelle wollen wir uns auf weithin geteilte Grundsätze der Auswertung konzentrieren und ihre Anwendung im Kontext der Markt- und Konsumforschung reflektieren.

Generell umfasst der Auswertungsprozess zwei Hauptstufen:

1. *eine eher beschreibende, deskriptive Analyse* („Was wurde gesagt?"), bei der zusammengefasst wird, was die Befragten zum Ausdruck gebracht haben. So lassen sich etwa verschiedene Positionen zu einer Marke beschreibend voneinander abgrenzen oder bestimmte Wege des Sammelns von Informationen im Vorfeld einer Entscheidung bestimmen,

2. *eine eher deutende, tiefergehende Analyse* („Was ist damit gemeint?"): Hierbei handelt es sich um ein Vorgehen, bei dem ein umfassendes Verständnis über Konsumentenverhalten, Motivationen, Einstellungen, Werte etc. generiert, sowie ganzheitliche, zum Teil unbewusste Zusammenhänge aufgedeckt

werden sollen. Als Beispiel kann auf eine Studie verwiesen werden, die das Rheingold Institut in Kooperation mit der Identity Foundation im Oktober 2021 veröffentlichte. Angesichts eines weit verbreiteten Pessimismus bezüglich der weiteren gesellschaftlichen Entwicklung wurde auf der Grundlage einer standardisierten bevölkerungsrepräsentativen Studie in Deutschland ein „Rückzug in private Nischen" konstatiert. Auf der Grundlage der Interpretation qualitativer Interviews wurden darüber h hinaus verschiedene Typen herausgearbeitet: „Das Spektrum reicht von den Eingekapselten, die Zukunftsfragen am liebsten ausblenden oder die Vergangenheit verklären, über die Tribalisten, deren Aktionsradius in der Nachbarschaft oder im Verein endet, bis hin zu den Missionierenden, die sich einer weltrettenden Ideologie wie zum Beispiel dem Veganismus verschreiben" (Identity Foundation 2021). Eine derartige Unterscheidung beruht nicht auf selbstreflexiven Klassifizierungen zu sozialen Gruppen durch die Befragten selbst, sondern ist das analytische Ergebnis eines Vergleichs mehrerer Interviews. Dabei gibt es in der Praxis unterschiedliche Möglichkeiten und je nach Methode auch spezifische Anforderungen, diesen Interpretationsprozess zu gestalten und theoretisch begründete Modelle einzubeziehen.

Im Rahmen qualitativer Forschung ist die Auswertungsmethode stets dem jeweiligen Forschungsgegenstand anzupassen. Es gibt kein standardisiertes Verfahren, das auf alle Studien angewandt werden kann. Die Auswertung ist als ein methodisch kontrollierter Interpretationsprozess zu betrachten. Um qualitativ hochwertige Ergebnisse zu erzielen muss man sich auf die Ebene der Interpretation wagen und darf nicht nicht nur an der Oberfläche von Texten oder Beobachtetem bleiben. Ohne Deutungen und die Auseinandersetzung mit dem Material als Spurensuche bleibt qualitative Forschung rein deskriptiv, uninspirierend und blind.

Die Grundhaltung von um Erkenntnis bemühten Forschenden muss dadurch geprägt sein, dass sie die Ergebnisse nicht schon im Vorfeld zu kennen vermeinen oder den Prozess so steuern, dass die eigenen Ansichten bloß bestätigt werden. Forschung muss in diesem Sinne durch das Bemühen um Objektivität bestimmt sein.

Gleichzeitig bedeutet dies nicht im Gegenzug, die Subjektivität als Gegenspieler und Störfaktor im Streben nach fundierter Erkenntnis zu betrachten. Ganz im Gegenteil: *Qualitative Ansätze zeichnen sich durch einen systematischen und methodisch kontrollierten Umgang mit dieser Subjektivität aus.*

Dafür sind zwei Ebenen herauszustellen: Auf der ersten Ebene steht das Verständnis von Subjektivität im Mittelpunkt qualitativer Forschungen. Wenn es uns etwa im Rahmen von Markt- und Konsumforschung darum geht zu verstehen, wie es zur Kaufentscheidung einer bestimmten Automobilmarke, zum Entschluss, sich zukünftig vegan zu ernähren, oder um bestimmte Vorlieben bei der Suche nach Informationen im Internet geht, bedeutet dass, uns auf die Spur subjektiver Wahrnehmungs- und Bewertungsprozesse zu geben. Auf der zweiten Ebene geht es aber auch um einen reflektierten Umgang mit unserer eigenen Subjektivität. Denn auch als Forschende sind wir Menschen, die von dem, was wir hören, lesen und sehen bewegt werden. Auch die Art und Weise, wie wir bestimmte Sachverhalte verstehen, ist geprägt durch kulturell vermittelte Kontexte und biographische Erfahrungen, die wir im Laufe unseres Lebens gesammelt haben.

Ganz im Sinne eines transparenten wissenschaftlichen Vorgehens ist es wichtig, die eigene Subjektivität nicht zu unterdrücken, sondern selbstreflexiv in den Auswertungsprozess einzubeziehen. Denn mit unserer Subjektivität sind wichtige Kompetenzen verbunden, die wir im Verlauf unserer Biographie im Alltag ausgebildet haben: Aus der Vielzahl an Eindrücken, die tagtäglich auf uns einströmen, bilden wir ein ganzheitliches Verständnis. In der Wahrnehmungspsychologie wird dafür der Begriff der ‚Gestaltbildung‘ verwendet. Wir sehen keine zusammenhangslosen farbigen Punkte, sondern einen Stuhl, Tisch oder Garten. Wir sind in der Lage, die Vielzahl vereinzelter persönlicher Erinnerungen aus dem Stegreif in eine in sich schlüssige Geschichte zu überführen, welche die Ereignisse in einen Zusammenhang zueinander und zur gegenwärtigen biographischen Lage bringt. Wir begreifen Emotionen und ihre Bedeutung für menschliches Handeln, ohne dass wir dafür bewusst Techniken anwenden müssen: Wenn unser Gegenüber weint, sehen wir nicht nur Tränen, sondern verstehen, dass er oder sie traurig ist und imaginieren einen damit verbundenen Entstehungskontext. Häufig bilden wir ein intuitives Verständnis von Situationen aus, bevor wir es in Worte fassen können. Ohne dass wir uns aktiv oder bewusst darum bemühen, erfassen wir einen Tatbestand und reduzieren Komplexität, um zu verstehen. Zu einem methodisch kontrollierten Vorgehen gehört aber gleichermaßen, dass wir diese Deutungen im Rahmen von Forschung hinterfragen und infrage stellen, indem wir ihre Stimmigkeit anhand des zur Verfügung stehenden Datenmaterials prüfen und nach alternativen Deutungen suchen. Für diesen Prozess ist es in der Regel hilfreich, die Auswertung im Team vorzunehmen und in der Kommunikation mit anderen Teammitgliedern verschiedene Sichtweisen zu erörtern und zu prüfen.

Dazu, wie dieser methodisch kontrollierte Interpreationsprozess verlaufen sollte, gibt es im Rahmen verschiedener qualitativer Schulen unterschiedliche Verfahrensweisen, die an dieser Stelle nicht im Detail verglichen werden können. Dennoch gibt es einige Grundprinzipien, welche sich unabhängig von

Unterschieden bezüglich verwandter Techniken und einzelner Schritte verallge-
meinern lassen. Zur Kontrolle eigener Interpretationen und zur Sicherstellung der
Gegenstandsanegmessenheit gilt:

- *Selbst-Reflexion:* Subjektive Anteile bei der Interpretation und damit
  verbundene blinde Flecken sollten hinterfragt werden
- *Intersubjektivität:* Deutungen sollten anhand des vorliegenden Quellen-
  materials begründet werden können und für Andere nachvollziehbar
  kommuniziert werden können. Wenn möglich sollten verschiedene
  Deutungen im Team geprüft werden
- *Transparenz:* Es sollte deutlich gemacht werden, was deskriptiv
  beschrieben oder zusammengefasst wird und was die eigene Deutung
  ist.

Nach der Erhebung geht es darum, in Auseinandersetzung mit dem Material
der Befragung ein zunehmend tieferes Verständnis vom Forschungsgegenstand
zu erlangen. Dabei handelt es sich um einen iterativen Prozess, bei dem immer
wieder verglichen wird und bereits gesichtete Passagen unter einem neuen
Blickwinkel erneut einbezogen werden.

Die Analyse selbst kennzeichnet eine Verschränkung induktiver und deduti-
ver Prozesse, bei der die offene Analyse empirischer Phänomene mit eigenem
theoretisch beeinflussten Vorwissen in Verbindung gebracht wir. Von einem
induktiven Schluss spricht man, wenn man vom Einzelnen aufs Ganze schließt.
Dieser Prozess ist für qualitative Forschung sehr wichtig, da man über die
Analyse dichter Beschreibungen von Alltagserfahrungen zunächst verborgene
Zusammenhänge aufdecken kann. Durch Induktion lernt man Neues kennen und
wird in die Lage versetzt, seine Vorannahmen zu erweitern. Es darf aber nicht
ausschließlich bei induktiven Schlüssen bleiben, da sonst die Gefahr groß wäre,
unbegründete Fehlannahmen und unzutreffende Generalisierungen auf der Basis
von Einzelfällen zu treffen. Deshalb sind auch deduktive Schlüsse bei der Auswertung wichtig, in deren Rahmen man eigene Deutungen am Material der
Befragungen prüft, im Sinne von: Wenn die Annahme X zutrifft, müsste das
Phänomen Y im Verlauf der Befragung zu beobachten sein. Ein solches deduktiv-
induktives Wechselspiel ist charakteristisch für den sogenannten hermeneutischen
Zirkel, der auf der Grundannahme beruht, dass das Einzelne nur aus dem Ganzen,
und das Ganze nur aus dem Einzelnen verstanden werden kann.

Zentral für den Erkenntnisfortschritt sind detaillierte Fallanalysen, Fallvergleiche und ein mehrstufiger sogenannter „Kodierprozess", bei dem metaphorisch gesprochen Material gebündelt und sortiert wird, um sich von den zahlreichen Einzelaspekten zu lösen und Muster zu erkennen. Kodieren darf dabei nicht als technischer Akt verstanden werden, in dem etwa Textpassagen vorgefertigten Kategorien zugeordnet würden, um beispielsweise die Basis für Häufigkeitsauszählungen zu schaffen. Stattdessen soll das Kodieren Schritt für Schritt Einsichten vermitteln und somit zur Sinn-Rekonstruktion beitragen (vgl. z. B. Kelle/Kluge 2010; Glaser/Strauss 1967; Strauss/Corbin 1990).

Zur Erleichterung des Kodierens kann insbesondere bei recht umfangreichen Studien auch mithilfe von computergestützter Auswertung gearbeitet werden, indem ein sogenanntes „QDA-Programm" (Qualitative Data Analysis) verwendet wird. Um die Möglichkeiten eines thematisch geleiteten Zugriffs auf das umfangreiche Datenmaterial zu steigern, bietet sich beispielsweise an, eine Datenbank aufzubauen, in der mehrere Transkripte mittels eines detaillierten Kategoriensystems kodiert werden. Derartige Kodes dienen dann als Fundstellenregister, um einen thematisch bezogenen Fallvergleich zu erleichtern (vgl. Kühn/Witzel 2000). Ein solches System von Kodes bildet nicht den Endpunkt von Begriffs- und Theoriebildung, sondern einen Ausgangspunkt für thematisch unterschiedlich fokussierte Auswertungen. Wichtig ist aber auf jeden Fall festzuhalten, dass die Auswertung ein Interpretationsprozess ist, der einem nicht von einer Software abgenommen wird.

Die Auseinandersetzung mit dem Fallmaterial kann zu Ergebnissen auf verschiedenen Ebenen führen. Im Kontext von qualitativer Markt- und Konsumforschung sind insbesondere folgende Unterscheidungen gebräuchlich:

- Identifizierung von Spektren, welche ein Kontinuum zur Einordnung von Befunden eröffnen (z. B. zwischen starker Identifizierung mit einem Produkt/einer Marke und starker Distanzierung),
- Bündelung von einzelnen Erfahrungen zu Erfahrungsfeldern (z. B. dem Erleben von Transparenz in verschiedenen Phasen eines Kaufprozesses, z. B. auf der Website, im Beratungsgespräch im Geschäft etc.),
- Identifizierung von Spannungsfeldern und dazugehörigen Polaritäten, welche für Konflikte und schwankende Aussagen verantwortlich sind (z. B. dem Bedürfnis, ein Produkt an eigene Wünsche und Erwartungen anpassen zu können versus dem Wunsch nach klarer Nutzerführung und intuitiver Bedienbarkeit),

- Identifizierung von Dimensionen und unterschiedlichen Ausprägungen, anhand derer sich im Sinne der Fragestellung Unterschiede besonders gut auf den Punkt bringen lassen (z. B. Bedürfnis nach Beratung im Geschäft, Bedeutung von Vertragslaufzeiten etc.),
- Erstellung von Rangordnungen, z. B. Kennzeichnen und Vergleich einzelner Themen oder Konzepte hinsichtlich ihrer polarisierenden und emotionalisierenden Wirkung.

Qualität qualitativer Daten: Erkenntniswert und Gütekriterien in der qualitativen Forschung

Die Bedeutung von Befragungen im Rahmen eines Forschungsprojekts variiert. Dem sollte bei der Analyse Rechnung getragen werden. Zum Beispiel macht es einen großen Unterschied, ob es im Sinne einer Vorstudie darum geht, das Spektrum möglicher Antworten in einem Fragebogen vorzuselektieren oder aus tiefenpsychologischer Perspektive Kaufbarrieren zu identifizieren. Die Art und Weise, wie Befragungen analysiert werden, richtet sich sowohl nach dem Ziel der Studie als auch nach dem theoretischen Hintergrund der Interpretation. Jede Studie verlangt deshalb ein individuell zugeschnittenes Auswertungsdesign. Immer sollte es jedoch eine klar herausgearbeitete Fragestellung geben, auf die sich die Ergebnisse beziehen. Diese Fragestellung sollte möglichst umfassend und scharf beantwortet werden; die Analyse qualitativer Daten darf sich nicht auf das Herausarbeiten von kursorischen Zitaten beschränken.

Auch muss der Transfer von der Beschreibung zur Interpretation erfolgen. Der Ertrag einer Studie sollte darüber hinaus gehen, zusammenfassend zu beschreiben, was in den Befragungen diskutiert wurde und wo die Unterschiede zwischen den einzelnen Diskussionsrunden lagen. Die Analyse muss verdeutlichen, was wir etwa durch eine Gruppendiskussion über die konkrete Situation des Miteinanders von acht Teilnehmern heraus gelernt und verstanden haben. Nicht zielführend wäre es in diesem Sinne außerdem, verschiedene Gruppen vorwiegend durch die Anwendung quantitativ beschreibender Attribute zu unterscheiden und dies als Endpunkt der Analyse zu verstehen, etwa im Sinne der Aussage, dass in der ersten Gruppe die Zustimmung, in der zweiten Gruppe dagegen die Ablehnung hinsichtlich eines vorgestellten Konzepts dominierte. Quantifizierende Beschreibungen können allenfalls den Ausgangspunkt für eine weiterführende Analyse bieten, welche Aufschlüsse über die Zusammenhänge bringt, die mit der Zustimmung und Ablehnung verbunden sind.

Über die Gütekriterien qualitativer Forschung herrscht, anders dies bezüglich der klassischen Kriterien Validität, Reliabilität, Objektivität bei standardisierten Befragungen der Fall ist, kein allgemeiner Konsens (vgl. Flick 1991; Steinke 2007; Mayring 2016). Innerhalb verschiedener theoretisch begründeter Schulen gibt es unterschiedliche darauf bezogene Haltungen.

Schulenübergreifend lassen sich auf einer allgemeinen Ebene zwei Mindestkriterien benennen, die von zentraler Bedeutung für qualitative Forschung sind: die *Dokumentation des Forschungsprozesses* und die *intersubjektive Nachvollziehbarkeit*.

- *Dokumentation:* Die Dokumentation reicht von der Problem- bzw. Fragestellung über die Begründung der gewählten Methoden, Techniken und deren Anwendung im Rahmen der Studie, die Sampling-Strategie und die Methode der Datenauswertung und -interpretation. Selbstverständlich müssen Protokolle, Transkripte, Videos etc. auch einen bestimmten Zeitraum datenschutzadäquat gespeichert werden, sodass im Zweifelsfall die Schlüsse, die aus einer Studie gezogen werden, auch belegt werden können. Ziel der Forschungsdokumentation ist die Herstellung von Transparenz und Nachvollziehbarkeit.
- *Intersubjektivität.* Die Auswertung der erhobenen Daten und die interpretativen Schlüsse müssen plausibel, in sich schlüssig dargelegt werden und für Dritte bzw. Auftraggebende nachvollziehbar sein. Dazu gehört es, die eigene Rolle als Forschende*r und die eigene Subjektivität zu reflektieren. Die (Zusammen-)Arbeit in Teams ist nicht zwangsläufig notwendig, hilft aber durch damit verbundene kommunikative Abstimmungen intersubjektiv nachvollziehbare Deutungen zu entwickeln und zu überprüfen.

Generell sind Zukunftsprognosen angesichts der Komplexität von Gesellschaft problematisch (Kühn 1970). Dies gilt nicht nur für Ableitungen, die auf der Grundlage von qualitativen Daten getroffen werden, sondern auch für Prognosen auf Basis standardisierter Befragungen. Allerdings bieten letztere aufgrund der hohen Fallzahl und der Möglichkeiten von standardisiert durchgeführten Vergleichsstudien die Möglichkeit zur Setzung von Benchmarks. Dies ist in qualitativen Studien nicht gleichermaßen möglich. Mit qualitativen Studien ist aber das große Potenzial verbunden, Zusammenhänge aufzudecken. So lassen sich beispielsweise verschiedene Zukunftsszenarien verständlich ausarbeiten und damit eine Grundlage für strategische Entscheidungen schaffen.

Wie die Erhebung selbst, verläuft auch die Auswertung qualitativer Daten mit vergleichsweise vielen Freiheitsgraden und damit verbunden auf unterschiedlichen möglichen und gleichermaßen angemessenen Pfaden. Die dabei erzielten Ergebnisse sind aber trotzdem keineswegs beliebig oder in alle Richtungen offen, sondern werden methodisch kontrolliert in Auseinandersetzung mit dem Datenmaterial herausgearbeitet.

Statt sich an naturwissenschaftlich begründeten Idealen zu orientieren, sollte die Diskussion um Qualität qualitativer Daten (vgl. Helfferich 2011) sich unseres Erachtens an geisteswissenschaftlich fundierte Richtlinien anlehnen, welche aus der Hermeneutik entlehnt werden. Reflexivität ist von zentraler Bedeutung (Langer et al. 2013; Sullivan 2002). Aus der Perspektive der Hermeneutik verschiebt sich die Fragestellung nach Validität und Reliabilität von Forschung hin zu einer reflektierten und artikulierbaren Prozess-Logik. Es geht nicht darum, Ergebnisse zu Tage zu fördern, die in exakt der gleichen Form auch von anderen Wissenschaftler*innen zum Ausdruck gebracht werden würden. Wichtig ist vielmehr die innere Konsistenz einer Analyse und die Stimmigkeit mit dem gesamten Datenmaterial eines Projekts. Offenheit und die Bereitschaft, Interpretationen von unterschiedlichen Standpunkten aus zu überprüfen, sind unentbehrlich. Dabei sollte man stets systematisch nach alternativen Deutungen suchen und versuchen, Sachverhalte aus möglichst vielen verschiedenen Perspektiven zu begreifen.

6.5   Präsentation und Beratung

Die Form, in der die Analysen aufbereitet zusammengefasst werden, unterscheidet sich stark in Abhängigkeit des Kontextes, in dem die Forschung durchgeführt wird. Im Rahmen akademischer Forschung sind Berichte, in denen Ergebnisse in Textform mit verschiedenen Abschnitten zusammengefasst werden, eher üblich als im Kontext der angewandten Auftragsforschung, bei der Präsentationen mit einer Integration von Bildelementen und eher kürzeren Textelementen überwiegen. Gängig ist dafür nach wie vor die Unterscheidung in Anlehnung an die weitverbreitete Software von Microsoft, im Sinne von Word- oder Powerpoint-Format.

Dabei handelt es sich aber um eine grobe Unterscheidung, von der es durchaus Abweichungen in der Praxis gibt. Unsere eigenen, in ihrer Aussagekraft daher eingeschränkten, Erfahrungen in den letzten Jahren zeigen ein sich differenzierendes Bild in der Auftragsmarktforschung: Auf der einen Seite kommt es im Zuge der gesellschaftlichen Beschleunigung dazu, dass Kunden zunehmend Wert auf schnell verfügbare Ergebnisse liefern und dafür Berichte in Form von *Key Findings, Debriefs und Management Summaries* wünschen, während die Nachfrage nach längeren ausführlichen Full Summary Präsentationen tendenziell zurückgeht. Im Vordergrund steht hier auf Kundenseite der Wunsch, mithilfe der Ergebnisse schnell handeln zu können. Auf der anderen Seite gibt es aber auch Auftraggebende, die sich bewusst von Powerpoint-Präsentationen abgewendet haben und ausführliche Analysen in Textform wünschen. Ihnen kommt es darauf an, den Zusammenhang von Teilergebnissen im Detail zu verstehen, um das eigene Verständnis zu erweitern.

Natürlich sollte man im Rahmen von Auftragsforschung in der Lage sein, die Art und Weise der Berichterstellung und Präsentation an Kundenwünsche anzupassen. Gleichzeitig gilt im Sinne der Forschungsethik aber, dass dadurch keinesfalls die Ergebnisse verzerrt werden dürfen. Auch eigene Qualitätsstandards sollten gewahrt werden. Deshalb fassen wir im Folgenden zusammen, worauf es unseres Erachtens bei einem Bericht oder einer Präsentation ankommt.

Für eine gute Ergebnispräsentation ist ein deutlich zu erkennender roter Faden wichtig. Die Fragestellung und die dazu erzielten Antworten sollten deutlich benannt und gut erzählt werden (Storytelling) werden. Zu einem guten Bericht und einer guten Abschlusspräsentation gehören zwangsläufig gleichzeitig auch eine kritische Reflexion des Erkenntniswerts, also die relativierende Auseinandersetzung mit dem Geltungsanspruch und das Aufzeigen von weiterhin bestehenden offenen Fragen.

Ein gelungene Präsentation sollte anschaulich sein und viele Beispiele enthalten, welche aber immer eine illustrierende Funktion haben und nicht als Endpunkt der Auswertung für sich stehen sollten. Sie sollte als eine Einheit aufgefasst werden, in welcher alle Teile aufeinander bezogen sind.

Zwei typische Fehler sollten dabei vermieden werden: Erstens darf der Analyseprozess nicht mit dem Prozess der Arbeit an der Präsentation oder dem Abschlussbericht gleich gesetzt werden. Sonst besteht die Gefahr, sich zu sehr in Einzelaspekte und Teilfragestellungen zu verstricken, die nacheinander abgearbeitet, aber nicht zueinander ins Verhältnis gesetzt und zu wenig in ihrem Erkenntnispotenzial für die eigentliche Fragestellung betrachtet werden. Der rote Faden der Darstellung leidet im schlimmsten Fall so sehr darunter, dass im Nachhinein nicht klar genug wird, was denn nun eigentlich zentrale Ergebnisse der Studie sind.

Zweitens sollte eine Präsentation oder ein Abschlussbericht nicht haargenau an der Ablaufstruktur der Befragung angelehnt werden. Denn dadurch droht ein Abschlussbericht die Form einer bloßen Nacherzählung anzunehmen, die sehr deskriptiv ist, aber keine logisch aufgebaute analytisch begründete Einheit als Ergebnis methodisch kontrollierter Interpretationen. Ein anderer Aufbau sollte auch deshalb gewählt werden, weil der Prozess der Befragung eigenen kommunikationspsychologischen Regeln folgt, die nicht in gleichem Maße für die Präsentation oder den Bericht gelten. So gibt es beispielsweise einen Warm-Up Teil, um Vertrauen zu schaffen. Zentralen Fragestellungen wird sich zunächst einmal vage und offen genähert, um den Teilnehmenden möglichst viel Raum zur eigenen Strukturierung zu geben. Für die Analyse gelten diese Gebote aber nicht: Der Leser eines Berichts oder der Zuhörer einer Präsentation erwarten eine in sich stringente Darstellung, welche Ergebnisse auf den Punkt bringt.

Dafür bedarf es neben einer analytischen Auffassungsgabe, der Kenntnis von Methoden und der Bereitschaft, eigene Deutungen infrage zu stellen, auch *Mut zur eigenen Interpretation, nicht auf der rein deskriptiven Ebene zu verharren,* sondern begründete Schlussfolgerungen zu ziehen. Damit ist auch Mut zur Aussage und zur Story verbunden, indem durch die Studie gewonnene Einsichten deutlich zum Ausdruck gebracht werden.

Eine eigene Struktur für den Bericht oder die Präsentation zu entwickeln, heißt aber nicht, dass man sich vollkommen vom im Leitfaden dokumentierten Ablaufschema trennen sollte. Häufig ist es durchaus ratsam, im Leitfaden gekennzeichnete thematische Blöcke auch im Bericht als eigene Teileinheiten zu begreifen. Dadurch wird *Übersichtlichkeit und Nachvollziehbarkeit* gewährleistet. Wichtig ist aber die Einbettung in einen logischen Gesamtzusammenhang und die im Sinne der Fragestellung selektiv aufbereitete Darstellung von Ergebnissen.

Aus eigener Erfahrung empfehlen wir folgenden groben Aufau einer Präsentation oder eines Berichts: Zu Beginn sollten die Rahmenbedingungen wie Fragestellung und Studiendesign aufgeführt werden. Bevor dann einzelne thematische Aspekte diskutiert werden, ist es empfehlenswert, übergreifende Erkenntnisse zusammenzufassen, auf die dann in den folgenden Unterkapiteln immer wieder Bezug genommen wird. Solche übergreifenden Erkenntnisse können etwa in der Ausarbeitung einer Typologie und damit verbundener Kerndimensionen, anhand derer Typen unterschieden werden, oder der Erstellung eines psychologischen Zielgruppenprofils bestehen. Diese übergreifenden und analytisch begründeten Ergebnisse bieten den Rahmen für die dann intensivere Auseinandersetzung mit thematischen Teilaspekten. Den Abschluss eines guten Berichts oder einer gelungenen Präsentation sollten immer die Zusammenfassung der dargestellten

Ergebnisse und damit verbundene Schlussfolgerungen bzw. Empfehlungen für das weitere Vorgehen bilden.

Unabhängig von der Struktur des Forschungsberichts sind für die *Forschungsdokumentation* folgende Punkte wichtig:

* Transparent und nachvollziehbar auch für Personen außerhalb des Projekts
* Untersuchungsdesign und Fallauswahl sollen klar dargestellt sein
* Nachvollziehbare Ableitung von Handlungsempfehlungen aus Teilergebnissen

Klassischer Aufbau eines Forschungsberichts:

* *Ausgangslage und Research Design.* Klare Beschreibung der Projektinhalte (Problemstellung, Methode, Zielgruppe, Zeitraum) und des gewählten Vorgehens!
* *Management Summary und Handlungsempfehlungen.* Kurze Beschreibung der relevanten Key Findings und Ableitung von Handlungsempfehlungen für den Auftraggebenden.
* Detaillierte Ergebnisbeschreibung. Ausgewertete Fragen bzw. Themenblöcke einzeln dargestellt und Zusammenhänge visualisiert, gezogene Schlüsse begründet und Vergleich verschiedener Zielgruppensegmente.
* *Anhang/Back-up.* Anlagen wie Leitfaden, Inputmaterial, evtl. Video-Audio-Files (inkl. Datenschutzerklärung!)

Strategische Beratung
Empfehlungen sind im Rahmen von Auftragsforschung ein zentraler Teil einer Abschlusspräsentation. Sie können sich sowohl auf mögliche Anschlussprojekte als auch auf strategische Maßnahmen beziehen, die implementiert werden sollten. Mit den Empfehlungen wird eine Brücke zwischen den erzielten Forschungsergebnissen und dem Bedarf des Auftraggebers nach darauf gestützten Maßnahmen geschlagen. Dafür ist es wichtig, sich auch jenseits des konkreten Forschungsprojekts mit dessen Lage vertraut gemacht zu haben. Diese Vertrautheit wächst mit

der Intensität des Kontakts und gelebten Erfahrungen zwischen Forschenden und Auftraggebenden.

Gerade darin liegt aber eine Herausforderung für die klassische Marktforschung, die eher für zeitlich begrenzte konkrete Forschungsprojekte denn für eine kontinuierliche Begleitung der Umsetzung von Projekten über mehrere Monate beauftragt wird. Insbesondere wenn das Image von Marktforschung im Kern durch das Liefern und Aufbereiten von Zahlen, nicht aber in *strategischer Kompetenz* gesehen wird, endet das Engagement der Marktforschenden im Rahmen eines Projekts (zu) häufig mit der Abgabe des finalen Projektberichts.

Gerade qualitative Forschung leistet hier aber einen wichtigen Beitrag zu einer Image-Verschiebung und Aufwertung der Marktforschung im Projektgeschehen. Denn qualitative Forschung bietet besonders guten Möglichkeiten, Forschungsergebnisse für eine längerfristige Beratung nutzbar zu machen. Denn die Interpretation der vergleichsweise offenen Daten erfordert in besonderem Maße analytische Kompetenzen, die ebenfalls die Grundlage jedweder Strategieberatung darstellen. Außerdem ist die Auswertung qualitativer Daten in der Regel nie wirklich abgeschlossen, vielmehr ergeben sich mit fortschreitender Projektdauer und damit verbundenen Entwicklungen neue Perspektiven auf bereits durchgeführte Interviews oder Beobachtungen, die für den weiteren Projektfortgang genutzt werden können. Gerade in der Verbindung von Methodenexpertise und einem tiefgehenden Verständnis unterschiedlicher Marktumfelder liegt die Attraktivität von qualitativen Forschenden als Unternehmensberater*innen begründet, die allerdings noch selbstbewusster und konsequenter genutzt werden könnte.

Eine Herausforderung in der Praxis stellen unserer Reflexion nach allerdings unterschiedliche Kostenmodelle und damit verbunden auch unterschiedliche Preis-Niveaus dar. Denn während Marktforschungsprojekte in der Regel sehr genau nach deutlich definierten und an Forschungsphasen angelehnten Aufgaben abgerechnet werden, ist der Verkauf von weniger eindeutig vorbestimmten Paketen einer bestimmten Anzahl an Berater*innen-Tagen in der Unternehmensberatung eher gang und gäbe. Finanziell schätzen die Kunden tendenziell die Arbeitsleistung strategischer Berater*innen als höherpreisig ein als die von Marktforschenden.

Angesichts der rasant zunehmenden Zahl öffentlich vorhandener und über das Internet zugänglicher Daten und Informationen, können Forschende aber ihre *Branchen-Expertise* nutzen, um Orientierung in einem unübersichtlichen Feld zu geben. Um die eigenen Fähigkeiten als strategische Berater*innen noch stärker im Bewusstsein von Kunden zu verankern, sollten qualitative Forschende noch mehr *Formate entwickeln und anbieten, bei denen Forschung und Beratung systematisch miteinander verwoben sind.* Dazu können etwa Online-Communities beitragen, welche über mehrere Monate die Entwicklung eines neuen Angebots, einer neuen Marke oder aber eines neu aufgestellten Unternehmens verfolgen und kommentieren. Forschende sollten innerhalb dieses Zeitraums kontinuierlich über Ergebnisse berichten und gemeinsam mit Vertreter*innen der Kundenseite über ihre Bedeutung für die Unternehmenspraxis reflektieren.

Außerdem ist es möglich, durch qualitative Forschung ein höheres Maß an Beteiligung und Bereitschaft zur Partizipation bei Teilnehmenden zu schaffen, die für Anschlussprojekte, bei denen man die Rolle als Beratende*r einnimmt, genutzt werden können. Ein Beispiel dafür stellt eine in ein Organisationsentwicklungsprojekt integrierte qualitative Mitarbeiterbefragung dar (Kühn/Schmidt 2022, Kühn et al. 2019). Beispielhaft dafür ist eine Studie von Thomas Kühn und Christian Schmidt. Sie führten zunächst in einem Software-Unternehmen, das seit über 20 Jahren eine geschäftskritische Anwendung für einen DAX-Konzern betreut und weiterentwickelt, eine Mitarbeiterbefragung auf der Grundlage problemzentrierter Interviews durch. Dabei ging es schwerpunktmäßig um das Erleben und die Zwischenbilanz eines vor knapp zwei Jahren gestarteten Transformationsprozesses, bei dem agile Strukturen eingeführt wurden. Durch die Interviews wurden nicht nur wichtige Erkenntnisse für darauf gründende Maßnahmen herausgearbeitet, sondern eine Vertrauensbasis geschaffen, an die angeknüpft werden konnte: Gemeinsam wurden mit dem Kunden im Rahmen der Organisationsentwicklung Workshops und Treffen zur Rollenklärung konzipiert, die dann in der Rolle als Moderierende und Berater von den beiden Autoren geleitet werden konnten. Eine effiziente Durchführung war möglich, weil der Bericht der Befragung im Unternehmen offen kommuniziert wurde und sich die Mitarbeiter*innen darin repräsentiert, wertgeschätzt sowie verstanden fühlten und in der Folge bereit zu einer partizipativen Mitgestaltung verbesserter Arbeitsbedingungen waren.

Diese *Verzahnung von Forschung, Beratung und Organisationsentwicklung* ist auch für viele auftraggebenden Unternehmen attraktiv. Denn sie sichert, dass Forschungsergebnisse nicht versickern, ohne dass sich ein spürbarer Nutzen zeigt. Dies ist gerade bei einer Mitarbeiterbefragung eine Gefahr, die sich kontraproduktiv auf die Motivation und die Bereitschaft zur Partizipation auswirken kann. In diesem Sinn konstatiert etwa Ralf Linke bezüglich Mitarbeiterbefragungen, dass bei „vielen Mitarbeitern und Mitarbeiterinnen, Führungskräften und so mancher Unternehmensführung [...] Ernüchterung über die Leistungsfähigkeit des Instrumentes eingetreten" sei, weil es nur wenigen Unternehmen gelinge, „aus den Ergebnissen kontinuierlich spürbare und nachhaltige Verbesserungen abzuleiten und umzusetzen" (Linke 2017: S. V).

Gerade in der Verzahnung von Forschung und strategischer Begleitung der Umsetzung liegt deshalb ein hohes Potenzial qualitativer Markt- und Konsumforschung.

Teil III
Abschluss: Reflexion und Ausblick

Qualitative Markt- und Konsumforschung als Stimme der Konsumkritik und Wegbereiter sozialen Wandels

7

Nachdem wir uns in den letzten drei Kapiteln detailliert mit der Praxis qualitativer Markt- und Konsumforschung beschäftigt haben, wollen wir dieses Praxis-Handbuch mit einer Reflexion über ihren Stellenwert abschließen. Dafür soll zunächst noch einmal zusammenfassend aufgezeigt werden, welche zentrale Bedeutung Konsum für unser Selbstverständnis, unsere Einbindung in Gesellschaften sowie die damit verbundene Identitätsarbeit besitzt. Dies verdeutlicht gleichzeitig, *wie wichtig konsumkritische Stimmen sind,* um die gegenwärtige Bedeutung von Markt und Konsum – und damit auch Markt- und Konsumforschung – verstehen zu können. Diesen konsumkritischen Stimmen wird an dieser Stelle noch einmal explizit Raum gegeben. Dabei gehen wir insbesondere auf das Werk des Sozialpsychologen Erich Fromm ein, weil es für die kritische Auseinandersetzung mit Konsum von zentraler Bedeutung und sich im Anschluss daran exemplarisch zahlreiche zentrale Aspekte ableiten lassen, welche die zeitgenössische Konsumkritik prägen. Gleichzeitig lässt sich gerade anhand dieser Kritk zeigen, welches Potenzial qualitative Markt- und Konsumforschung als Wegbereiter sozialen Wandelns besitzt.

T. Kühn und K.-V. Koschel, *Qualitative Markt- und Konsumforschung,* Konsumsoziologie und Massenkultur, https://doi.org/10.1007/978-3-531-19430-1_7

7.1   Konsum und Identitätsarbeit im zeitgenössischen Alltag[1]

Wenn man mit Wolfgang Ullrich (2013: 24 ff.) Konsumieren als eine Art Kulturtechnik wie Lesen versteht, sollte durch Forschung nachvollzogen werden, welche Bedeutung Konsum für unser Selbstverständnis und unserer Beziehung zu unseren Mitmenschen hat.

Sich in diesem Sinne der Bedeutung des Konsums für zeitgenössische Identitäten zu widmen, bedeutet nicht, dass man zentrale Lebensbereiche wie Erwerbsarbeit und Familie und damit verbundene Sozialisationsprozesse nicht mehr zu berücksichtigen hätte (Heinz und Krüger 2001). Identität ist nicht durch Konsumentscheidungen frei wählbar oder beliebig zu verändern (Kühn et al. 2008). Vielmehr ist von einem prozesshaften Identitätsverständnis auszugehen, d. h. von der Grundannahme, dass Identität einem laufenden, mit der eigenen Biographie verbundenen Entwicklungsprozess unterliegt und als „Identitätsarbeit" in Auseinandersetzung mit der sozialen Lebenswelt und den dieser zugrundeliegenden Konflikten, Uneindeutigkeiten, Unsicherheiten und Ambivalenzen immer wieder aufs Neue hergestellt werden muss (z. B. Keupp et al. 2002; Rosa 1998). Identität ist immer in einen lebensgeschichtlichen Rahmen eingebunden – als eine spezifische Verbindung biographischer Vergangenheit, Gegenwart und Zukunftsentwürfe (siehe auch Kühn 2015a, Kühn 2020b). Identität strebt nach einem Entwurf einer Antwort auf existenzielle Fragen: Wer bin ich? Wie bin ich das geworden, was ich bin? Und wo will ich hin?

Hartmut Rosa zufolge beruht Identität auf einem kulturell vermittelten und verinnerlichten Wertesystem, einer Art „moralischen Landkarte" (Rosa 1998), die einen impliziten Werte-Horizont bildet. Auf Basis dieser Landkarte interpretieren wir, was für uns wichtig und unwichtig, richtig und falsch, begehrenswert und uninteressant ist. Wir entwickeln sie im biografischen Verlauf auf der Basis von Schlüsselerlebnissen. Was uns wichtig ist, was wir als richtig und schön erachten, steht in Verbindung damit, in welchen sozialen Umgebungen wir gelebt haben und leben. Für das Verständnis von Identität ist es sehr wichtig, sich vor Augen zu führen, dass wir kein vollständig artikulierbares Bewusstsein unseres Werte-Horizontes haben. Identität beschränkt sich deshalb nicht auf die Ebene des sprachlich artikulierbaren Selbstverständnisses. Stattdessen ist für das Verständnis

---

[1] In diesem Abschnitt binden wir Teile eines Vortrags ein, den wir im Rahmen des 34. Kongresses der Deutschen Gesellschaft für Soziologie in Jena gehalten haben, und der auf einem Datenträger zur Konferenz-Dokumentation veröffentlicht wurde (Kühn und Koschel 2010).

von Identitätskonstruktionen gerade die nicht bewusst reflektierte Ebene sozialer Handlungsweisen und Praktiken als eine Form der *„verkörperten Selbstdeutung"* von großer Bedeutung (Rosa 1998: 164).

Je mehr nicht nur Abstammung oder Zugehörigkeit zu bestimmten Klassen, sondern auch die Bindung an Religionen, feste politische Lager, klar definierte und im Idealfall lebenslang die eigene Entwicklung leitende Berufsprofile an Bedeutung verlieren, umso bedeutsamer wird die eigene soziale Positionierung durch Konsum. Gerade im Wechselspiel von Identifikation mit sowie Abgrenzung von bestimmten Konsumgewohnheiten zeigt sich die Bedeutung des Bereichs Konsum als einem Strukturgeber des modernen Alltags – und somit als einer zentralen Referenzkategorie für Identitätskonstruktionen (vgl. auch Mohr 2020, Misik 2007).

Wir verstehen Identität als eine dynamische Konstruktion, die im Laufe des Lebens immer wieder neu hergestellt werden muss und mit dem Bemühen um Selbst- und Weltverständnis verbunden ist. Im Sinne von Hürtgen und Voswinkel (2014: 25) geht es darum, sich dauernd mit eigenen Ressourcen, Erwartungen und Bewertungen der Umwelt auseinanderzusetzen. Die Entwicklung von Identität steht deshalb in Verbindung mit spezifischen Erfahrungs- und Artikulationsräumen. Die mit Identitätsarbeit im biografischen Prozess verbundenen Aufgaben lassen sich gemäß unseres Verständnisses auf drei Identitäts-Ebenen beschreiben (vgl. Kühn 2015b):

- *Bemühen um Authentizität und Kohärenz:* sich selbst wertschätzen, als stimmig und echt erleben, mit sich ins Reine kommen,
- *Bemühen um Anerkennung und Zugehörigkeit:* sich als integriert in die Gesellschaft und als wertgeschätzter Teil einer Gemeinschaft erleben,
- *Bemühen um Kontrolle und Verantwortung:* sich selbst als wirksam erleben, gestalten und handeln zu können.

Wenn man sich anhand dieses Rasters mit der Bedeutung von Konsum für Identitätskonstruktionen auseinandersetzt, lassen sich drei Spannungsfelder identifizieren, die den Konsum im Kontext von Identitätsarbeit sowie damit verbundenen Narrativen eher in ein positives oder negatives Licht rücken:

- *Bemühen um Authentizität und Kohärenz:* Konsum zwischen Orientierung und Fragmentierung
- *Bemühen um Anerkennung und Zugehörigkeit:* Konsum zwischen Integration und „Untenhaltung"
- *Bemühen um Kontrolle und Verantwortung:* Konsum zwischen Engagement und Entfremdung

Bemühen um Authentizität und Kohärenz: Konsum zwischen Orientierung und Fragmentierung

Durch Konsum können Gefühle von Sicherheit und Geborgenheit vermittelt werden. Dazu trägt das Vertrauen darauf, auch in Zukunft genügend Angebote zur Verfügung zu haben, mit denen man eigene Bedürfnisse, wie z. B. nach Nahrung oder Kleidung, befriedigen kann, bei. Darüber hinaus übernehmen *Marken die Funktion biographischer Wegbegleiter,* die sich gemeinsam mit einem selbst wandeln bzw. verschiedene Produkte für verschiedene Lebenslagen anbieten: z. B. Nivea, Adidas, die Sparkasse, Ikea oder McDonald's. Konsum kann in diesem Zusammenhang ein Identitätsgefühl von Kontinuität fördern. Marken können so die Rolle *„emotionaler Biographiemarker"* (Illies 2000) übernehmen.

Konsumgewohnheiten sind ein zentraler, strukturierender Bestandteil der alltäglichen Lebensführung. Konsumoptionen sind außerdem bedeutsam für die Wahrnehmung alltäglicher Zeitstrukturen: etwa, wenn die Freizeit rund um Unterhaltungsangebote, Öffnungszeiten von Supermärkten und Bars etc. organisiert wird. Auch aus biographischer Planungsperspektive kommt dem Konsum eine orientierungsstiftende Funktion zu – als Bezugsrahmen für eigene Ziele, wie z. B. dem Kauf eines Hauses oder das Ansparen für eine Weltreise. Im Sinne von Orientierung kann Konsum damit zu einem Grundgefühl individueller Kohärenz beitragen und zum Anknüpfungspunkt eigener Echtheit und Individualität genommen werden.

Gleichzeitig wird dem Konsum auch eine entgegengesetzte Wirkung zugeschrieben, die unter *Fragmentierung* zusammengefasst werden kann. Am deutlichsten wird dies in der Diskussion um Scheinwelten, die im Zusammenhang mit Medienkonsum stehen (z. B. Bonner und Weiss 2008). Dass diese fragmentierte Identität nicht nur als ein Problem für den Einzelnen, sondern für die ganze Gesellschaft gesehen wird, wird insbesondere bei Erklärungsversuchen deutlich, Gewalttaten von Jugendlichen, wie z. B. Amokläufe in Schulen, mit der Konstruktion virtueller Scheinwelten in Verbindung zu bringen. Auch das

Entstehen von sogenannten *„Nicht-Orten"* und die damit verbundenen Konsequenzen für Menschen sind in diesem Kontext anzuführen. Das Konzept des Nicht-Orts wurde vom französischen Anthropologen Marc Augé (1994) eingeführt. Es verweist darauf, dass zunehmend Räume entstehen, zu denen Menschen keine individuell gewachsene, persönliche Beziehung haben, sondern die vielmehr austauschbar und auf die Befriedigung isolierter Bedürfnisse ausgerichtet sind. Als Beispiel werden u. a. große Shopping Malls angeführt. Das Fehlen von Räumen, die über einen längeren biographischen Zeitraum eine persönliche Identifikation erlauben, und der gleichzeitige Bedeutungsgewinn von Transiträumen erschweren demnach die Ausbildung eines kohärenten Identitätsgefühls[2]. Weitere Hinweise zur Fragmentierung von Identität durch Konsum finden sich, wenn man an Gesellschaftsanalysen zur flüchtigen Moderne (Baumann 2009, vgl. auch Abschn. 7.2) oder die Grundthese der Beschleunigung (vgl. Rosa 2005) anknüpft: Wenn man als Konsumentin oder Konsument etwa den sich schnell wandelnden Mode-Trends hinterherläuft, schafft man sich nichts Eigenes, sondern ist haltlos und ausgeliefert – eigene Bedürfnisse und Ansprüche werden dadurch austauschbar und beliebig. Aus biographischer Perspektive kommt es in diesem Sinne nicht zu einem persönlichen Wachstum auf der Basis reflektierter Prozesse, sondern eher zu einer Aneinanderreihung verschiedener Erfahrungs-Fragmente.

Bemühen um Anerkennung und Zugehörigkeit: Konsum zwischen Integration und „Untenhaltung"

Auf der Identitäts-Ebene von Anerkennung und Zugehörigkeit wird Konsum auf der einen Seite mit Integration, auf der anderen Seite aber auch mit Angepasstheit und Untenhaltung in Verbindung gebracht. In einem positiven Bedeutungskontext kann argumentiert werden, dass in Folge geteilter Konsumpräferenzen sowohl kollektive Artikulationsräume für das Zusammenbringen eigener Gedanken und Gefühle als auch gemeinsame Erfahrungsräume entstehen, in denen man bestärkende Anerkennung erfährt. Man wird von Gleichgesinnten wahrgenommen und respektiert, beispielsweise im Rahmen von Foren und virtuellen Communities.

---

[2] Mit den Worten von Marc Augé (1994: 92 f.): „Eine Welt, die Geburt und Tod ins Krankenhaus verbannt, eine Welt, in der die Anzahl der Transiträume und provisorischen Beschäftigungen (…) unablässig wächst (die Hotelketten und Durchgangswohnheime, die Feriendörfer, die Flüchtlingslager, die Slums, die zum Abbruch oder zum Verfall bestimmt sind), eine Welt, in der sich ein enges Netz an Verkehrsmitteln entwickelt, die gleichfalls bewegliche Behausungen sind, wo der mit weiten Strecken automatischen Verteilern und Kreditkarten Vertraute an die Gesten des stummen Verkehrs anknüpft, eine Welt, die solcherart der einsamen Individualität, der Durchreise, dem Provisorischen und Ephemeren überantwortet ist" (siehe auch Rosa 1998: 205 f. für eine Auseinandersetzung mit Augé aus dem Blickwinkel von Identität).

Angehörige können über ein ausgeprägtes Wir-Gefühl verfügen und sich als kollektive Einheit begreifen, zum Teil in Verbindung mit einem moralischen Solidaritätsgefühl (Hellmann 2011; Muniz und O'Guinn 2001, vgl. auch Schenk 2018). Ein besonders einprägsames Beispiel für identitätsstiftende Integration durch Anerkennung wird von Petra Schaeber (2006) geschildert. Sie setzt sich mit der Geschichte der Blocos Afros auseinander, den von Afro-Brasilianer*innen organisierten Karnevalsgruppen, die ab Mitte der 70er Jahre zunächst mit einer an (West-)Afrika orientierten Ästhetik und Thematik am Straßenkarneval in Bahia teilnahmen. Diese Gruppen boten ab den 70er Jahren farbigen Brasilianer*innen einen bis dahin nicht vorhandenen Artikulations- und Erfahrungsraum eigener Identität – zunächst in ästhetischer Form über geteilte musikalische Ausdrucksmöglichkeiten und das Erleben gemeinsamer Musikpräferenz. Die eigene Hautfarbe wurde durch den Zusammenschluss in Gruppen nicht mehr als Makel erlebt – wodurch ein kultureller Wandel in Brasilien einsetzte:

> *„Ab Ende der 70er Jahre wurde die brasilianische Öffentlichkeit zunächst entsetzter, später begeisterter Zeuge von Vorgängen, welche die Rassismus-Diskussion verändern sollten: Schwarze Karnevalsgruppen demonstrierten gegen die rassische Diskriminierung und boten neue, zunächst rein ästhetische Identifikationsmuster. Damit machten sie erstmals einer breiten Öffentlichkeit das Unsichtbare sichtbar: Den latent in der brasilianischen Gesellschaft vorhandenen Rassismus und seine Konsequenzen"* (Schaeber 2006: 320).

Was als ein Zusammenschluss aufgrund eines gemeinsamen Musikgeschmacks begann, entwickelte sich zu einem Raum des ‚*empowerments*‘, in dem zunehmend sowohl gruppeninterne Anerkennung als auch Respekt von anderen Gruppen erfahrbar wurde. Als bekanntestes Beispiel ist auf die Gruppe Olodum zu verweisen, die u. a. an der Seite Michael Jacksons im Song „They don't care about us" auftrat:

> *„Aus einem Karnevalsverein marginalisierter schwarzer Jugendlicher eines Altstadt-Ghettos hat sich in den 90er Jahren ein komplexes schwarzes Kultur-Unternehmen entwickelt, dessen Charakteristika perkussive Musik und der Protest gegen Rassismus sind. Olodum verbindet edukative Praktiken mit strategischem >>networking<< und unternehmerischem Handeln, ohne das politische Kalkül außer Acht zu lassen"* (Schaeber 2006: 322).

Nicht nur in Brasilien finden sich Beispiele für Integration durch Konsum. Bereits Bourdieu hat in seiner Veröffentlichung „Die feinen Unterschiede" (1987) deutlich gemacht, wie Gruppenzugehörigkeit mit bestimmten Konsumgewohnheiten verbunden ist – und über gegenseitige Anerkennung innerhalb dieser Gruppen vermittelt wird. Neben wenig reflektierten Konsumstilen finden sich auch bewusst gewählte Interessensgemeinschaften als Anerkennung vermittelnde Erfahrungs-räume, von großen Fußball Fan-Clubs bis hin zu Treffen von Weinkenner*innen und Feinschmeckern (zur aktiven Rolle von Konsumentinnen und Konsumenten siehe auch Babic und Kühn 2008).

Mit dem Verweis auf Bourdieu wird zugleich aber auch die Schattenseite des Konsums bezüglich der Anerkennungs-Dimension deutlich, auf die vielfach ver-wiesen wird: Konsumpräferenzen führen nicht nur zu Integration, sondern auch zu Ausgrenzungen und Stigmatisierungen. Insbesondere Hellmanns (2003, 2011, 2019) systemtheoretisch fundierte Analysen zur Soziologie der Marke lassen sich hier anführen – im Sinne einer durch Marken konstituierten Grammatik der Inklusion und Exklusion. Wer nicht über das mit bestimmten Konsumstilen einhergehende sub-gruppenspezifische Wissen symbolischer Unterscheidungen verfügt, bleibt ebenso außen vor, wie diejenigen, denen schlicht die Ressourcen zur Partizipation an bestimmten Praktiken fehlen. Dadurch, dass von verschiede-nen Gruppen aufgrund von unterschiedlichen Konsumpräferenzen Anerkennung verwehrt wird, werden zugleich Erfahrungs- und Artikulationsräume begrenzt. Individuen werden in bestimmte soziale Gruppen kanalisiert, sei es die Gemein-schaft der Golfspieler*innen oder der ‚Baile Funk'-Anhänger*innen in einer brasilianischen Favela. Konsumpräferenzen dienen gleichzeitig als Deutungsmus-ter, um auf Werte einer anderen Person zu schließen. Wenn sozial bedingte Konsumgewohnheiten ausschließlich als Ausdruck individueller Wahl und per-sönlichen Geschmacks gedeutet und mit einer Hierarchisierung nach gutem und weniger gutem ‚savoir vivre' verbunden werden, ist der Bezug auf Konsum außer-dem ein Mittel, um soziale Ungleichheiten zu naturalisieren und unsichtbar zu machen (z. B. Souza 2008). Denn was zunächst wie ein Akt der individuel-len Wahl jenseits sozialer Verbindlichkeiten erscheinen mag, ist in Wirklichkeit stark an das Vorhandensein sozial vermittelter Chancenstrukturen gebunden: Unterschiedliche Eingebundenheit in soziale Netzwerke, durch Erwerbstätig-keit vermittelte Zeitstrukturen sowie (Weiter-)Bildungsressourcen etwa schaffen gänzlich unterschiedliche Ausgangsbedingungen für individuelles Handeln (z. B. Kühn 2015a). Konsum kann hier insbesondere für Angehörige sozial schwächerer Schichten Bestandteil eines Kampfes um grundlegende Anerkennung und Respekt werden, z. B. um nach außen hin seine Würde als handlungsfähiges Subjekt, das in der Lage ist, sich selbst zu ernähren oder seiner Familie ‚etwas bieten' zu kön-nen, zu wahren. Aus dieser Perspektive führt Konsum zu Untenhaltung, indem das Bestreben von Akteuren auf pures Arrangement mit dem vorhandenen Status ausgerichtet wird, mit der Bereitschaft, sich auf niedrigem Level zu arrangieren und mit widrigen Bedingungen abzufinden, um so gut wie möglich abgesichert zu bleiben – insbesondere um Konsumbedürfnisse befriedigen zu können (z. B. Kühn und Witzel 2004).

Bemühen um Kontrolle und Verantwortung: Konsum zwischen Engagement und Entfremdung
Bezüglich des Spannungsverhältnisses von Engagement und Entfremdung auf der Ebene von Kontrolle und Verantwortung lassen sich aus den oben genannten Beispielen bereits Ableitungen treffen: Die Beispiele der Blocos Afros und der Musikgruppe Olodum verdeutlichen, wie Konsum neue Handlungsspielräume eröffnen kann, die mit der Übernahme auch gesellschaftlicher Verantwortung verbunden sind. Auch in anderen Gruppen bietet sich dieses Potenzial, das im Zusammenhang mit dem Entstehen neuer gemeinsamer Leitbilder gegeben ist, z. B. bei auf *Fairtrade* ausgerichteten NGOs. Generell schaffen geteilte Konsum-Präferenzen und Interessen die Möglichkeit zur Vernetzung – und eröffnen damit die Chance, durch Anregungen signifikanter Anderer Neues zu entdecken, sich im Rahmen biographischer Prozesse zunehmend als in der Lage zum Gestalten zu begreifen und sich für eigene Ziele und Werte zu engagieren. Gerade auch für die Überwindung von Identitätskrisen, die mit einem Gefühl von Ohnmacht einhergehen, bieten sich in diesem Sinne Möglichkeiten durch Konsum (vgl. auch Kühn et al. 2020). So lassen sich etwa durch die Nutzung von Social-Community-Angeboten virtuell neue Kontakte knüpfen oder durch die Teilnahme an Diskussionen zu Problemen in Foren Anregungen gewinnen, welche ein lokales und enges sozial-räumliches Milieu überschreiten. Auch das Lesen von industriell gefertigten und durch Verlage vermarkteten Büchern ist hier zu erwähnen. Auf der anderen Seite kann Konsum auch zum Verschwinden von Artikulations- und Erfahrungsräumen führen – und mit Entfremdung verbunden sein.

Das hier beschriebene Spannungsfeld lässt sich aus der Perspektive einer analytischen Sozialpsychologie sehr gut im Rückgriff auf Erich Fromm verdeutlichen: Aus einer produktiven Grundhaltung heraus entsteht Freude aus dem Geben und Teilen, nicht aus dem Horten von Konsumgütern, sondern aus dem Gefühl, sich mit dem Lebendigen eins zu fühlen, und nicht die Natur zu unterwerfen (Fromm 1976/1999). In diesem Sinne kann der oben beschriebene Konsum das Engagement von Menschen fördern und dazu anregen, die einem selbst innewohnenden Kräfte und Ausdrucksmöglichkeiten im wechselseitig befruchtenden Kontakt mit anderen weiter zu entwickeln. Gleichermaßen aber kann Konsum sowohl Ausdruck von Entfremdung sein als auch zu einer fortschreitenden Entfremdung führen.

Insbesondere darauf soll im Folgenden Abschnitt aus einer konsumkritischen Perspektive näher eingegangen werden.

7.2 Konsumkritik

Bereits Fromm hat darauf hingewiesen, dass die unreflektierte Orientierung an der anonymen Autorität von Märkten zu *Selbsttäuschung und Selbstausbeutung* führen kann. Wenn man die ganze Welt um sich herum zunehmend als einen Marktplatz begreift, in dem es vermeintlich darum geht, zu gewinnen und sich gegen Andere durchzusetzen, kann dies zu einer Verrohung und einem normativen Anspruch sich selbst gegenüber führen, so zweckrational wie möglich aufzutreten und ausschließlich den eigenen Nutzen in den Vordergrund zu rücken. Moralische Orientierungen, Werthaltungen und die bereits vorher festgestellte sittliche Rahmung von Märkten (vgl. Abschn. 2.1) werden bei einer solchen an Kosten-Nutzen-Verhältnissen ausgerichteten Sichtweise zu sehr vernachlässigt, sodass ein einseitig verkürztes Bild von menschlichem Handeln gezeichnet wird, in dem Menschen als *„selbstsüchtiger und unsozialer"* (Honneth 2014: 15) dargestellt werden, als es ihrem menschlichen Erlebnis- und Ausdruckspotenzial entspricht. Ganz in diesem Sinne spricht George Lúkacs von einer *„Verdinglichung"* der *„Beziehungen der Menschen zu ihrer natürlichen Umwelt und zu ihrer eigenen inneren Natur"* (Honneth 2014: 164).

Im Rahmen dieses Praxis-Handbuchs ist nicht der Raum gegeben, die zahlreichen konsumkritischen Stimmen systematisch zusammenzuführen. Es soll aber ein ausschnittsweiser Einblick gegeben werden, der dazu anregen soll, Fragen des Konsums nicht losgelöst von sozialpsychologischen und soziologischen Fragestellungen zu begreifen und sich nicht mit dem offensichtlich Sichtbaren zufrieden zu geben. Dies wäre etwa der Fall, *wenn man Bedürfnisse nicht in ihrer Entstehungsgeschichte und Gebundenheit an soziale wie kulturelle Gegebenheiten hinterfragt, sondern einfach als gegeben betrachtet.* Erneut soll die folgende Darstellung ein Plädoyer dafür sein, soziologische, sozialpsychologische und kulturwissenschaftliche Forschung, die in der Regel akademisch verankert ist, noch stärker mit Forschung in Kontakt zu bringen, die von Marktforschungsinstituten betrieben wird. Auch wenn der Austausch nicht immer konfliktfrei verlaufen mag, ist es für beide Seiten erkenntnisfördernd, sich mit der jeweils anderen Perspektive auseinanderzusetzen.

Auch die Belletristik bietet dafür Anschlusspunkte, etwa indem sie die Einbindung von Konsum in die soziale Welt veranschaulicht. In diesem Sinne möchten wir diese Darstellung mit einem kritischen Blick des japanischen Autors *Haruki*

Murakami auf die Omnipräsenz von Werbung und ihre Folgen aus seinem Werk 1Q84 einleiten.

Als die Protagonistin Aomame mit dem Taxi auf der Autobahn unterwegs ist und aus dem Fenster schaut, gehen ihr die folgenden Gedanken durch den Kopf:

> *„Sämtliche Häuser an der Autobahn waren hässlich, schmutzig verfärbt von den Abgasen der Autos, und überall schrien einem grelle Reklametafeln entgegen. Ein deprimierender Anblick. Wieso schufen die Menschen sich solche bedrückende Orte? Das hieß ja nicht, dass die Welt bis in den letzten Winkel schön sein sollte. Aber wieso musste etwas derart hässlich sein?"* (Murakami 2009: 986 f.)

Eine deprimierende Welt voller greller Reklametafeln und schmutzigen Verfärbungen in Folge von Abgasen – wieso schaffen die Menschen sich solche bedrückende Orte? Dabei handelt es sich um eine Frage, die von der Markt- und Konsumforschung nicht außer Acht gelassen werden sollte und zur Auseinandersetzung mit der Bedeutung von Werbung sowie der gesellschaftlichen Rolle von Markt und Konsum auffordert.

Wenn es um die Erarbeitung einer konsumkritischen Sicht geht, führt an dem Sozialpsychologen und Psychoanalytiker Erich Fromm kein Weg vorbei.
Fromm sieht in herkömmlichen Formen der Werbung eine Form der „Gehirnwäsche", die uns dazu verleite, „Dinge zu kaufen, die wir weder brauchen noch wollen" (Fromm 1976/1999: 403). Er bringt Werbung mit „Bombardierung durch rein suggestive Methoden" in Verbindung, die eine volksverdummende Wirkung hätten, eine ernste Gefahr für die geistige und psychische Gesundheit der Bevölkerung darstellten, weil sie das klare, kritische Denkvermögen und die emotionale Unabhängigkeit bedrohten. Sie seien eine Untergrabung von Vernunft und Realitätssinn, welche der einzelne tagtäglich überall und zu jeder Stunde ausgeliefert sei (Fromm 1976/1999: 403 ff.). Durch die endlose Wiederholung des gleichen Themas übten sie eine besondere Suggestivkraft aus und drängten den Einzelnen letztendlich, ähnlich wie dies durch Hypnose geschehe, in einen passiven Zustand (Fromm und Maccoby 1970/1999: 482).

Werbung führe zu einer Steigerung des Konsumverlangens. Auch wenn verschiedene Unternehmen miteinander konkurrierten, unterstützten sie sich im Grunde durch Werbung gegenseitig, weil dadurch die Kauflust von Menschen angeheizt werde (Fromm 1976/1999: 397). Durch Werbung würden nach Fromm konsumorientierte Bedürfnisse und Wünsche geschaffen, die den Menschen in einen „homo consumens" verwandelten. In diesem Sinne versteht er den Konsum als eine entfremdete Form der Auseinandersetzung mit der eigenen Existenz und

Gesellschaft, bei der das Gefühl des Selbst mit dem Einverleiben von Dingen einhergehe und von diesem abhängig sei:

> *„Der homo consumens ist der Mensch, dessen Hauptziel es nicht ist, Dinge zu besitzen, sondern immer mehr zu konsumieren, um auf diese Weise seine innere Leere, Passivität und Angst zu kompensieren. [...].*
> *Der homo consumens lebt in der Illusion, glücklich zu sein, während er unbewußt unter Langeweile und Passivität leidet. Je mehr Macht er über Maschinen besitzt, umso machtloser wird er als menschliches Wesen; je mehr er konsumiert, umso mehr wird er zum Sklaven der ständig wachsenden Bedürfnisse, die das Industriesystem erzeugt und manipuliert. Er verwechselt Sensationslust und aufregende Erlebnisse mit Freude und Glück und materiellen Komfort mit Lebendigkeit. Die Befriedigung seiner Gier wird zum Sinn seines Lebens, das Streben danach wird zu einer neuen Religion. Die Freiheit zu konsumieren wird zum Wesen der menschlichen Freiheit."* (Fromm 1965/1999: 405).

Durch den Konsum sei es Menschen möglich, ein Gefühl von Freiheit zu entwickeln, das im Kontrast zum Erleben von Einfluss- und Machtlosigkeit in der öffentlichen Sphäre, insbesondere hinsichtlich Fragen von gesellschaftlicher Gestaltung oder der Ausrichtung von Unternehmen stehe. Als Käufer*in und Konsument*in würden die Ohnmächtigen mächtig, weil sie zwischen verschiedenen Marken und Angeboten auswählen könnten, dabei aber vergäßen, dass sich diese im Grunde gar nicht unterschieden (Fromm 1968/1999: 346 ff.). Auf der Grundlage eines psychoanalytischen Grundverständnisses versteht Fromm einen in diesem Sinne zwanghaften Konsum als Kompensation von Angst, die aus dem Gefühl innerer Leere, Hoffnungslosigkeit, Verwirrtheit und Anspannung entspringe: „Indem man Konsumgüter >in sich aufnimmt<, vergewissert man sich sozusagen, daß >man ist<" (Fromm 1968/1999: 348). Fromm zufolge verhindere der Konsum, dass man sich seiner Angst bewusstwerde, weil man sich durch die Möglichkeit zum Konsum selbst spüre und einem das Konsumierte nicht weggenommen werden könne. Gleichzeitig zwinge es aber auch, immer weiter zu konsumieren, weil das einmal Konsumierte nur kurzfristige Befriedigung schaffe. Das dadurch vermittelte Gefühl von Freiheit ist diesem Verständnis zufolge trügerisch.

Denn durch den Konsum werde man nicht nur ein passiver, sondern auch ein abhängiger Mensch, wenn man das eigene Glück vorrangig damit in Verbindung bringe, über mehr Geld zu verfügen, um all das konsumieren zu können, was man konsumieren möchte (Fromm 1970/1999: 322):

> *„Wenn der moderne Mensch auszusprechen wagte, was er sich unter dem Himmel vorstellt, so würde er vermutlich eine Vision des größten Warenhauses der Welt*

beschreiben, in dem alle letzten Neuheiten ausgestellt wären und wo er Geld genug hätte, sie alle zu kaufen." (Fromm 1955/1999: 98).

Für Fromm handelt es sich dabei um eine entfremdete Haltung zum Konsum. Sie gehe damit einher, dass der Konsum auch bestimmend dafür sei, wie die eigene Freizeit verbracht werde. Sie führe zu einer Abhängigkeit von äußeren Erlebnissen, die aber nicht mit Veränderungen des Inneren einhergingen. Menschen seien konsumsüchtig, wenn der Akt des Kaufens und Konsumierens zu einem zwanghaften, irrationalen Ziel geworden sei, zu einem Selbstzweck ohne Beziehung zum Gebrauch der gekauften und konsumierten Dinge.

Habe man ursprünglich geglaubt, dass man durch den Konsum von mehr und besseren Dingen dem Menschen zu einem glücklicheren, zufriedeneren Leben verhelfen könne, müsse man nun kritisch feststellen, dass die ständige Zunahme unserer Bedürfnisse uns zu immer größeren Anstrengungen zwänge, die uns abhängig von diesen Bedürfnissen und den produzierten Bedingungen zu ihrer Realisierung machten (Fromm 1955/1999: 97 ff.). Gleichzeitig stehe diese Entwicklung für eine stärker werdende Bedeutung des Mechanischen im Gegensatz zum Lebendigen (Fromm 1970/1999: 322).

Die hier am Beispiel des Werks von Fromm entfalteten konsumkritischen Gedanken aus dem 20. Jahrhundert finden sich auch zeitgenössischen Ansätzen. Nach wie vor betonen konsumkritische Stimmen *die Gefahr der Entfremdung,* die insbesondere damit verbunden sei, dass Konsumieren zum Selbstzweck werde und Bedürfnisse, die durch Konsumgüter scheinbar zumindest kurzfristig befriedigt werden könnten, erst durch die Konsumsphäre geschaffen würden (z. B. Welzer 2014). Burkhard Bierhoff (2016) spricht in direkter Anlehnung an das Frommsche Werk von „Konsumismus" im Sinne eines übersteigerten Konsums als einem „Kristallisationskern für radikale Gesellschaftskritik":

> *„Die Folgen liegen in der Ausplünderung von Ressourcen, der Ausbeutung von Lebewesen mit der Anhäufung von Schäden, für die niemand die Verantwortung und Begleichung übernehmen will" (Bierhoff 2016: 1).*

Der Soziologe Samuel Bowles kritisiert, dass in ökonomischen Lehrbuchmodellen der Charakter des Menschen als konstant angenommen werden, „die Rückwirkungen des Marktes auf ihn würden nicht berücksichtigt; ebenso wenig werde die politische Dimension von Märkten betrachtet" (Herzog und Honneth 2014b: 368).

Fromm hat das in der analytischen Sozialpsychologie verankerte Konzept des Sozial- oder Gesellschafts-Charakters entwickelt, mit dem diese Lücke gefüllt werden kann. Es beruht auf der Grundannahme, dass der Mensch in seinen Erlebnis-, Denk- und Handlungsstrukturen neben persönlichen Dispositionen stark durch seine spezifische Einbindung in soziale Gruppen und Teilbereiche der Gesellschaft geprägt wird. In diesem Sinne entsteht nach Fromm eine gemeinsame „Charakter-Matrix einer Gruppe (etwa einer Nation oder einer Klasse), die konkret das Tun und Denken ihrer Mitglieder beeinflußt" (Fromm 1965/1999: 401). Dies sei für die Funktionsfähigkeit sozialer Gebilde wichtig und gehe mit dem Einzelnen unbewussten Anpassungsleistungen einher:

„Der Durchschnittsmensch muß das tun wollen, was er tun muß, um so zu funktionieren, daß die Gesellschaft sich seiner Energie für ihre Zwecke bedienen kann." *(Fromm 1965/1999: 402).*

Die Ausbildung unterschiedlicher Sozial-Charaktere ist diesem Verständnis gemäß abhängig von spezifischen Produktionsbedingungen in Gesellschaften und damit verbundenen Schichtungen innerhalb von Gesellschaften. Fromm nutzt das Konzept des Gesellschafts-Charakters zu einer kritischen Auseinandersetzung mit verschiedenen Phasen des Kapitalismus. Das Funktionieren kapitalistischer Gesellschaften bedürfe arbeitsame, disziplinierte und pünktliche Menschen, für die Profit aus Produktion und Warenaustausch ein zentrales Ziel darstelle. Während es im neunzehnten Jahrhundert dafür vor allem sparsame Menschen benötigt habe, brauche es in der Mitte des zwanzigsten Jahrhunderts „Menschen, die ein leidenschaftliches Interesse am Geldausgeben und am Konsum haben." (Fromm 1965/1999: 402). Deshalb habe eine vorherrschende hortende Charakter-Orientierung zunehmend einer rezeptiven Orientierung Platz gemacht, deren Ziel es sei, „immerzu etwas zu empfangen, es sich einzuverleiben, immer wieder etwas Neues zu besitzen, sozusagen ständig mit offenem Mund zu leben" (Fromm 1955/1999: 98).

Dies gehe Hand in Hand mit der wachsenden Orientierung in der Gesellschaft am Leitbild des Marktes und einer von ihm als „Marketing-Orientierung" bezeichneten Grundstrebung, einer „Charakterorientierung, die in der Erfahrung wurzelt, daß man selbst eine Ware ist und einen Tauschwert hat" (Fromm 1947/1999: 48):

„Für diesen Marketing-Charakter verwandelt sich alles in einen Marktartikel – nicht nur die Dinge, sondern auch der Mensch selbst, seine physische Energie, seine Fertigkeiten, sein Wissen, seine Meinungen, seine Gefühle, ja sogar sein Lächeln. Dieser Charaktertyp ist historisch gesehen eine neue Erscheinung, denn er ist das Produkt eines voll entwickelten Kapitalismus, in dessen Mittelpunkt der Markt steht – der Gebrauchsgütermarkt, der Dienstleistungsmarkt und der Personalmarkt – und dessen

Prinzip es ist, durch günstigen Tauschhandel einen möglichst hohen Profit zu erzielen. "
(Fromm 1973/1999: 317).

Das eigene Selbsterleben speise sich bei dieser Haltung nicht mehr aus dem Erleben eigener produktiver Kräfte, sondern sei abhängig davon, wie man von anderen wahrgenommen werde: „Prestige, Stellung, Erfolg und die Tatsache, daß er anderen als eine bestimmte Person bekannt ist, sind der Ersatz für das echte Identitätsgefühl." (Fromm 1947/1999: 50). Damit komme es zugleich zur Entfremdung: „Wenn ich und meine Kräfte zweierlei sind, dann bestimmt sich mein Selbst von dem Preis her, den ich erzielen kann" (Fromm 1947/1999: 50).

Fromm sieht im Marketing-Charakter die Antwort auf die „Frage, warum die heutigen Menschen zwar gerne kaufen und konsumieren, aber an dem Erworbenen so wenig hängen" (Fromm 1976/1999: 375). Wichtig seien Prestige und Komfort, die der Konsum biete. Der analytische Sozialpsychologe Rainer Funk knüpft an das Werk von Fromm an. Er arbeitet heraus, dass mit dem Marketing-Charakter eine Projektion einhergehe, die Produkten als von Menschen und Maschinen geschaffenen Dingen menschliche Eigenschaften und Fähigkeiten zuerkenne (Funk 2001). Besonders deutlich werde die in der Werbung, wenn nicht mit dem Produkt selbst, sondern mit auf die Waren projizierten Eigenkräften geworben werde. So lasse sich mit dem Waschmittel menschliche Frische, mit dem Deospray Attraktivität und Lebendigkeit, mit Weinbrand Zärtlichkeit und mit Turnschuhen Erlebnisfähigkeit und Coolness kaufen.

In der Auseinandersetzung mit gesellschaftlichen Wandlungstendenzen des späten 20. Und des 21. Jahrhunderts und insbesondere einer zunehmenden Entgrenzung (vgl. auch Gottschall und Voß 2008), wie sie etwa in einer schwindenden Grenze zwischen Arbeits- und Privatsphäre zu beobachten ist, spricht Funk (2005, 2006, 2018) von „Ich-Orientierung" als einer neuen Form einer Charakterorientierung, die er insbesondere in sozialen Schichten verortet, deren Lebensstil wesentlich durch die neuen digitalen Techniken und sozialen Medien bestimmt sei.

Ich-Orientierte strebten leidenschaftlich danach, sich frei, spontan und möglichst unbegrenzt durch Vorgaben selbst bestimmen zu können. Ihr Auftreten sei geprägt durch die Lust an einer selbstbestimmten, ich-orientierten Erzeugung von Wirklichkeit. Auch bezogen auf sich selbst bestehe diese Lust an einer erzeugten Wirklichkeit, gemäß dem Motto, dass man nur etwas sei, wenn man etwas aus sich mache. Mit dieser Selbstinszenierung gehe die weitgehende Negation von Grenzen einher, es gebe fast nichts, was es nicht gebe und was nicht realisiert werden könnte. Damit verbunden sei eine deutliche Distanzierung von normativen Urteilen darüber, was gut oder böse, richtig oder falsch, gesund oder krank sei.

Funk sieht im Sozialcharakter der „Ich-Orientierung" eine postmoderne Art zu leben. Ich-Orientierten gehe es darum,

> „...imstande zu sein, die uns umgebende und die eigene Wirklichkeit neu, besser, eindrucksvoller, kompetenter, belebender, farbiger, unterhaltsamer zu gestalten, allerdings nicht durch die Praxis des eigenen menschlichen Vermögens, sondern indem sie sich des Vermögens der von uns geschaffenen Produkte bedienen." (Funk 2006: 6 f.)

Funk differenziert eine eher aktive und eine eher passive Form der „Ich-Orientierung" als Sozialcharakter. Während aktive Ich-Orientierte selbst Wirklichkeit neu schaffen und anbieten wollten, ginge es eher passiven Ich-Orientierten um die Teilhabe an erzeugter Wirklichkeit. Das Erleben des eigenen „Ich" sei bei dieser passiven Form an das Gefühl von Verbundenheit mit anderen geknüpft. Darin, so Funk, liege eine große Marktchance für die gegenwärtige Produktion von Konsumangeboten durch das „das Anbieten und Verkaufen von Gefühlen in den inszenierten Welten der Seifenopern und Musicals, in herzergreifenden Lovestorys, in den Klatschspalten über Prominente oder in einer sensationslüsternen Berichterstattung" (Funk 2006: 4). Wichtig sei dabei das geteilte, miterlebte Gefühl.

„Gemachtes" Vermögen anzuwenden statt menschliches Vermögen zu praktizieren und die produktiven Eigenkräfte zu stärken, berge die Gefahr in sich, sich der menschlichen Eigenkräfte immer mehr zu entfremden. Aus psychoanalytischer Sicht werde mit der ich-orientierten Neukonstruktion von Wirklichkeit das Erleben der eigenen Ich-Schwäche und die damit einhergehende drohende Auflösung des Identitätserlebens abgewehrt.

Die Deutung von „Entfremdung" und die Auseinandersetzung mit dem Zwang zu gesteigerter Produktion prägen auch die soziologische Konsumkritik. So weisen die Konsumsoziologen Kai-Uwe Hellmann und Dominik Schrage (2015: 10 f.) darauf hin, dass letztlich das Wachstum zeitgenössischer Gesellschaften auf gesteigertem Konsum beruhe und stellen die Frage nach gesellschaftlichen Mechanismen, die einen derartigen „Konsumismus" absicherten:

> „Gleichsam wie in einem Hamsterrad liegt es an uns, dass Wirtschaft und Gesellschaft unentwegt in Bewegung bleiben, indem wir möglichst kräftig konsumieren, ohne Unterlass – das geheime Bewegungsgesetz des Konsumismus. Wie aber gelingt es, die Konsumentinnen und Konsumenten dahingehend zu konditionieren?" (Hellmann und Schrage 2015: 10 f.)

Naomi Klein spricht von einer „*Kolonisierung des öffentlichen Raums*" (Klein 2001: 445), die sich aus dem Bedeutungsgewinn von heute omnipräsenten Marken ergebe. Sie zeichnet die Entwicklung einer Gesellschaft und damit verbundenen Märkten seit den 1980er Jahren nach, bei denen es immer weniger um Produkte an sich, sondern um einen durch Marken begründeten „Lifestyle" gehe. Mit systematisch betriebener Markenkommunikation sei das Bemühen um die Etablierung von Erzählungen (Storytelling) verbunden, welche den symbolischen Wert von Marken begründeten und fest in der Kultur von Gesellschaften verankerten:

> „*Seit diesem Zeitpunkt versucht sich eine ausgewählte Gruppe von Unternehmen aus der materiellen Welt der Waren, der Herstellung und der Produkte zu befreien, um auf einer anderen Ebene zu existieren. Jeder kann ein Produkt herstellen, so ihre Überlegung (...) Die Zentrale eines Konzerns kann sich auf das wirklich wichtige Geschäft konzentrieren – die Schaffung einer Unternehmensmythologie, die machtvoll genug ist, um einfachen Gegenständen durch den schlichten Namens des Unternehmens Bedeutung zu verleihen*" *(Klein 2001: 39 f.).*"

Auch Zygmunt Baumann (1925–2017) vertritt die These eines gewandelten öffentlichen Raums und betitelt seine Gesellschaftsanalyse provokant mit „*Leben als Konsum*" (Baumann 2009). Damit verdeutlicht er wie zentral die Sphäre des Konsums sowohl für politische Entscheidungen als auch für das Selbstverständnis von Menschen geworden sei, die sich zunehmend auch aus der Perspektive eines Konsumguts in Märkten verständen und rahmten, etwa in bestimmten sozialen Netzwerken, bei denen es darum gehe, die Aufmerksamkeit auf sich zu lenken. Nicht nur bei der Vergabe öffentlicher Mittel, sondern sogar bei der Frage, welcher Gruppe von Menschen etwa im Rahmen von Migrationsgesetzen die Möglichkeit zur Zugehörigkeit einer Gesellschaft eröffnet oder verschlossen werden sollte, spielten auf das Funktionieren von Märkten und damit verbundenen Konsumangeboten gerichtete Überlegungen eine zentrale Rolle. Wie Fromm kritisiert auch Baumann, dass die ureigen menschlichen Bedürfnisse bei dieser Logik zunehmend aus dem Blickfeld gerieten.

In eine ähnliche Kerbe schlägt der Soziologe Hartmut Rosa, der das „>Geheimnis< des kapitalistischen Konsumismus" in der Tendenz verortet, ein Beziehungsbegehren in ein stummes Objektbegehren zu transformieren (Rosa 2016: 433). Mit einem Kauf sei die Hoffnung verbunden, sich ein Stück Welt anzueignen und dadurch eine noch tiefere, intensivere Weltbeziehung zu entwickeln:

„Die Outdoor-Wanderjacke oder das Trekkingzelt werden uns auf ganz neue Weise mit der Natur in Verbindung bringen; die neue Stereoanlage oder Keyboard wird uns die Musik viel tiefer erleben lassen, das Deo oder Armband werden uns zu einem zufriedeneren Selbstverständnis und zugleich zu entgegenkommenderen, sympathischeren Sozialbeziehungen verhelfen usw." (Rosa 2016: 431).

Mit dem Erwerb von Waren sei der Versuch verbunden, die eigene „Weltreichweite" zu vergrößern und durch den Kauf die Lebensqualität zu verbessern:

„das neue Smartphone verspricht uns die Welt buchstäblich in die Hosentasche zu holen. Das Warenangebot des Shopping-Centers führt uns überwältigend und verlockend vor Augen, was wir alle in unsere Verfügungsgewalt bringen, welche Möglichkeiten wir in Reichweite bringen können." (Rosa 2016: 430).

In diesem Sinne könnten Shopping-Center als „Zentrum der spätmodernen Weltbeziehung" (Rosa 2016: 432) und als ein Sinnbild für das Versprechen nach Teilhabe an der Welt sowie Partizipation am Reichtum der Gesellschaft verstanden werden. Dieses Versprechen werde aber häufig betrogen und sei verhängnisvoll, wenn der Kaufakt mit der Anverwandlung verwechselt werde, in deren Rahmen die Auseinandersetzung im Alltag mit den erworbenen Waren erfolge und das Erleben von Resonanz zwar möglich, aber keineswegs sicher sei:

„Das Resonanzversprechen kann nur eingelöst werden, wenn wir im Gebrauch der Ware, in der Arbeit an ihr und mit ihr, Berührung und Selbstwirksamkeit erfahren. Im Kaufakt eigne ich mir das Surfbrett an, erst auf den Wellen gelingt mir (wenn überhaupt) die Anverwandlung." (Rosa 2016: 431).

Resonanz bildet bei Rosa den zentralen theoretischen Anknüpfungspunkt, den er Entfremdung gegenüberstellt. Resonanz hängt von dem Erleben von Widerhall in einer Beziehung ab. Am Beispiel des Surfbretts kann das gut veranschaulicht werden: Durch den bloßen Kauf erwirbt jemand noch nicht die Fähigkeit, das Surfbrett für das Gleiten über die Wellen zu nutzen. Erst auf der Basis von Fähigkeiten, die in Übungseinheiten mit einem Surfbrett zeitaufwendig erlernt und „angeeignet" wurden, kann jemand das gekaufte Surfbrett als hilfreich für den gewünschten Ritt über die Wellen erleben und auf ein damit verbundenes Glücksgefühl hoffen. Dagegen bringt Rosa Entfremdung mit einem Zustand in Verbindung, „in dem die >Weltanverwandlung< misslingt, sodass die Welt stets kalt, starr, abweisend und nichtresponsiv erscheint" (Rosa 2016: 316).

Die Gefahr der Entfremdung durch Konsumismus sieht er in einer gesell-schaftlichen Steigerungslogik begründet, derzufolge das Angebot an Waren beständig steige und prinzipiell stets weiter steigerungsfähig sei, während aber Anverwandlung und das „Sich-Einlassen auf die Dinge" zeitaufwendig bleibe und nicht beliebig gesteigert werden könne. Ressourcen- und Optionenvermehrung führe zu stummer werdenden „Weltbeziehungen":

> *„Wir verfügen dann zwar über die Waren und die durch sie eröffneten Möglich-keiten, aber sie antworten uns nicht – es sei denn, wir verwandeln sie uns in den entsprechenden Praktiken an." (Rosa 2016: 431).*

7.3 Qualitative Markt- und Konsumforschung als Wegbereiter sozialen Wandels

Bereits in der Einleitung haben wir auf die Rolle des Konsums im Kontext von Schurkengeschichten hingewiesen. Sind wir am Ende des Buches also wieder am Startpunkt angelangt, nachdem wir eine lange Runde gedreht haben?

Dass es sich dabei aber um ein einseitiges Bild handelt, das der Bedeutung des Konsums für menschliches Handeln nicht gerecht wird, wird nicht zuletzt im Werk von Erich Fromm deutlich. Denn ihm geht es darum, bestimmte Formen des Konsumierens in ihrer schädigenden Wirkung offenzulegen, nicht aber den Sinn des Konsums insgesamt infrage zu stellen. Deshalb unterscheidet er idealtypisch zwischen einem entfremdeten Konsum und einem Konsum als produktives Erleb-nis: Während er den entfremdeten Konsum als Befriedigung künstlich stimulierter Fantasievorstellungen betrachtet, bringt er den Konsum als produktives Erleb-nis mit der aktiven Beteiligung unserer Sinne und des eigenen Vermögens als empfindender, fühlender und selbständig urteilender Mensch in Verbindung. Ein diesem Verständnis entsprechendes legitimes Bedürfnis nach erhöhtem Konsum stehe in Verbindung mit dem Wunsch nach kultureller Weiterentwicklung sowie Bedürfnissen nach verbesserter Nahrung und „Gegenständen ästhetischen Genus-ses" (Fromm 1955/1999: 96 ff.). In diesem Sinne bezieht sich Fromm sowohl auf die Befriedigung individueller Konsumbedürfnisse als auch auf eine mögliche Stärkung von „gesellschaftlichem Konsum", den er in Verbindung mit Schulen, Bibliotheken, Theater, Parks, Krankenhäuser, und öffentlichen Verkehrsmitteln bringt (Fromm 1965/1999: 406).

Eine nicht entfremdete Form des Konsums sieht Fromm mit einer „produkti-ven Orientierung" verbunden. Darunter versteht er eine Grundhaltung, die sich auf die Form der Bezogenheit in allen Bereichen menschlicher Erfahrung erstreckt. Produktivität versteht Fromm als „Fähigkeit des Menschen, seine Kräfte zu gebrauchen und die in ihm liegenden Möglichkeiten zu verwirklichen" (Fromm 1947/1999: 57). Dies bedeutet gleichzeitig, dass der Mensch sich als Verkörperung seiner Kräfte und als Handelnder erlebe, sich mit seinen Kräften eins fühle und diese nicht vor ihm verborgen und ihm entfremdet seien. Fromms humanistischem Verständnis gemäß besitzt der Mensch Eigenkräfte, deren Nutzung in der Praxis sein persönliches Wachstum begünstigt. Einer entfremdeten auf das *Haben* orientierten Grundhaltung des homo consumens stellt Fromm in diesem Sinne die Orientierung am *Sein* entgegen: Während Haben auf Dinge ausgerichtet sei, beziehe sich Sein auf Erlebnisse:

> *„Die Voraussetzung für die Existenzweise des Seins sind Freiheit, Unabhängigkeit und das Vorhandensein kritischer Vernunft. Ihr wesentlichstes Merkmal ist die Aktivität, nicht im Sinne von Geschäftigkeit, sondern im Sinne eines inneren Tätigseins, dem produktiven Gebrauch der menschlichen Kräfte. Tätigsein heißt, seinen Anlagen, seinen Talenten, dem Reichtum menschlicher Gaben Ausdruck zu verleihen, mit denen jeder – wenn auch in verschiedenem Maß – ausgestattet ist. Es bedeutet, sich selbst zu erneuern, zu wachsen, sich zu verströmen, zu lieben, das Gefängnis des eigenen isolierten Ichs zu transzendieren, sich zu interessieren, zu lauschen, zu geben. " (Fromm 1976/1999: 333).*

Fromms Gegenüberstellung von Sein und Haben stellt nicht die Bedeutung von Konsum generell infrage. Denn derartige Erlebnisse verlaufen nicht im luftleeren Raum, sondern sind eingebettet in eine soziale Welt, in der Gegenstände wie Bücher ebenso zur Verfügung stehen wie Angebote zur Mobilität, etwa um Austausch und Begegnungen zwischen Menschen zu ermöglichen.

Im Gegenteil lässt sich die Differenzierung Fromms und anderer kritischer Stimmen als ein Aufruf zu Forschung verstehen, die sich damit verbundenen Fragen um unterschiedliche Modi des Konsumierens im Rahmen von Forschung anzunehmen (vgl. auch Kühn 2019a). Wenn man im Sinne unseres Buches den Begriff des Konsums nicht per se an eine bestimmte Form der Nutzung von Angeboten und Gegenständen ausrichtet, die im Frommschen Sinne als passiv und entfremdet zu bezeichnen ist, steht die Auseinandersetzung mit derartigen von Fromm beschriebenen Erlebnissen durchaus im Zentrum der Markt- und Konsumforschung.

Fromm selbst fordert vermehrte Forschungsaktivitäten, die sich mit Konsum und seiner Einbettung in Gesellschaften auseinandersetzen. Denn nur auf der Basis von „Untersuchungen, Informationsaustausch, Diskussionen und Mitbeteiligung der Bevölkerung an den Entscheidungen" (Fromm 1968/1999: 349) könne es zu einer Veränderung des Produktionsmodells von Gesellschaften kommen. Solche Untersuchungen dürften sich allerdings in einem kritischen Sinne nicht auf bloße Umfragen beschränken, weil diese ideologisch verzerrte Wahrnehmungsweisen reproduzierten und keinen Raum zur reflexiven Auseinandersetzung mit der sozialen Wirklichkeit böten:

> *„Was sind denn die >Meinungen<, auf denen die Umfragen basieren, anderes als die Ansichten von Menschen, denen es an ausreichender Information und der Gelegenheit zu kritischer Reflexion und Diskussion fehlt? Außerdem wissen die Befragten, daß ihre »Meinungen« nicht zählen und somit ohne Auswirkungen bleiben."* (Fromm 1976/1999: 400).

Gerade qualitative Markt- und Konsumforschung kann deshalb ganz in diesem Sinne als *Sprachrohr von Menschen gegen Bevormundung* durch eine entfremdete Konsumsphäre verstanden werden und damit zum Wegbereiter sowohl von Reformen als auch revolutionärer Entwicklungen in der Gesellschaft werden, wenn es etwa um Fragen von Nachhaltigkeit und Ethik geht, die nicht nur mit dem Konsum als solchem, sondern mit dem Miteinander zwischen Menschen insgesamt verbunden sind (vgl. Abschn. 2.2 und 3.1). Obwohl es zu Lebzeiten Fromms noch keine eigenständige qualitative Markt- und Konsumforschung gibt, kann man das folgende Zitat als wegweisend betrachten:

> *„Mir schwebt vor, daß die Verbraucher die Unternehmen energisch auffordern sollten, sich nach ihren Wünschen zu richten, und daß die Unternehmer endlich einmal diesen Forderungen folgen sollten."* (Fromm 1968/1999: 351).

Dabei bringt er sowohl den Anspruch an eine solche Forschung als auch ihr Potenzial klar und durchaus provokant auf den Punkt:

> *„Kurz gesagt: Bis zum heutigen Tage hat der Verbraucher es der Industrie gestattet, ja er hat sie gerade dazu aufgefordert, ihn einer Gehirnwäsche zu unterziehen und ihn zu bevormunden. Der Verbraucher hat die Chance, sich seiner Macht über die Industrie bewußt zu werden, indem er den Spieß umdreht und seinerseits die Industrie zwingt, das, was er wünscht, zu produzieren, wenn sie nicht durch die Produktion von Dingen, die er ablehnt, beträchtliche Verluste erleiden will. Die Revolution des Verbrauchers gegen die Herrschaft der Industrie muß erst noch kommen. Sie liegt durchauch im Bereich der Möglichkeiten und wird weitreichende Folgen haben, falls die Industrie nicht den Staat unter ihre Kontrolle bekommt und sich ihr Recht auf Manipulation des Verbauchers erzwingt."* (Fromm 1968/1999: 350).

Markt- und Konsumforschung ist von zentraler Bedeutung, um sowohl die in Gesellschaften zu beobachtende Dynamik als auch die Positionierung von Menschen innerhalb dieser Gesellschaften zu verstehen. Dies sollte nach Fromm auch eine Grundlage für einen sozialen Wandel hin zu einem *„vernünftigeren Konsum"* sein, für den es sowohl ein verändertes Bewusstsein als auch eines veränderten Angebots bedarf:

> *„Zu vernünftigem Konsum kann es nur kommen, wenn immer mehr Menschen ihr Konsumverhalten und ihren Lebensstil ändern wollen. Und das wird nur dann eintreten, wenn man den Menschen eine Form des Konsums anbietet, die ihnen attraktiver erscheint als die gewohnte."* (Fromm 1976/1999: 395 f.).

Zur Markt- und Konsumforschung gehört in diesem Sinne auch die Auseinandersetzung mit menschlichen Bedürfnissen, zu der Fromm aufruft. Ihm zufolge ist Grundlagenforschung über die Natur menschlicher Bedürfnisse bisher zu wenig durchgeführt worden. Gerade die Identifikation von Bedürfnissen, die dem menschlichen Organismus entsprängen, das Ergebnis kulturellen Fortschritts und individuellen Wachstums seien, die aktivierten und in psychischer Gesundheit wurzelten, sei eine wichtige Forschungsaufgabe (Fromm 1976/1999: 395 f.). Um eine gesellschaftliche Entwicklung zu ermöglichen, welche strukturell derartige Bedürfnisse fördere, bedürfe es vieler Studien. Dabei geht es nach Fromm auch um kurzfristige Vorschläge für erste Schritte,

> *„denn wenn Menschen eine Vision haben und gleichzeitig erkennen, was Schritt für Schritt konkret zu ihrer Verwirklichung getan werden kann, schöpfen sie Mut und ihre Angst weicht der Begeisterung."* (Fromm 1976/1999: 395).

Auch die Auseinandersetzung mit Werbung im Rahmen von Markt- und Konsumforschung kann einen Beitrag dazu leisten, menschliche Bedürfnisse und gesellschaftliche Entwicklungen zu verstehen und nachzuvollziehen. Hartmut Rosa bringt die Bedeutung von Werbung als Seismograph gesellschaftlicher Schwingungen anschaulich auf den Punkt:

> *„Discover a whole new world of hunting, of traveling, of music, of luxury, of leisure, of wellness – die Werbung hat dieses Versprechen auf Welteröffnung, Welterschließung, auf das Sprechend-Machen von Welt durch Konsum längst als Begehrensmotor identifiziert."* (Rosa 2016: 431).

Denn indem der forschende Fokus der Aufmerksamkeit gerade auf Werbung und ihre Wirkung gerichtet wird, lässt sich der „Begehrensmotor" menschlichen Strebens analysieren und verstehen. Eine derartige aktive Auseinandersetzung mit Werbung im Rahmen von Forschung kann gleichzeitig als Gegenstrebung identifiziert werden, sich nicht im Sinne von Fromm durch omnipräsente Werbung passiv einlullen zu lassen.

Gleichzeitig stellt sich die Frage, wie und vom wem eine derartige Markt- und Konsumforschung im allgemeinen und Werbewirkungsforschung im speziellen beauftragt, durchgeführt und im weiteren Verlauf genutzt wird. Es liegt auf der Hand, dass ein produzierendes Unternehmen diesbezüglich eine andere Interessenslage und Perspektive hat als etwa eine Verbraucher*innen-Organisation, eine kritische Soziologin oder ein kritischer Soziologe.

Uns ist es auf jeden Fall wichtig zu betonen, die Bedeutung von Markt- und Konsumforschung als Wegbereiter gesellschaftlichen Wandels hervorzuheben. Wenn es im Sinne von Fromm um eine radikalen Änderung des Wirtschaftssystems geht und die Aufgabe darin besteht, „eine gesunde Wirtschaft für gesunde Menschen zu schaffen" (Fromm 1976/1999: 395), bedarf es dafür derartiger Forschung, deren Ergebnisse auch einen einsetzenden Wandel gesellschaftlichen Bewusstseins widerspiegeln und bestärken können. Gerade qualitative Markt- und Konsumforschung verleiht Menschen eine Stimme. Je mehr diese den „Wunsch der Allgemeinheit nach gesunden und vernünftigen Formen des Konsums" (Fromm 1976/1999: 397 f.) ausdrückt, desto stärker sind damit verbundene Anforderungen an die Industrie nach veränderter Produktion und Entwicklung von Dienstleistungen.

Bereits vor über 50 Jahren haben Fromm und Maccoby auf die Gefahr des rasant voranschreitenden technologischen Fortschritts hingewiesen. Neue Kommunikationsmedien seien gefährlich, weil sie stärke eine rezeptive als eine produktive Einstellung ansprächen. Gleichzeitig betonen beide aber, dass damit auch Chancen für eine positive Veränderung der Charakterentwicklung in Gesellschaften zu einer produktiveren Orientierung verbunden seien, wenn die Medien einer eher anregend und motivierende Wirkung hätten (Fromm und Maccoby 1970/1999: 482).

Dieses Spannungsverhältnis verdeutlicht erneut, wie wichtig Markt- und Konsumforschung ist, um sich Fragen gesellschaftlichen Wandels zu widmen. Wer Unternehmen auf das Streben nach Gewinnmaximierung reduziert, übersieht die sittliche Komponente von Märkten, das humane Potenzial der dort Tätigen sowie die über einen geldwerten Nutzen hinausgehenden Bewertungen durch potenzielle Kunden- sowie verbundene Interessengruppen (stakeholder). Die Menschen, die in Unternehmen tätig sind, sind selbst ebenso wie Nutzerinnen und Nutzern von Angeboten vielschichtigen gesellschaftlichen Moralvorstellungen ausgesetzt. Dies gilt auch für betriebliche Marktforschende und Angehörige von Markt-forschungsinstituten, für die das Vorliegen von Forschungsaufträgen aus der Industrie von existenzieller Bedeutung ist. Es wäre falsch und sogar gefährlich, im Rahmen dieses Buches ein idealisiertes Bild von Markt- und Konsumforschung zu zeichnen. Es darf nicht ausgeblendet werden, dass viele Projekte in der Praxis vornehmlich dem Zweck dienen, Verkaufszahlen zu optimieren und den eigenen Angeboten einen Wettbewerbsvorteil zu verschaffen, ohne dass dabei in der Pra-xis explizit danach gefragt wird, ob ein Angebot eher entfremdete Bedürfnisse anspricht oder dem persönlichen Wachstum von Nutzer*innen dient.

Mindestens gleichermaßen falsch erscheint uns aber auch ein Bild, das eine klare Trennlinie zwischen der vornehmlich guten sozialkritischen und der vor-nehmlich bösen Auftragsforschung zieht. Eine solche Konzeption würde der Entwicklung einer zynischen Grundhaltung Vorschub leisten, aus der heraus jeder Respekt für Nutzer*innen einer bedingungslosen Bereitschaft zur Manipulation gewichen ist. Dadurch würden sich Markt-Forschende selbst entmenschlichen und zu Handlangern eines ausbeuterischen Systems machen. Dagegen sollte jede und jeder Marktforschende eine klare Grenze ziehen, die durch eine deutliche For-schungsethik begründet sein muss. Nicht jedes Projekt muss angenommen werden und nicht jeder Bitte von Kunden bzw. Kolleg*innen muss entsprochen werden. Dafür sind Unternehmen selbst viel zu sehr einer Veränderungslogik ausgesetzt, aus der heraus menschliche Bedürfnisse nach Nachhaltigkeit und Transparenz nicht dauerhaft ignoriert werden können.

Wichtig ist, dass sich in der qualitativen Markt- und Konsumforschung Beschäftigte das Potenzial der eigenen Tätigkeit immer wieder vor Augen führen. Im beschleunigten Alltag kann es schnell vorkommen, dass man vor allem den Zeitdruck spürt, möglichst schnell Ergebnisse zutage fördern zu müssen. Ange-sichts der rasant angewachsenen Möglichkeiten, über digitale Kanäle wie Foren, Communities etc. in kürzester Zeit O-Töne von Angehörigen im Mittelpunkt des Interesses stehender Zielgruppen zu bekommen, kann es auch zu veränderten Erwartungen aufseiten der Kunden- oder Kolleg*innen kommen, wie viel Zeit für eine Analyse gegeben wird. Gerade hier ist es wichtig, Selbstbewusstsein zu demonstrieren und auf den Mehrwert qualitativer Forschung hinzuweisen. Denn angesichts des digitalen Wandels wächst auch die Komplexität, die analy-tisch durchdrungen werden muss. Schnelle, leicht zugängliche Ergebnisse können diesbezüglich schnell in die Irre leiten.

Gerade in der Nutzung menschlicher Fähigkeiten des Verstehens liegt ein in der qualitativen Forschung begründeter entscheidender Vorteil gegenüber Analysen, die vorwiegend auf digitalen Tools gestützt sind. Und vor allem drückt qualitative Forschung aus, dass Menschen ernst genommen werden und ihnen eine Stimme verliehen wird, die für eine zielgerichtete Gestaltung von Wandel von entscheidender Bedeutung ist.

Qualitative Markt- und Konsumforschung bildet Brücken zwischen Konsument*innen und Unternehmen. Sie hat das Potenzial, menschlichen Bedürfnissen und den Möglichkeiten ihrer Verwirklichung in sich wandelnden Gesellschaften auf den Grund zu gehen und damit eine Grundlage für Möglichkeiten des Konsums zu schaffen, welche menschliches Miteinander und die Entwicklung der eigenen Kräfte in einem produktiven Sinne fördert. In diesem Sinne soll Erich Fromm das Schlusswort dieses Bandes gebühren, das den Konsum nicht gänzlich von seinem Schurkendasein freispricht, aber doch ein eindeutiges Plädoyer für Forschung und Kontakt zwischen Konsument*innen und Produzent*innen darstellt:

> *„An diesem Punkt stellt sich eine überaus schwierige Frage: Wer soll entscheiden, welche Bedürfnisse gesund und welche pathogen sind? Soviel steht fest: den Bürger zu zwingen, das zu verbrauchen, was der Staat für das beste hält – selbst wenn es das beste ist – kommt nicht in Frage. Bürokratische Kontrolle, die den Konsum gewaltsam drosselt, würde die Menschen nur noch konsumwütiger machen."* (Fromm 1976/1999: 395).

Um neue Wege zu erkunden und zu ebnen, bedarf es Forschung:

> *„Heute geht es darum, neue Formen des sozialen Zusammenlebens zu entwickeln, bei denen versucht wird, eine Synthese zu finden zwischen einem Optimum an industrieller Produktion und einem Maximum menschlicher Aktivität und Unabhängigkeit. Das ist eine äußerst schwierige Aufgabe. Sie kann nicht von einem oder zwei Menschen gelöst werden. Sie erfordert vielmehr umfangreiche Forschungen auf den verschiedensten wissenschaftlichen Gebieten."* (Fromm 1975/331).

Anhang

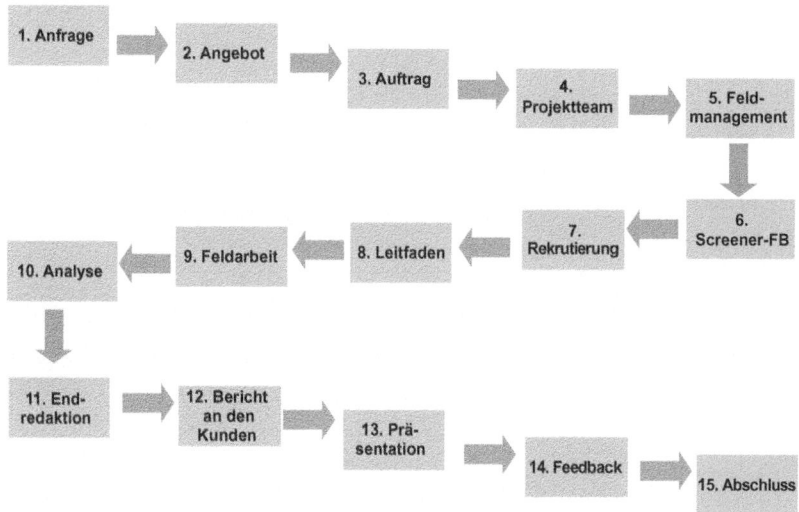

Abb. A.1 Milestones – Projektmanagement im Institut. (Eigene Darstellung)

© Springer Fachmedien Wiesbaden GmbH, ein Teil von Springer Nature 2022   221
T. Kühn und K.-V. Koschel, *Qualitative Markt- und Konsumforschung,*
Konsumsoziologie und Massenkultur, https://doi.org/10.1007/978-3-531-19430-1

Literatur

Ameln, Falko von/Gerstmann, Ruth/Kramer, Josef (Hrsg.) (2014): Psychodrama. 3. Überarbeitete Auflage. Berlin, Heidelberg: Springer.

Atteslander, Peter (2006): Methoden der empirischen Sozialforschung. 11. Auflage, Berlin: Erich Schmidt.

Augé, Marc (1994): Orte und Nicht-Orte. Vorüberlegungen zu einer Ethnologie der Einsamkeit. Frankfurt am Main: Fischer.

Babic, Edvin/Kühn, Thomas (2008): Qualitative Marktforschung als Akteur in der Produktentwicklung. In: Dominik Schrage, Dominik/Markus R. Friederici (Hrsg.): Zwischen Methodenpluralismus und Datenhandel. Zur Soziologie der kommerziellen Konsumforschung. Wiesbaden: VS Verlag für Sozialwissenschaften, S. 97–112.

Bartlett, Ruth/Milligan, Christine (2015): What is Diary Method? (The 'what Is?' Research Methods Series). London: Bloomsbury Publishing.

Baudrillard, Jean (1970/2015): Die Konsumgesellschaft. Ihre Mythen, ihre Strukturen. Wiesbaden: VS Verlag für Sozialwissenschaften.

Bauman, Zygmunt (2009): Leben als Konsum. Hamburg: Hamburger Edition Verlag.

BDP/DGPs (2016): Berufsethische Richtlinien des Berufsverbandes Deutscher Psychologinnen und Psychologen e. V. und der Deutschen Gesellschaft für Psychologie e. V. https://www.bdp-verband.de/binaries/content/assets/beruf/ber-foederation-2016.pdf [letzter Zugriff am: 06.03.2022].

Beckert, Jens (2012): Die sittliche Einbettung der Wirtschaft. Von der Effizienz- und Differenzierungstheorie zu einer Theorie wirtschaftlicher Felder. In: Berliner Journal für Soziologie, 22 (2), S. 247–266.

Beckmann, Sabine/Ehnis, Patrick/Kühn, Thomas/Mohr, Marina/Voigt, Katrin (2020): Selbst im Alltag. Qualitative Sekundäranalysen zu Identitätskonstruktionen im Wechselverhältnis von Normierung und Selbstentwurf. Wiesbaden: Springer VS.

Bierhoff, Burkhard (2016): Konsumismus. Kritik einer Lebensform. 2. Überarbeitete Auflage. Wiesbaden: Springer Essential.

Binswanger, Mathias (2010): Sinnlose Wettbewerbe: Warum wir immer mehr Unsinn produzieren. Freiburg im Breisgau: Herder.

Blanché, Ulrich (2012): Konsumkunst: Kultur und Kommerz bei Banksy und Damien Hirst. Bielefeld: Transcript.

© Springer Fachmedien Wiesbaden GmbH, ein Teil von Springer Nature 2022
T. Kühn und K.-V. Koschel, *Qualitative Markt- und Konsumforschung,*
Konsumsoziologie und Massenkultur, https://doi.org/10.1007/978-3-531-19430-1

Bobeth, Sebastian/Kastner, Ingo (2020): Buying an electric car: A rational choice or a norm-directed behavior? In: Transportation Research Part F: Traffic Psychology and Behaviour, 73, 236–258.

Bogner, Alexander/Littig, Beate/Menz, Wolfgang (2014): Interviews mit Experten – Eine praxisorientierte Einführung. Wiesbaden: VS Verlag.

Bohnsack, Ralf (2021): Rekonstruktive Sozialforschung – Einführung in qualitative Methoden. 10. Auflage. Stuttgart: UTB.

Bohnsack, Ralf/Przyborski, Aglaja/Schäffer, Burkhard (Hrsg.) (2010): Das Gruppendiskussionsverfahren in der Forschungspraxis. Opladen: Barbara Budrich.

Bonner, Stefan/Weiss, Anne (2008): Generation Doof. Wie blöd sind wir eigentlich? Bergisch Gladbach: Lübbe Verlagsgruppe.

Bourdieu, Pierre (1987): Die feinen Unterschiede: Kritik der gesellschaftlichen Urteilskraft. Frankfurt am Main: Suhrkamp.

Braun, Virginia/Clarke, Victoria (2022): Thematic Analysis: A Practical Guide. London: Sage.

Breidenstein, Georg/Hirschauer, Stefan/Kalthoff, Herbert/Nieswand, Boris (2013): Ethnografie: Die Praxis der Feldforschung. Konstanz, München: UVK Verlagsgesellschaft.

Breuer, Franz/Muckel, Petra/Dieris, Barbara (2018): Reflexive Grounded Theory: Eine Einführung für die Forschungspraxis. 4. Auflage. Wiesbaden: Springer VS.

Brown, Tim (2008): Design Thinking. In: Harvard Business Review, June 2008, S. 84–92.

Brown, Juanita/Isaacs, David (2007): Das World Café. Kreative Zukunftsgestaltung in Organisationen und Gesellschaft. Heidelberg: Carl-Auer Verlag.

Buber, Renate/Holzmüller, Hartmut (Hrsg.) (2007): Qualitative Marktforschung. Theorie, Methode, Analyse. Wiesbaden: Gabler.

Buchholz, Michael B. (2019): Szenisches Verstehen und Konversationsanalyse. In: Psyche, Zeitschrift für Psychoanalyse und ihre Anwendungen, 73 (6), 414–441.

Bührmann, Andrea D. (2005): Das Auftauchen des unternehmerischen Selbst und seine gegenwärtige Hegemonialität. Einige grundlegende Anmerkungen zur Analyse des (Trans-)Formierungsgeschehens moderner Subjektivierungsweisen [49 Absätze]. In: Forum Qualitative Sozialforschung [Online Journal], 6(1), Art. 16, http://nbnresolving. de/urn:nbn:de:0114-fqs0501165. [letzter Zugriff am: 06.03.2022].

Burmann, Christoph/Halaszovich, Tilo/Schade, Michael/Klein, Kristina/Piehler, Rico (2021): Identitätsbasierte Markenführung. Grundlagen – Strategie – Umsetzung – Controlling. 4 .überarbeitete Auflage. Wiesbaden: Springer Gabler.

Busse, Stefan/Tietel, Erhard (2018): Mit dem Dritten sieht man besser. Triaden und Triangulierung in der Beratung. Beraten in der Arbeitswelt. Göttingen: Vandenhoeck & Ruprecht.

BVM (2022): Berufsbild und Arbeitsfelder. https://www.bvm.org/praxishilfen-qualitaet/ber ufsbild-und-arbeitsfelder/ [letzter Zugriff am: 06.03.2022].

Czarniawska, Barbara (2007): Shadowing: And Other Techniques for Doing Fieldwork in Modern Societies. Kopenhagen: Copenhagen Business School Press.

Dagneaud, Natacha. (2019) Kognitive Interviews: Customer Experience Unwired. https://www.marktforschung.de/dossiers/themendossiers/customer-experience-res earch/einzelansicht/kognitive-interviews-customer-experience-unwired/.   [zuletzt überprüft:08.03.2022].

Dammer, Ingo/Szymkowiak, Frank (2008): Gruppendiskussionen in der Marktforschung. Köln: Rheingold.

Deppermann, Arnulf (2020) Konversationsanalyse und diskursive Psychologie. In: Günter Mey/Katja Mruck (Hrsg.): Handbuch Qualitative Forschung in der Psychologie. 2. überarbeitete Auflage. Band 2: Designs und Verfahren. Wiesbaden: Springer, S. 649–672.

Der Spiegel (1983): Mythos zerstört. Heft 7, S. 200–203. https://www.spiegel.de/kultur/mythos-zerstoert-a-01c38958-0002-0001-0000-000014021864 [letzter Zugriff am: 06.03.2022].

Der Spiegel (2015): Guter Kunde, böser Kunde. Heft 16, S. 62–71. https://www.spiegel.de/politik/guter-kunde-boeser-kunde-a-09d21acd-0002-0001-0000-000133575573 [letzter Zugriff am: 06.03.2022].

Deutschlandfunkkultur (2016): „Die smarte Diktatur". Wie wir uns und unsere Daten freiwillig ausliefern. Harald Welzer im Gespräch mit Christian Rabhansl. https://www.deutschlandfunkkultur.de/harald-welzer-die-smarte-diktatur-wie-wir-uns-und-unsere.1270.de.html?dram:article_id=352188. [letzter Zugriff am: 06.03.2022].

Eco, Umberto (1987): Semiotik. Entwurf einer Theorie der Zeichen. München: Wilhelm Fink.

Epple, Michael/Hahn, Gabor (2003): Dialog im virtuellen Raum – Die Online Focusgroup in der Praxis der Marktforschung. In: Axel Theobald/Marcus Dreyer/Thomas Starsetzki (Hrsg.): Online-Marktforschung. Theoretische Grundlagen und praktische Erfahrungen. Wiesbaden: Springer Gabler, S. 297–307.

Feldmann, Frank/Hellmann Kai-Uwe (2016): Partizipation zum Prinzip erhoben. In: Thorsten Knoll (Hrsg.): Neue Konzepte für einprägsame Events. Partizipation statt Langeweile – Vom Teilnehmer zum Akteur. Wiesbaden: Springer Gabler 2016, S. 29–54.

Fisher, Ronald P. / Geiselman, R. Edward, / Amador, Michael (1989): Field test of the cognitive interview: Enhancing the recollection of actual victims and interviewees of crime. Journal of Applied Psychology, 74 (5), S. 722–727.

Flick, Uwe (1991): Stationen des qualitativen Forschungsprozesses. In: Uwe Flick/Ernst von Kardorff/Heiner Keupp/Lutz von Rosenstiel/Stephan Wolff (Hrsg.): Handbuch qualitative Sozialforschung: Grundlagen, Konzepte, Methoden und Anwendungen. München: PVU, S. 147–173.

Flick, Uwe (2011): Triangulation. Eine Einführung. 3. Überarbeitete Auflage. Wiesbaden: VS Verlag.

Frieß, Hans-Jürgen (2011): Triangulation als Forschungsstrategie. In Planung & Analyse, 6/2011, S. 30–32.

Fromm, Erich (1947/1999): Psychoanalyse und Ethik. Bausteine zu einer humanistischen Charakterologie. In: Gesamtausgabe in 12 Bänden, herausgegeben von Rainer Funk, Band II. Stuttgart: DVA, S. 1–157.

Fromm, Erich (1951/1999): Märchen, Mythen, Träume. Eine Einführung in das Verständnis einer vergessenen Sprache. In: Gesamtausgabe in 12 Bänden, herausgegeben von Rainer Funk, Band IX. Stuttgart: DVA, S. 171–309.

Fromm, Erich (1955/1999): Wege aus einer kranken Gesellschaft. In: Gesamtausgabe in 12 Bänden, herausgegeben von Rainer Funk, Band IV. Stuttgart: DVA, S. 1–254.

Fromm, Erich (1958/1999): Die moralische Verantwortung des modernen Menschen. In: Gesamtausgabe in 12 Bänden, herausgegeben von Rainer Funk, Band IX. Stuttgart: DVA, S. 319–330.

Fromm, Erich (1965/1999): Die Anwendung der humanistischen Psychoanalyse auf die marxistische Theorie. In: Gesamtausgabe in 12 Bänden, herausgegeben von Rainer Funk, Band V. Stuttgart: DVA, S. 399–411.

Fromm, Erich (1968/1999): Die Revolution der Hoffnung. Für eine Humanisierung der Technik. In: Gesamtausgabe in 12 Bänden, herausgegeben von Rainer Funk, Band IV. Stuttgart: DVA, S. 255–377.

Fromm, Erich (1970/1999): Die psychologischen und geistigen Probleme des Überflusses. In: Gesamtausgabe in 12 Bänden, herausgegeben von Rainer Funk, Band V. Stuttgart: DVA, S. 317–328.

Fromm, Erich (1973/1999): Anatomie der menschlichen Destruktivität. In: Gesamtausgabe in 12 Bänden, herausgegeben von Rainer Funk, Band VII. Stuttgart: DVA, S. 1–444.

Fromm, Erich (1975/1999): Die Zwiespältigkeit des Fortschritts. Zum 100. Todestag von Albert Schweitzer. In: Gesamtausgabe in 12 Bänden, herausgegeben von Rainer Funk, Band V. Stuttgart: DVA, S. 329–332.

Fromm, Erich (1976/1999): Haben oder Sein. Die seelischen Grundlagen einer neuen Gesellschaft. In: Gesamtausgabe in 12 Bänden, herausgegeben von Rainer Funk, Band II. Stuttgart: DVA, S. 269–414.

Fromm, Erich/Maccoby, Michael (1970/1999): Psychoanalytische Charakterologie in Theorie und Praxis. Der Gesellschafts-Charakter eines mexikanischen Dorfes. In: Gesamtausgabe in 12 Bänden, herausgegeben von Rainer Funk, Band III. Stuttgart: DVA, S. 231–540.

Funk, Rainer (2001): Die allgegenwärtige Marketing-Orientierung. Fromms Sozialpsychologie. In: Jan Badewien (Hrsg.): Erich Fromm. Psychoanalyse, Ethik und Religion. Herrenalber Forum Band 27, Karlsruhe: Evangelische Akademie Baden, S. 51–76.

Funk, Rainer (2005): Ich und Wir. Psychoanalyse des postmodernen Menschen. München: dtv.

Funk, Rainer (2006): Zur Psychodynamik der postmodernen „Ich-Orientierung" (13 Seiten). Ursprünglich in: Fromm Forum, 10, S. 50–59. Online abrufbar unter: http://www.fromm-gesellschaft.eu/images/pdf-Dateien/Funk_R_2006e.pdf [letzter Zugriff am: 06.03.2022].

Funk, Rainer (2018): Das mediale Ich. Zur psychischen Neukonstruktion des Menschen. In: Fromm Forum 22, S. 67–87. http://www.fromm-gesellschaft.eu/images/pdf-Dateien/Funk_R_2018c.pdf [letzter Zugriff am: 06.03.2022].

Geertz, Clifford (1983): Dichte Beschreibung: Beiträge zum Verstehen kultureller Systeme. Frankfurt am Main: Suhrkamp.

Geertz, Clifford (1990): Die künstlichen Wilden: Anthropologen als Schriftsteller. München: Hanser.

Gottschall, Karin/Voß, G. Günter (2008): Entgrenzung von Arbeit und Leben: zum Wandel der Beziehung von Erwerbstätigkeit und Privatsphäre im Alltag. München: Hampp.

Glaser, Barney G. / Strauss, Anselm S. (1967): The Discovery of Grounded Theory. Strategies for Qualitative Research. Chicago: Aldine.

Gläser, Jochen/Laudel, Grit (2004): Experteninterviews und qualitative Inhaltsanalyse. Wiesbaden: VS Verlag.

Grünewald, Stephan (2006): Deutschland auf der Couch. Frankfurt/Main: Campus.

Hansen, Ursula/Bode, Matthias (1999): Marketing & Konsum. Theorie und Praxis von der Industrialisierung bis ins 21. Jahrhundert. München: Vahlen.

Hahn, Hans Peter (2011): Antinomien kultureller Aneignung. Einführung. In: Zeitschrift für Ethnologie, Band 136(1), S. 11–26.

Hahn, Hans Peter (2013): Konsum als „Erfindung des Alltags". Arten des Sehens und die Ethnographie der Warenform. In: Heiko Schmid/Karsten Gäbler (Hrsg.): Perspektiven sozialwissenschaftlicher Konsumforschung. Stuttgart: Franz Steiner Verlag, S. 93–115.

Handelsblatt (2018): SAP kauft Qualtrics für 8 Milliarden Dollar. 12.11.2018. https://www.handelsblatt.com/unternehmen/it-medien/us-unternehmen-sap-kauft-qualtrics-fuer-8-milliarden-dollar/23620836.html?ticket=ST-9018796-mmdLxJ0G1NiEgRnSYedE-ap1 [letzter Zugriff am: 06.03.2022].

Heinz, Walter R./ Krüger, Helga (2001): The Life Course: Innovations and Challenges for Social Research. In: Current Sociology, 49 (2), S. 29–45.

Helfferich, Cornelia (2011): Die Qualität qualitativer Daten. 4. Auflage. Wiesbaden: Springer VS.

Hellmann, Kai-Uwe (2003): Soziologie der Marke. Frankfurt am Main: Suhrkamp.

Hellmann, Kai-Uwe (2005): Das Management der Kunden: Studien zur Soziologie des Shoppings. Wiesbaden: VS Verlag.

Hellmann, Kai-Uwe (2011): Fetische des Konsums. Studien zur Soziologie der Marke. Wiesbaden: VS Verlag.

Hellmann, Kai-Uwe (2019): Der Konsum der Gesellschaft. Studien zur Soziologie des Konsums. 2. Auflage. Wiesbaden: Springer VS.

Hellmann, Kai-Uwe/Koschel, Kay-Volker (2018): Wie man Barcamps in der Marktforschung nutzen kann. In: Planung & Analyse, Zeitschrift für Marktforschung und Marketing, Online Special Innovation, März 2018. https://www.horizont.net/planung-analyse/nachrichten/Online-Special-Innovation-Wie-man-Barcamps-in-der-Marktforschung-nutzen-kann-165167 [letzter Zugriff am: 06.03.2022].

Hellmann, Kai-Uwe/Schrage, Dominik (2015): Die Konsumgesellschaft von Jean Baudrillard: Zur Einführung. In: Jean Baudrillard: Die Konsumgesellschaft: Ihre Mythen, ihre Strukturen. Herausgegeben von Kai-Uwe Helmmann und Dominik Schrage. Wiesbaden: Springer VS, S. 9–33.

Herzog, Lisa (2014): Einleitung: Die Verteidigung des Marktes vom 18. Jahrhundert bis zur Gegenwart. In: Lisa Herzog/Axel Honneth (Hrsg.): Der Wert des Marktes. Ein ökonomisch-philosophischer Diskurs vom 18. Jahrhundert bis zur Gegenwart. Frankfurt am Main: Suhrkamp, S. 13–27.

Herzog, Lisa/Honneth, Axel (Hrsg.) (2014a): Der Wert des Marktes. Ein ökonomisch-philosophischer Diskurs vom 18. Jahrhundert bis zur Gegenwart. Frankfurt am Main: Suhrkamp.

Herzog, Lisa/Honneth, Axel (Hrsg.) (2014b): Versuche einer moralischen Einhegung des Marktes vom 19. Jahrhundert bis zur Gegenwart. In: Lisa Herzog/Axel Honneth (Hrsg.): Der Wert des Marktes. Ein ökonomisch-philosophischer Diskurs vom 18. Jahrhundert bis zur Gegenwart. Frankfurt am Main: Suhrkamp, S. 357–381.

Holl, Adolf/Erdheim, Mario/Macho, Thomas (2002): Askese und Konsum. Wien: Turia + Kant.

Honneth, Axel (1992): Kampf um Anerkennung. Zur moralischen Grammatik sozialer Konflikte. Frankfurt am Main: Suhrkamp.

Hürtgen, Stefanie/Voswinkel Stephan (2014): Nichtnormale Normalität? Anspruchslogiken aus der Arbeitnehmermitte. Berlin: Edition Sigma.

Identity Foundation (2021): Deutschlands Zukunft zwischen No-Future-Modus und Gestaltungskraft im kleinen Kreis. Pressemitteilung. http://www.identity-foundation.de/zukunft/Zukunftsstudie_Oktober_2021.pdf [letzter Zugriff am: 06.03.2022].

Illies, Florian (2000): Generation Golf. Eine Inspektion. Frankfurt am Main: Fischer.

Jahoda, Marie (1983): Wieviel Arbeit braucht der Mensch? Arbeit und Arbeitslosigkeit im 20. Jahrhundert. Weinheim: Beltz.

Jahoda, Marie (1994): Sozialpsychologie der Politik und der Kultur. Graz: Nausner und Nausner.

Jahoda, Marie/Lazarsfeld, Paul F. / Zeisel, Hans (1933/1975): Die Arbeitslosen von Marienthal. Ein soziographischer Versuch. Frankfurt/Main: Edition Suhrkamp.

Jørgensen, Anker Helms (1989): Using the "thinking-aloud" method in system development. In: Gavriel Salvendy/Michael J. Smith (Eds.): Designing and using human-computer interfaces and knowledge-based systems. Amsterdam: Elsevier Science Publishers, S. 743–750.

Karmasin, Helene (2004): Produkte als Botschaften. 3te. Aktualisierte und erweiterte Auflage. Frankfurt/Wien.

Kelle, Udo (2007): Die Integration qualitativer und quantitativer Methoden in der empirischen Sozialforschung: Theoretische Grundlagen und methodologische Konzepte. Wiesbaden: VS Verlag für Sozialwissenschaften.

Kelle, Udo (2019): Mixed Methods. In: Baur, Nina/Blasius, Jörg (Hrsg.): Handbuch Methoden der empirischen Sozialforschung. 2. überarbeitete Auflage. Wiesbaden: Springer VS, S. 159–172.

Kelle, Udo/Kluge, Susann (2010): Vom Einzelfall zum Typus: Fallvergleich und Fallkontrastierung in der Qualitativen Sozialforschung. 2. überarbeitete Auflage. Wiesbaden: VS Verlag für Sozialwissenschaften.

Kepper, Gabriela (1996/2013): Qualitative Marktforschung: Methoden, Einsatzmöglichkeiten und Beurteilungskriterien. 2. überarbeitete Auflage. Wiesbaden: Springer Fachmedien.

Keupp, Heiner/Ahbe, Thomas/Gmür, Wolfgang/Höfer, Renate/Mitzscherlich, Beate/Kraus, Wolfgang/Straus, Florian (2002): Identitätskonstruktionen: Das Patchwork der Identitäten in der Spätmoderne. 2. überarbeitete Auflage. Reinbek: Rowohlt.

King, Vera/Gerisch, Benigna/Rosa, Hartmut (2018): Lost in Perfection. Impacts of Optimisation on Culture and Psyche. London: Taylor & Francis.

Klein, Naomi (2001): No Logo! Der Kampf der Global Players um Marktmacht. Ein Spiel mit vielen Verlierern und wenigen Gewinnern. Aus dem Amerikanischen von Helmut Dierlamm und Heike Schlatterer. München: Riemann.

Kleining, Gerhard (2011): Der qualitative Forschungsprozess. In: Gabriele Naderer/Eva Balzer (Hrsg.): Qualitative Marktforschung in Theorie und Praxis: Grundlagen, Methoden und Praxis. 2. überarbeitete Auflage. Wiesbaden: Gabler, S. 197–240.

Knoblauch, Hubert (2001): Fokussierte Ethnographie: Soziologie, Ethnologie und die neue Welle der Ethnographie. In: Sozialer Sinn 2 (1), S. 123–141.

Knoblauch, Hubert (2014): Ethnographie. In: Nina Baur/Jörg Blasius (Hrsg.): Handbuch Methoden der empirischen Sozialforschung. Wiesbaden: Springer VS, S. 521–528.

Knoll, Thorsten (2018): Veranstaltungsformate im Vergleich. Wiesbaden: Springer Gabler.

König, Julia/Burgermeister, Nicole/Brunner, Markus/Berg, Philipp/König, Hans-Dieter (2018): Dichte Interpretation: Tiefenhermeneutik als Methode qualitativer Forschung. Wiesbaden: Springer VS.

Koschel, Kay-Volker/Eickmann, Antje (2001): Simplicity is good, complexity is bad: Testing Web Usability. In: Planung & Analyse. Zeitschrift für Marktforschung und Marketing, 1/2001, S. 18–23.

Koschel, Kay-Volker (2008): Zur Rolle der Marktforschung in der Konsumgesellschaft. In: Dominik Schrage, Dominik R. Friederici (Hrsg.): Zwischen Methodenpluralismus und Datenhandel. Zur Soziologie der kommerziellen Konsumforschung. Wiesbaden: VS Verlag für Sozialwissenschaften, S. 29–51.

Koschel, Kay-Volker/Barczewski, Jens (2009): Entscheider mit Gefühl. B2B-Kommunikation zwischen Emotionalität und Rationalität. In: Markenartikel, 4/2009, S. 50–53.

Koschel, Kay-Volker/Kühn, Thomas (2013): Don't kill the focus groups: Gruppendiskussionen als Teil von Mixed Methods-Ansätzen in der Marketingforschung. In: Transfer, Werbeforschung & Praxis : Zeitschrift für Werbung, Kommunikation und Markenführung, 59 (2), S. 72–77.

Koschel, Kay-Volker/Berkensträter, Klaus (2013): Momente der Entscheidung. Customer Journey – eine Reise mit viel Gepäck. In: Research & Results, Das Magazin für Marktforschung, 07/2013, S. 26–27.

Koschel, Kay-Volker (2018): Mobile Ethnographie in der qualitativen Markt- und Konsumforschung. In: Axel Theobald (Hrsg.): Mobile Research. Aktueller Stand und Zukunftsaussichten für die Mobile Marktforschung. Wiesbaden: Springer Fachmedien, S. 131–144.

Koschel, Kay-Volker/Frieß, Hans-Jürgen (2019): Knowledge Management: The Power of Curation. In: Planung & Analyse online. 05. Juli 2019. https://www.horizont.net/pla nung-analyse/nachrichten/knowledge-management-the-power-of-curation-175843. [letzter Zugriff am: 06.03.2022].

Koschel, Kay-Volker/Frieß, Hans-Jürgen (2020): Qualitative Forschung in Zeiten von Corona. Ein Tsunami für die Forschungslandschaft. In: Planung & Analyse online. 17.04.2020. https://www.horizont.net/planung-analyse/nachrichten/qualitative-forsch ung-in-zeiten-von-corona-ein-tsunami-fuer-die-forschungslandschaft-182202 [letzter Zugriff am: 06.03.2022].

Kozinets, Robert V. (2009): Netnography: Doing Ethnographic Research Online. London: Sage. SAGE Publications Ltd, London.

Kritzmöller, Monika (2004). Theoria cum praxi? Über die (Un-?) Vereinbarkeit wissenschaftlicher und ökonomischer Anforderungen [27 Absätze]. In: *Forum Qualitative Sozialforschung* [On-line Journal], *5*(2), Art. 32. http://www.qualitative-research.net/fqs-texte/2-04/2-04kritzmoeller-d.htm [letzter Zugriff am: 06.03.2022].

Kuckartz, Udo/Rädiker, Stefan (2020): Fokussierte Interviewanalyse mit MAXQDA: Schritt für Schritt. Wiesbaden: Springer.

Kühn, Arthur (1970): Das Problem der Prognose in der Soziologie. Berlin: Duncker & Humblot.

Kühn, Thomas (2004a): Berufsbiografie und Familiengründung. Biografiegestaltung junger Erwachsener nach Abschluss der Berufsausbildung. VS Verlag, Wiesbaden.

Kühn, Thomas (2004b): Das vernachlässigte Potenzial qualitativer Marktforschung [81 Absätze]. In Forum Qualitative Sozialforschung, 5(2) [On-line Journal], Art. 33, https:// nbn-resolving.org/urn:nbn:de:0114-fqs0402331 [letzter Zugriff am: 06.03.2022].

Kühn, Thomas (2005): Grundströmungen und Entwicklungslinien qualitativer Forschung. Erschienen in der Reihe: Planung & Analyse Wissen, erstmals als Sonderbeilage in: Planung & Analyse. Zeitschrift für Marktforschung und Marketing, 4/2005.

Kühn, Thomas (2015a): Kritische Sozialpsychologie des modernen Alltags. Zum Potenzial einer am Lebenslauf orientierten Forschungsperspektive. Wiesbaden: Springer Gabler.

Kühn, Thomas (2015b): Reproduktion der Ungleichheit im Lebenslauf. In: Boike Rehbein/Benjamin Baumann/Luzia Costa, / Simin Fadaee/Michael Kleinod/Thomas Kühn/Fabricio Maciel/Karina Maldonado/Janina Myrczik/Christian Schneickert/Andrea Silva/Emanuelle Silva/Ilka Sommer/Jessé Souza/Ricardo Visser: Reproduktion sozialer Ungleichheit in Deutschland. Konstanz: UVK, S. 219–243.

Kühn, Thomas (2019a): Kritisch, kühn, kreativ. Der humanistische Ansatz einer analytischen Sozialpsychologie im Spiegel gesellschaftlicher Herausforderungen. In: Christine Kirchhoff/Thomas Kühn/Phil C. Langer/Susanne Lanwerd/Frank Schumann (2019): Psychoanalytisch denken. Sozial- und kulturwissenschaftliche Perspektiven. Gießen: Psychosozial, S. 35–68.

Kühn, Thomas (2019b): Leadership in a Digitally Transforming Social World Based on Fromm's Humanistic Approach. In: Fromm Forum 23, Special English Edition, S. 95–107.

Kühn, Thomas (2020a): Ambivalente und unbestimmte nationale Identitäten jenseits einer klaren Grenze zwischen Patriotismus und Nationalismus. In: Ewa Wojno-Owczarska (Hrsg.): Topographien der Globalisierung. Band I. Berlin: Peter Lang, S. 125–139.

Kühn, Thomas (2020b): Die Bedeutung von lebensgeschichtlichen Bilanzierungen und Selbstbildern für biographische Planungsprozesse. In: Sabine Beckmann/Patrick Ehnis/Thomas Kühn/Marina Mohr/Katrin Voigt: Selbst im Alltag. Qualitative Sekundäranalysen zu Identitätskonstruktionen im Wechselverhältnis von Normierung und Selbstentwurf. Wiesbaden: Springer VS, S. 229–264.

Kühn, Thomas (2021): Spannungsfelder nationaler Zugehörigkeit am Beispiel des Haderns mit dem Titelgewinn der Fußball-Weltmeisterschaft 2014. In: Sozialer Sinn, 22 (1), S. 49–87.

Kühn, Thomas/Alcoforado, Daniela/Farias, Miriam Leite (2020): New Normalcy? Consumption and identity between reproduction of social inequalities and social transformation in Brazil. In: Sociedade e Estado, 35 (3), 787–813.

Kühn, Thomas/King, Anna-Christina/Koschel, Kay-Volker (2007): Dem neuen Gesundheitsbewusstsein auf der Spur. Online-Foren im Rahmen eines integrativen qualitativen Studiendesigns. In: Planung & Analyse. Zeitschrift für Marktforschung und Marketing, 4/2007, S. 25–30.

Kühn, Thomas/Koschel, Kay-Volker (2010): Die Bedeutung des Konsums für moderne Identitätskonstruktionen. In: Hans-Georg Soeffner (Hrsg.): Unsichere Zeiten: Herausforderungen gesellschaftlicher Transformationen. Verhandlungen des 34. Kongresses der Deutschen Gesellschaft für Soziologie in Jena. Konferenz-CD. Wiesbaden: VS Verlag.

Kühn, Thomas/Koschel, Kay-Volker (2011): Soziologie: Forschen im gesellschaftlichen Kontext. In: In: Gabriele Naderer/Eva Balzer (Hrsg.): Qualitative Marktforschung in

Theorie und Praxis: Grundlagen, Methoden und Praxis. 2. überarbeitete Auflage. Wiesbaden: Gabler, S. 127–146.

Kühn, Thomas/Koschel, Kay-Volker (2013): Die problemzentrierte Gruppendiskussion, in: Planung & Analyse. Zeitschrift für Marktforschung und Marketing, 2/2013, 26–29.

Kühn, Thomas; Koschel Kay-Volker (2018a): Gruppendiskussionen: Ein Praxis-Handbuch. 2. überarbeitete Auflage. Wiesbaden: Springer VS.

Kühn, Thomas/Koschel Kay-Volker (2018b): Einführung in die Moderation von Gruppendiskussionen. Wiesbaden: Springer VS Essentials.

Kühn, Thomas/Koschel, Kay-Volker Koschel/Barczewski, Jens (2008): Identität als Schlüssel zum Verständnis von Kunden und Marken. In: Planung & Analyse. Zeitschrift für Marktforschung und Marketing, 3/2008, S. 17–21.

Kühn, Thomas/Langer, Phil C. (2020): Qualitative Sozialpsychologie. In: Mey, Günter/Mruck, Katja (Hrsg.): Handbuch Qualitative Forschung in der Psychologie. 2. überarbeitete Auflage. Band 1: Ansätze und Anwendungsfelder. Wiesbaden: Springer, S. 361–380.

Kühn, Thomas/Witzel, Andreas (2000): Der Gebrauch einer Textdatenbank im Auswertungsprozess problemzentrierter Interviews [115 Absätze]. In: Forum Qualitative Sozialforschung[On-line Journal], 1(3), Art. 18, http://nbnresolving.de/urn:nbn:de:0114-fqs0003183.

Kühn, Thomas/Schmidt, Christian (2022): Qualitative Mitarbeiterbefragungen. Grundsätze und Praxisleitfaden für den Einsatz in der Organisationsentwicklung. Wiesbaden: Springer Gabler Essentials.

Lamnek, Siegfried/Krell, Claudia (2016): Qualitative Sozialforschung. 6. überarbeitete Auflage. Weinheim: Beltz.

Langer, Phil C. (2013): Chancen einer interpretativen Repräsentation von Forschung: Die Fallvignette als „Reflexive Account". In Phil C. Langer/Angela Kühner/Panja Schweder (Hrsg.): Reflexive Wissensproduktion. Anregungen zu einem kritischen Methodenverständnis in qualitativer Forschun. Wiesbaden: Springer VS, S. 111–130.

Langer, Phil C. / Kühner, Angela/Schweder, Panja (2013): Reflexive Wissensproduktion. Anregungen zu einem kritischen Methodenverständnis in qualitativer Forschung. Wiesbaden: Springer VS.

Leithäuser, Thomas (2009): Auf gemeinsamen und eigenen Wegen zu einem szenischen Verstehen in der Sozialforschung. In: Thomas Leithäuser/Sylke Meyerhuber/Michael Schottmayer (Hrsg.): Sozialpsychologisches Organisationsverstehen. Wiesbaden: VS Verlag, S. 357–372.

Leithäuser, Thomas/Volmerg, Birgit (1988): Psychoanalyse in der Sozialforschung. Eine Einführung. Opladen: Westdeutscher Verlag.

Linke, Ralf (2017): Mitarbeiterbefragungen optimieren: Von der Befragung zum wirksamen Management-Instrument. Wiesbaden: Springer Gabler.

Lorenzer, Alfred (1970): Sprachzerstörung und Rekonstruktion. Vorarbeiten zu einer Metatheorie der Psychoanalyse. Frankfurt am Main: Suhrkamp.

Mathews, Petra/Kaltenbach, Edeltraud (2011): Ethnographie – Auf den Spuren täglichen Verhaltens. In: Gabriele Naderer/Eva Balzer (Hrsg.): Qualitative Marktforschung in Theorie und Praxis: Grundlagen, Methoden und Praxis. 2. überarbeitete Auflage. Wiesbaden: Gabler, S. 147–162.

Marlovits, Andreas M. / Kühn, Thomas/Mruck, Katja (2004): Wissenschaft und Praxis im Austausch – Zum aktuellen Stand qualitativer Markt-, Medien- und Meinungsforschung [17 Absätze]. In: Forum Qualitative Sozialforschung [On-line Journal], 5(2), Art. 23, http://nbn-resolving.de/urn:nbn:de:0114-fqs0402232 [letzter Zugriff am: 06.03.2022].

Mayring, Philipp (2016): Einführung in die qualitative Sozialforschung. Eine Anleitung zu qualitativem Denken. 6. überarbeitete Auflage. Weinheim: Beltz.

Mayring, Philipp (2015): Qualitative Inhaltsanalyse. Grundlagen und Techniken. 12. überarbeitete Auflage. Weinheim: Beltz.

Medjedovic, Irena (2014): Qualitative Sekundäranalyse. Zum Potential einer neuen Forschungsstrategie in der empirischen Sozialforschung. Wiesbaden: Springer VS.

Miller, Daniel (2010): Der Trost der Dinge: Fünfzehn Portraits aus dem London von heute. Aus dem Englischen von Frank Jakubzik. Berlin: Edition Suhrkamp.

Miller, Daniel (2012): Das wilde Netzwerk: Ein ethnologischer Blick auf Facebook. Aus dem Englischen von Frank Jakubzik. Berlin: Suhrkamp Edition Unseld.

Misik, Robert (2007): Alles Ware. Glanz und Elend der Kommerzkultur. Berlin: Aufbau Verlag.

Mohr, Ernst (2020): Die Produktion der Konsumgesellschaft: eine kulturökonomische Grundlegung der feinen Unterschiede. Bielefeld: Transcript.

Muñiz, Albert M. / O'Guinn, Thomas (2001): Brand Community. Journal of Consumer Research 27 (4), S. 412–432.

Murakami, Haruki (2009): 1Q84. Buch 1 & 2. Aus dem Japanischen von Ursula Gräfe. Köln: Dumont.

Naderer, Gabriele/Balzer, Eva (Hrsg.) (2011): Qualitative Marktforschung in Theorie und Praxis. Grundlagen, Methoden und Anwendungen. 2. überabeitete Auflage.Wiesbaden: Gabler.

Nöth, Winfried (2000): Handbuch der Semiotik. 2., vollständig überarbeitete Auflage. Stuttgart: Metzler.

Packard, Vance (1958): Die geheimen Verführer. Der Griff nach dem Unbewußten in jedermann. Übersetzt von Hermann Kusterer. Düsseldorf: Econ.

Park, Robert E. (1915): The City: Suggestions for the Investigation of Human Behavior in the City Environment. In: American Journal of Sociology. 20 (5), S. 577–612.

Planung & Analyse (2019): Fünfundvierzig. Themen und Macher der Marktforschung zum Jubiläum der planung & analyse. In: Planung & Analyse. Zeitschrift für Marktforschung und Marketing. http://www.e-pages.dk/horizontmagazin/16/ [letzter Zugriff am: 06.03.2022].

Plattner, Hasso/Meinel, Christoph/Weinberg, Ulrich (2009): Design-Thinking. Innovation lernen – Ideenwelten öffnen. München: mi-Wirtschaftsbuch – FinanzBuch Verlag.

Pepels, Werner (1997): Lexikon der Marktforschung. Über 100 Begriffe zur Informationsgewinnug im Marketing. München: dtv.

Przyborski, Aglaja/Wohlrab-Sahr, Monika (2019): Qualitative Sozialforschung. Ein Arbeitsbuch. 4. überarbeitete Auflage. Berlin: De Gruyter Oldenbourg.

Puchta, Claudia/Rüsing, Olaf (2011): Linguistik – Über das „Wie" im Diskurs. In: Gabriele Naderer/Eva Balzer (Hrsg.): Qualitative Marktforschung in Theorie und Praxis: Grundlagen, Methoden und Praxis. 2. überabeitete Auflage. Wiesbaden: Gabler, S. 163–176.

Puchta, Claudia/Koschel, Kay-Volker/Rüsing, Olaf (2010): O Fortuna: Von Pudeln, Glücks-
göttinnen und Mythen - Semiotik in der qualitativen Marktforschung. In: Planung &
Analyse, 6/2010, S. 48–50.

Qualtrics (2022): Qualitative Forschung. https://www.qualtrics.com/de/erlebnismanagem
ent/marktforschung/qualitative-forschung/ [letzter Zugriff am: 06.03.2022].

Rogers, Carl R. (1983): Therapeut und Klient: Grundlagen der Gesprächspsychotherapie. 25.
Auflage. Frankfurt am Main: Fischer.

Rosa, Hartmut (1998): Identität und kulturelle Praxis. Politische Philosophie nach Charles
Taylor. Frankfurt am Main: Campus.

Rosa, Hartmut (2005): Beschleunigung. Die Veränderung der Zeitstrukturen in der Moderne.
Frankfurt am Main: Suhrkamp.

Rosa, Hartmut (2016): Resonanz. Eine Soziologie der Weltbeziehung. Frankfurt am Main:
Suhrkamp.

Salcher, Ernst F. (1995): Psychologische Marktforschung. 2. überarbeite Auflage. Berlin: De
Gruyter.

Schaeber, Petra (2006): Von den Flechtfrisuren der Blocos Afros zu Dreadlocks im Hör-
saal – die Bedeutung kultureller Bewegungen für das moderne Brasilien. In: Thomas
Kühn/Jessé Souza (Hrsg.): Das moderne Brasilien. Gesellschaft, Politik und Kultur in der
Peripherie des Westens. Wiesbaden: VS Verlag für Sozialwissenschaften, S. 320–339.

Scheffler, Hartmut (2019): Ein Blick zurück nach vorn. In: Planung & Analyse: Fünfundvierzig. Themen und Macher der Marktforschung zum Jubiläum der planung & analyse.
Zeitschrift für Marktforschung und Marketing, S. 14–17. http://www.e-pages.dk/horizo
ntmagazin/16/ [letzter Zugriff am: 06.03.2022].

Scheier, Christian/Koschel, Kay-Volker (2002): Your Customers eyes. Ansatz und Einsatz
eines neuen intermedialen Kommunikationstests. In: Planung & Analyse. Zeitschrift für
Marktforschung und Marketing, 5/2002, S. 42–47.

Schenk, Patrick (2018): Die soziale Einbettung moralischer Kaufentscheidungen: eine inte-
grative Erklärung des Konsums fair gehandelter Produkte. Wiesbaden: Springer VS.

Schneider, Norbert F. (2000): Konsum und Gesellschaft. In: Doris Rosenkranz/Norbert F.
Schneider (Hgrs.): Konsum – Soziologische, ökonomische und psychologische Perspektiven. Opladen: Leske und Budrch, S. 9 – 22.

Schmid, Sigrid/Kaufmann, René (2005): Fokussierte Ethnographie. Der neue Königsweg in
der qualitativen Marktforschung? In: Planung & Analyse. Zeitschrift für Marktforschung
und Marketing, 6/2005, S. 32–35.

Schorn, Ariane (2000): Das „themenzentrierte Interview". Ein Verfahren zur Entschlüsselung
manifester und latenter Aspekte subjektiver Wirklichkeit. [20 Absätze]. In: Forum Qua-
litativeSozialforschung [On-line Journal], 1(2), Art. 23, http://nbn-resolving.de/urn:nbn:
de:0114-fqs0002236 [letzter Zugriff am: 06.03.2022].

Schrage, Dominik/Friederici, Markus R. (Hrsg.) (2008): Zwischen Methodenpluralismus
und Datenhandel. Zur Soziologie der kommerziellen Konsumforschung. Wiesbaden: VS
Verlag für Sozialwissenschaften.

Schreier, Margrit (2020) Fallauswahl. In: Günter Mey/Katja Mruck (Hrsg.): Handbuch Qualitative Forschung in der Psychologie. 2. überarbeitete Auflage. Band 2: Designs und
Verfahren. Wiesbaden: Springer, S. 19–39.

Schütze, Fritz (1983): Biographieforschung und narratives Interview, in: Neue Praxis, Jg. 13,
S. 283–293.

Seifert, Josef W. (2003): Moderation. In: Ann Elisabeth Auhagen/Hans-Werner Bierhoff (Hrsg.): Angewandte Sozialpsychologie. Das Praxishandbuch. Weinheim: Beltz PVU, S. 75–87.

Seitz, Tim (2017): Design Thinking und der neue Geist des Kapitalismus. Soziologische Betrachtungen einer Innovationskultur. Bielefed: Transcript.

Sichler, Ralph (2020): Hermeneutik. In: Günter Mey/Katja Mruck (Hrsg.): Handbuch Qualitative Forschung in der Psychologie. 2. überarbeitete Auflage. Band 1: Ansätze und Anwendungsfelder. Wiesbaden: Springer, S. 125–143.

Souza, Jessé (2008): Die Naturalisierung der Ungleichheit. Ein neues Paradigma zum Verständnis peripherer Gesellschaften. Wiesbaden: Springer VS.

Sperling, Jan B./ Stapelfeldt, Ursel/Wasseveld, Jaqueline (2007): Moderation. 2. Auflage. Freiburg: Haufe-Lexware.

Spiegel, Uta/Chytka, Hanna (2007): Die Automobilbranche. Produktinnovationen am Kunden orientiert entwickeln. In: Gabriele Naderer/Eva Balzer (2007): Qualitative Marktforschung in Theorie und Praxis. Wiesbaden: Gabler, S. 569–581.

Stahlke, Iris (2020): Rollenspiel. In: Günter Mey/Katja Mruck (Hrsg.): Handbuch Qualitative Forschung in der Psychologie. 2. überarbeitete Auflage. Band 2: Designs und Verfahren. Wiesbaden: Springer, S. 413–432.

Steffen, Adrienne/Doppler, Susanne (2019): Einführung in die Qualitative Marktforschung: Design – Datengewinnung – Datenauswertung. Wiesbaden: Springer Gabler Essentials.

Steinke, Ines (2007): Die Güte qualitativer Marktforschung. In: Renate Buber/Hartmut H. Holzmüller, Hartmut (Hrsg.): Qualitative Marktforschung. Theorie, Methode, Analyse. Wiesbaden: Gabler, S. 261- 283.

Stoll, Martin/Koschel, Kay-Volker/Kühn, Thomas (2006): Business decision makers – a different animal? Advanced qualitative methods for researching the business consumer. In: Planung & Analyse. Zeitschrift für Marktforschung und Marketing, 34, Special English Edition, S. 43–47.

Strauss, Anselm/Corbin, Juliet (1990): Basics of Qualitative Research: Grounded Theory Procedures and Techniques. Newbury Park: Sage.

Streissler, Erich/Streissler, Monika (1966): Konsum und Nachfrage. Köln: Kiepenheuer und Witsch.

Sullivan, Gavin B. (2002): Reflexivity and Subjectivity in Qualitative Research: The Utility of a Wittgensteinian Framework [29 Absätze]. In: Forum Qualitative Sozialforschung [On-line Journal], 3(3), Art. 20, http://nbn-resolving.de/urn:nbn:de:0114-fqs020 3204 [letzter Zugriff am: 06.03.2022].

Theobald, Elke/Neundorfer, Lisa (2010): Qualitative Online-Marktforschung. Grundlagen, Methoden und Anwendungen. Baden-Baden: Nomos.

Trentmann, Frank (2016): Herrschaft der Dinge. Die Geschichte des Konsums vom 15 Jahrhundert bis heute. DVA, München.

Ullrich, Wolfgang (2006): Habenwollen. Wie funktioniert die Konsumkultur? Frankfurt am Main: Fischer.

Ullrich, Wolfgang (2013): Alles nur Konsum. Kritik der warenästhetischen Erziehung. Berlin: Wagenbach.

Urban, Peter (1995): Kauf mich!: Visuelle Rhetorik in der Werbung. Stuttgart, Schäfer-Poeschel.

Vera, Rik (2021): The Guide to the Ecosystem Economy. Lannoo Campus. Leuven, Belgium.

Voigt, Katrin (2021): Nation als gefühlte Gemeinschaft. Die Verhandlung von nationaler Scham oder das Ringen um eine nicht-ambivalente deutsche Identität. In: Sozialer Sinn, 22 (1), S. 89–116.

Volmerg, Ute (1977): Kritik und Perspektiven des Gruppendiskussionsverfahrens in der Forschungspraxis. In: Thomas Leithäuser (Hrsg.): Entwurf zu einer Empirie des Alltagsbewußtseins. Frankfurt am Main: Suhrkamp, S. 184–217.

Voß, G. Günter/Rieder, Kerstin (2005): Der arbeitende Kunde. Wenn Konsumenten zu unbezahlten Mitarbeitern werden. Frankfurt am Main: Campus.

Voß, G. Günter (2020): Der arbeitende Nutzer. Über den Rohstoff des Überwachungskapitalismus. Frankfurt am Main: Campus.

Voswinkel, Stephan (2013): Gekaufte Wertschätzung? Anerkennung durch Konsum. In: Axel Honneth/Ophelia Lindemann/Stephan Voswinkel (Hrsg.): Strukturwandel der Anerkennung. Paradoxien sozialer Integration in der Gegenwart. Frankfurt am Main: Campus, S. 121–154.

Weller, Dirk/Hartlaub-Müller, Jasmin (2014): Das Psychodrama in der qualitativen Markt- und Sozialforschung. In: Falko von Ameln/Josef Kramer (Hrsg.): Psychodrama: Praxis. 2. überarbeitete Auflage. Berlin: Springer, S. 505–518.

Welzer, Harald (2014): Selbst denken. Eine Anleitung zum Widerstand. Frankfurt am Main: Fischer.

Wernet, Andreas (2009): Einführung in die Interpretationstechnik der Objektiven Hermeneutik. 3. Auflage. Wiesbaden: Springer VS.

Witzel, Andreas (1982): Verfahren der qualitativen Sozialforschung. Überblick und Alternativen. Frankfurt am Main, New York: Campus.

Witzel, Andreas (1985): Das problemzentrierte Interview. In: Gerd Jüttemann, Gerd (Hrsg.): Qualitative Forschung in der Psychologie: Grundfragen, Verfahrensweisen, Anwendungsfelder. Weinheim: Beltz, S. 227–255.

Witzel, Andreas (1996): Auswertung problemzentrierter Interviews. Grundlagen und Erfahrungen. In: Rainer Strobl/Andreas Böttger (Hrsg.): Wahre Geschichten? Zur Theorie und Praxis qualitativer Interviews. Baden Baden: Nomos, S. 49–76.

Witzel, Andreas (2000): Das problemzentrierte Interview [25 Absätze]. Forum Qualitative Sozialforschung [On-line Journal], 1(1), Art. 22. http://nbn-resolving.de/urn:nbn:de:0114-fqs0001228 [letzter Zugriff am: 06.03.2022].

Witzel, Andreas/Reiter, Herwig (2012): The Problem-Centred Interview. Principles and Practice. London: Sage.

Woesler de Panafieu, Christine (2011): Semiologie. Die Bedeutung der Zeichen erkennen, in: Gabriele Naderer/Eva Balzer (Hrsg.): Qualitative Marktforschung in Theorie und Praxis. Grundlagen, Methoden und Anwendungen. 2. überarbeitete Auflage. Wiesbaden: Gabler, S. 177–196.

Wunner, Georgianna/Koschel, Kay-Volker (2017): Tagebücher analog oder digital? In: Planung & Analyse. Zeitschrift für Marktforschung und Marketing, 1/2017, S. 48–49.

The manufacturer's authorised representative in the EU is Springer
Nature Customer Service Centre GmbH, Europaplatz 3, 69115 Heidelberg,
Germany. If you have any concerns regarding our products, please
contact ProductSafety@springernature.com

Printed and bound by CPI Group (UK) Ltd, Croydon, CR0 4YY

27/04/2026

02097635-0003